南水北调泵站工程技术丛书

南水北调泵站专业知识

NANSHUIBEIDIAO BENGZHAN ZHUANYE ZHISHI

南水北调东线江苏水源有限责任公司　编著

河海大学出版社

·南京·

图书在版编目(CIP)数据

南水北调泵站专业知识 / 南水北调东线江苏水源有限责任公司编著. -- 南京：河海大学出版社，2021.4
南水北调泵站工程技术培训教材
 ISBN 978-7-5630-6893-7

Ⅰ. ①南… Ⅱ. ①南… Ⅲ. ①南水北调-水利工程-泵站-技术培训-教材 Ⅳ. ①TV675

中国版本图书馆 CIP 数据核字(2021)第 049747 号

书　　名	南水北调泵站专业知识
书　　号	ISBN 978-7-5630-6893-7
责任编辑	金　怡
责任校对	曾雪梅
装帧设计	徐娟娟
出版发行	河海大学出版社
地　　址	南京市西康路 1 号(邮编：210098)
电　　话	(025)83737852(总编室)　(025)83722833(营销部)
经　　销	江苏省新华发行集团有限公司
排　　版	南京布克文化发展有限公司
印　　刷	江苏凤凰数码印务有限公司
开　　本	787 毫米×1092 毫米　1/16
印　　张	14.5
字　　数	338 千字
版　　次	2021 年 4 月第 1 版
印　　次	2021 年 4 月第 1 次印刷
定　　价	88.00 元

《南水北调泵站工程技术培训教材》编委会

主 任 委 员：荣迎春
副主任委员：袁连冲　刘　军　袁建平　李松柏
　　　　　　吴学春　徐向红　缪国斌　侯　勇
编 委 委 员：韩仕宾　鲍学高　吴大俊　沈昌荣
　　　　　　王亦斌　沈宏平　雍成林　李彦军
　　　　　　黄卫东　沈朝晖　张永耀　周昌明
　　　　　　宣守涛　莫兆祥

《南水北调泵站专业知识》编写组

主　　编：袁连冲
执行主编：刘　军
副 主 编：李松柏　吴大俊　袁建平　雍成林
　　　　　施　伟
编写人员：林建时　蒋兆庆　张金凤　骆　寅
　　　　　邱　宁　付燕霞　林　亮　杨登俊
　　　　　沈广彪　江　敏　王从友　李亚林
　　　　　张　帆　孙　涛　乔凤权　孙　毅
　　　　　张鹏昌　范雪梅　刘　尚　刘佳佳
　　　　　辛　欣　严再丽　曹　虹　潘月乔

目 录
CONTENTS

第一章　中国排灌工程简介 ……………………………………………………… 1
　　第一节　泵站工程 …………………………………………………………………… 1
　　第二节　南水北调工程 ……………………………………………………………… 1
　　　　一、南水北调工程概述 …………………………………………………………… 1
　　　　二、南水北调工程特点 …………………………………………………………… 2
　　　　三、调水工程重点研究对象 ……………………………………………………… 3
　　第三节　影响泵站效率的主要因素 ………………………………………………… 4

第二章　水工建筑物 …………………………………………………………………… 6
　　第一节　泵站基本组成 ……………………………………………………………… 6
　　第二节　泵房的基本型式 …………………………………………………………… 8
　　　　一、分基型泵房 …………………………………………………………………… 8
　　　　二、干室型泵房 …………………………………………………………………… 9
　　　　三、湿室型泵房 …………………………………………………………………… 10
　　　　四、块基型泵房 …………………………………………………………………… 12
　　第三节　典型水工建筑物 …………………………………………………………… 13
　　　　一、闸门 …………………………………………………………………………… 14
　　　　二、出水池 ………………………………………………………………………… 16
　　第四节　常见水工建筑物结构 ……………………………………………………… 16
　　第五节　进出水引河的流态要求 …………………………………………………… 19
　　　　一、河流的水文特征 ……………………………………………………………… 19
　　　　二、泵站取水口的选择 …………………………………………………………… 20
　　　　三、进水池中的流态对水泵性能的影响 ………………………………………… 20

第三章　工程监测和设备检测 ………………………………………………………… 22
　　第一节　泵站监测 …………………………………………………………………… 22
　　第二节　水质监测 …………………………………………………………………… 25
　　　　一、水质自动监测的主要作用 …………………………………………………… 25

二、水质自动监测系统的功能与具体应用 …… 25
第三节　水工观测 …… 27
　　　一、建筑物变形观测 …… 28
　　　二、扬压力观测（以重力坝坝基扬压力观测为例）和渗流观测 …… 29
　　　三、垂直位移观测（以洪泽站为例） …… 31
　　　四、引河河床变形观测（以三河船闸与洪金干渠之间引河为例） …… 36
　　　五、建筑物伸缩缝观测 …… 38
　　　六、水位观测 …… 39
　　　七、流量观测 …… 39
　　　八、水平位移观测 …… 40
　　　九、混凝土建筑物裂缝观测 …… 41
　　　十、观测资料的整理 …… 42
第四节　常用设备的检测 …… 43
　　　一、闸门（拦污栅） …… 43
　　　二、主水泵 …… 44
　　　三、主电动机 …… 45
　　　四、主变压器 …… 45
　　　五、开关设备 …… 45

第四章　辅机设备 …… 46

第一节　断流装置 …… 46
　　　一、真空破坏阀断流 …… 46
　　　二、机械平衡液压缓冲式拍门 …… 47
　　　三、快速跌落闸门断流 …… 47
　　　四、拍门断流 …… 48
第二节　液（油）压装置 …… 49
　　　一、泵站用油种类 …… 49
　　　二、油系统的组成 …… 50
第三节　供气系统 …… 52
　　　一、高压气系统 …… 52
　　　二、低压气系统 …… 53
　　　三、抽真空系统用途 …… 54
第四节　起重设备（行车、启闭机） …… 55
第五节　清污设备 …… 56
　　　一、拦污栅 …… 56
　　　二、拦污栅的形式及其布置 …… 56
　　　三、清污装置 …… 57
　　　四、传送装置 …… 57

第五章　电气设备 ·· 58

第一节　一次设备 ·· 58
一、低压开关柜 ·· 58
二、高压开关柜 ·· 60
三、高压断路器 ·· 62
四、励磁装置 ·· 64
五、直流装置 ·· 65
六、不间断电源 ·· 68
七、变压器 ·· 69
八、隔离开关 ·· 75
九、组合开关 ·· 79
十、电压互感器 ·· 79
十一、电流互感器 ·· 84
十二、避雷器 ·· 86
十三、电力电容器 ·· 87
十四、变频器 ·· 91

第二节　变电站主接线方式 ······································ 93
一、单母线接线 ·· 93
二、电力系统中性点运行方式 ·································· 94

第三节　气体绝缘金属封闭开关设备/高压开关设备 ·················· 96
一、气体绝缘金属封闭开关设备、高压开关设备组合电器特点 ········ 97
二、气体绝缘金属封闭开关设备分类 ···························· 98
三、气体绝缘金属封闭开关设备辅助设备 ························ 98

第四节　继电保护 ·· 100

第五节　泵站电流保护 ·· 101
一、无时限电流速断保护 ······································ 101
二、带时限电流速断保护 ······································ 103
三、过电流保护 ·· 106
四、三段式保护 ·· 113
五、方向过电流保护 ·· 114

第六节　泵站电压保护 ·· 120
一、低电压保护 ·· 120
二、电流电压连锁速断保护 ···································· 121

第七节　泵站微机保护基本原理 ·································· 123
一、微机保护装置硬件配置 ···································· 123
二、微机保护装置的硬件配置举例 ······························ 124
三、微机保护的数据采集系统 ·································· 125

第八节　微机保护的软件原理 …………………………………………… 131
　　　　一、微机保护软件系统配置 ………………………………………… 131
　　　　二、中断服务程序及其配置 ………………………………………… 132
　　　　三、微机保护主程序框图原理 ……………………………………… 132
　　　　四、采样中断服务程序原理 ………………………………………… 133
　　　　五、故障处理程序框图原理 ………………………………………… 136
　　　　六、中断服务程序与主程序各基本模块间的关系 ………………… 137
　　　　七、数字滤波器 ……………………………………………………… 137

第六章　主水泵 …………………………………………………………………… 139
　　第一节　叶片式泵的定义与分类 ………………………………………… 139
　　　　一、离心泵 …………………………………………………………… 141
　　　　二、轴流泵 …………………………………………………………… 142
　　　　三、混流泵 …………………………………………………………… 146
　　　　四、贯流泵 …………………………………………………………… 148
　　第二节　泵的性能参数 …………………………………………………… 149
　　　　一、流量 ……………………………………………………………… 149
　　　　二、扬程 ……………………………………………………………… 149
　　　　三、转速 ……………………………………………………………… 150
　　　　四、汽蚀余量 ………………………………………………………… 150
　　　　五、功率与效率 ……………………………………………………… 150
　　　　六、泵的基本方程式 ………………………………………………… 151
　　第三节　比转速 …………………………………………………………… 151
　　　　一、比转速 …………………………………………………………… 151
　　　　二、关于比转速的说明 ……………………………………………… 152
　　第四节　泵空化 …………………………………………………………… 154
　　　　一、泵内空化的发生过程 …………………………………………… 154
　　　　二、泵内发生空化的危害 …………………………………………… 154
　　　　三、空化基本方程式 ………………………………………………… 155
　　　　四、空化余量计算方法 ……………………………………………… 158
　　　　五、空化比转速 C ………………………………………………… 159
　　　　六、提高泵抗空化性能的措施 ……………………………………… 161
　　第五节　水泵性能的调节 ………………………………………………… 162
　　　　一、泵的性能曲线 …………………………………………………… 162
　　　　二、泵装置扬程特性曲线 …………………………………………… 167
　　　　三、泵工况点的确定 ………………………………………………… 168
　　　　四、泵运转工况的调节 ……………………………………………… 169
　　第六节　叶片调节机构 …………………………………………………… 173

第七节　泵轴封 …………………………………………………… 175
　　　　一、概述 ………………………………………………………… 175
　　　　二、机械密封基本原件和工作原理 …………………………… 176
　　　　三、机械密封的类型 …………………………………………… 177
　　　　四、机械密封的典型结构 ……………………………………… 178
　　　　五、机械密封的选型 …………………………………………… 182
　　　　六、常用机械密封的材料 ……………………………………… 183

第七章　主电机 ……………………………………………………………… 184
　　第一节　用途和类型 ……………………………………………… 185
　　第二节　异步电动机 ……………………………………………… 185
　　　　一、结构 ………………………………………………………… 185
　　　　二、基本参数 …………………………………………………… 187
　　　　三、异步电动机的起动 ………………………………………… 188
　　第三节　同步电动机 ……………………………………………… 193
　　　　一、同步电动机的基本结构 …………………………………… 194
　　　　二、同步电动机的起动 ………………………………………… 195
　　　　三、同步电动机的应用 ………………………………………… 196
　　第四节　励磁系统 ………………………………………………… 196
　　　　一、励磁系统基本构成及其工作原理 ………………………… 196
　　　　二、励磁系统的使用 …………………………………………… 202
　　第五节　高压变频和软启动 ……………………………………… 203
　　　　一、高压变频器 ………………………………………………… 203
　　　　二、软启动 ……………………………………………………… 205

第八章　新技术的发展和应用 …………………………………………… 206
　　第一节　优化调度系统研究 ……………………………………… 206
　　　　一、我国泵站优化运行背景 …………………………………… 207
　　　　二、泵站优化运行应用现状 …………………………………… 209
　　第二节　故障在线查巡及诊断系统研究（以泵站为例） ………… 209
　　第三节　互联网＋智慧水利 ……………………………………… 212

参考文献 …………………………………………………………………… 216

第一章　中国排灌工程简介

第一节　泵站工程

泵站工程是运用泵机组及过流设施传递和转换能量、实现水体输送以兴利避害的水利工程。泵站工程在现代化建设中担任着重要角色，在保障人民生命财产安全、促进经济发展、改善人民生活和保护生态环境等方面发挥着关键作用。泵站工程是集防洪、排涝、补水、排水、航运等为一体的综合性社会服务型水利工程，它的建设管理需要多个相关部门协调配合来完成。目前，我国的大部分地区已经建成了一系列的泵站体系，南水北调东线泵站就是亚洲最大的泵站群。泵站工程不但能够有效减小洪涝和干旱灾害的影响，提高各个地区预防和抵御自然灾害的能力，而且能够促进我国国民经济健康稳定发展，较好地发挥水资源的更大作用。

泵站工程所发挥的作用主要体现在两个方面，第一个是发生干旱时对农业的减灾方面。我国地域辽阔，北方地区主要就是干旱和半干旱地区。泵站工程的建设，很大程度上提高了人民的生活条件，而且还有效地改善了生态环境。泵站工程通过科学合理的手段逐渐地改变了国内农业的生产条件和生产效率，粮食和农产品产量进一步提高，这样就有效地促进了我国农业的发展，农民的收入也随着有了很大程度的提高。第二个就是对洪涝的排除方面。在我国的南方地区，出现最多的就是洪涝灾害，而正是这种灾害，使得我国南方的很多地区都人烟稀少，这样也导致这些地区变得相对落后。而随着泵站工程的建设，很多地区都逐渐发展了起来，不管是农业还是养殖业都得到了快速的发展，这样也使得这些地区的经济快速发展。这也能够充分地体现出泵站工程在我国国民经济发展中的重要作用。

第二节　南水北调工程

一、南水北调工程概述

南水北调工程是迄今世界上规模最大的调水工程，也是我国四大工程（青藏铁路、西电东送、西气东输、南水北调）之一，仅中线和东线主体工程的输水路线就长达 2 600 多 km，需投资 1 000 多亿元。南水北调的总体轮廓为分别从长江流域上、中、下游调水，形成南水北调西、中、东三条引水线路。

西线工程：从长江上游的大渡河、雅砻江和金沙江的源头河段，向黄河上游调水，补偿黄河水资源的不足，缓解西北地区干旱缺水问题。

中线工程：从长江支流汉江干流上的丹江口水库引水，沿伏牛山和太行山山前平原开渠输水，跨长江、淮河、黄河、海河四大流域，在郑州西穿过黄河，输水到北京、天津，重点解决湖北、河南、河北、北京及天津等沿线城市的用水，兼顾农业和其他用水。

东线工程：从长江下游扬州东取水，利用京杭大运河及其平行河道逐级提水北送，经洪泽湖、骆马湖、南四湖、东平湖，穿过黄河后可自流，终点为天津。主要解决苏北、山东和河北东部的农业用水、津浦铁路沿线及胶东的城市缺水问题。

这三条线路各有合理的供水范围，又可以相互补充，最终目标是实现长江、淮河、黄河、海河和内陆河湖水资源的合理配置。

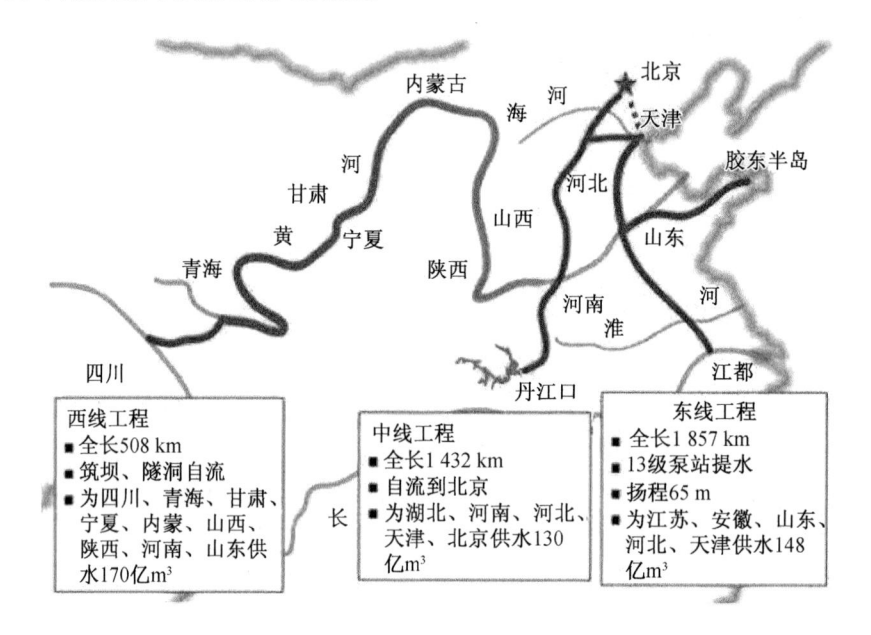

图 1-1 南水北调示意图

二、南水北调工程特点

南水北调工程是规模宏大，投资巨额，涉及范围广，影响十分深远的战略性基础设施；同时，又是一个在社会主义市场经济条件下，采取"政府宏观调控，准市场机制运作，现代企业管理，用水户参与"方式运作，兼有公益性和经营性的超大型项目集群。其建设管理的复杂性、挑战性都是以往工程建设中不曾遇到的。

（1）工程多样性：工程点多、线长，东、中线一期工程包含单位工程 2 700 余个。其中，不仅有一般的水库、渠道、水闸工程，还有大流量泵站，超长、超大洞径过水隧洞，超大渡槽、暗涵等。

（2）投资多元性：工程投资巨大，主体工程筹资渠道由政府拨款、南水北调工程基金和银行贷款组成。政府拨款主要由中央政府安排。南水北调工程基金实际是订购南水北调水权,因各省市的需水量、调水距离不同而不同。中央拨款和省市筹集的南水北调工程基金共同构成项目资本金,出资者按比例行使各自的责任、义务和权利。贷款由工程建设的责任主体统一承贷,并以水费收入和工程建设期满后的南水北调工程基金偿还。

(3) 管理开放性:一是在项目建设的管理上,既要体现项目法人的责任主体地位和作用,又要建立多层次分级负责管理的体系,既要充分调动项目法人的积极性,又要充分调动所经地区的积极性;二是除主体工程建设以外,还有大量相关工作,如征地移民、生态与环境保护、水污染治理、文物保护、节水、地下水控采、产业结构调整等,涉及众多地区、众多部门的职责和利益关系调整,必须通过中央和地方政府及相关部门有效地合作与协调来实现;三是在南水北调工程建设中各项政策的制定与实施,必须充分考虑有利于工程建设、经济发展、社会稳定的要求,充分听取沿线各级政府和广大人民群众的意见,建立有效的信息沟通渠道,接受社会、公众的监督;四是南水北调工程建设事关我国经济社会长远发展,必须建立科学民主的决策机制,广泛听取专家和社会各界的意见和建议。

(4) 区域差异性:东、中线一期工程涉及七省(市),城乡差别大,经济发展不均衡。水资源调配既有调水区也有受水区;调水区既要做好水资源保护,又要促进当地经济社会发展;受水区用水对象既有城市也有农村;工程沿线既有沿海经济发达省份,也有中部地区经济相对欠发达省份;工程所涉及不同区域里,既有水库移民异地安置,也有干线移民就地后靠;土地调整既有城市拆迁,也有乡镇补偿等。因此,在政策的制定和把握上,既要考虑政策的统一性,又要研究不同地区不同对象的特殊性,做出符合实际的安排。

(5) 技术挑战性:在工程技术上,面临着一些新的挑战,如丹江口大坝加高工程中新老混凝土接合,中线穿黄工程中大断面开挖盾构技术应用,东线低扬程大流量水泵选型和制造,北方地区冬季冰期输水安全以及长距离调水的自动化管理等问题。在社会管理上,东线治污,中线水源区保护,受水区地下水控采,输水过程中供水安全控制,社会节水措施落实等,均需要同步抓紧。在经济管理中,物价指数及有关政策变化引起水价负担及社会承受能力问题,不同水平年水资源合理调配问题,还贷风险的控制等,都需要深入研究,妥善解决。

(6) 效益综合性:南水北调工程的效益是通过多方面来体现的,既有经济效益也有社会效益、生态效益;不仅要保证调水的水量,还要保证调水的水质,促进沿线治污水平的提高;不仅要保证调来水的有效利用,还要促进受水区的节水,通过减少受水区地下水的开采,促进区域水资源联合调度并提高利用水平,促进节水型城市和节水型社会的建立。统筹各类不同目标,最终达成南水北调工程总体目标。

三、调水工程重点研究对象

随着水资源供需矛盾的日益加剧,以南水北调工程为标志的跨流域调水工程越来越多。由于调水工程通常是长距离的梯级泵站管道输水工程,泵站水锤的模拟与控制显得尤为重要。通过加强泵站运行管理,积累在不同时段、不同工况下的机组运行数据,对扬程、流量、叶片角度、机组功率、运行台数和泵站整体效率进行统计分析,制定机组最优运行模式。重点研究对象如下。

(1) 泵站开停机水力过渡过程。重点研究带虹吸式出水流道的大型全调节泵站瞬变流的计算方法及影响泵站工程安全的最不利水锤参数,直管式出水流道大型全调节泵站断流用液控蝶阀在正常及事故条件下的启闭与调节规律。

(2)泵站正常运行过程中的水面衔接。重点研究最小运行方式和正常运行方式下泵站流量的关联与匹配,泵组叶片角度的优化配置与调节。

(3)泵组启动与停机过程中输水道中的涌浪。进行泵站最佳运行策略的研究,以尽量减少弃水和避免输水道中出现干底或过大的水力振荡。

(4)单站事故断电引起的涌浪及泵组的动态响应与上下游泵站的相应停机对策。为泵站计算机监控及信息系统的设计提供依据。

(5)全系统事故断电引起的水力过渡过程。重点研究全系统输水道中可能发生的漫顶及溢流堰的溢流过程。

(6)全系统的流量平衡分析。建立泵站优化运行模型,研究站渠联合运行条件下全调节叶片泵工作点的计算与调节及沿线分水流量变化后的匹配问题。

第三节 影响泵站效率的主要因素

造成泵站效率低的原因可归纳为两方面:一是机泵设备问题,主要表现为选型不当、泵型落后;二是泵站水力设计不合理,进出水流态较差。进水流态对泵站装置效率的影响主要表现为对水泵工作状态的影响、对水泵效率的影响,对进水池水力损失的影响只占很小的一部分。由于进水流态不好而引起的泵内附加能量损失远超过进水池的水力损失。近十几年来,在改善排灌泵站进水流态方面已做了许多研究工作,但结果都不能令人满意。最具代表性的是对开敞式进水池的研究,由于其对水泵的工作性能和工程投资影响都很大。有的在开敞式进水池中设置导水锥,有的干脆用肘形、钟形或簸箕形等各种进水流道取代开敞式进水池。

长期以来,我国对排灌泵站进水形式的研究几乎都依赖于试验方法,由于试验设备、试验条件、试验标准等不一样,导致了各不相同的结果。随着流体流动计算技术的迅速发展和应用,目前对各类工程流体力学问题的研究一般都采取以计算为主,以试验为辅的办法,基本上能做到避免带有盲目性试验和低水平重复试验。采用以理论计算为主,试验验证为辅的方法对排灌泵站的进水设计进行全面、系统的研究已势在必行。研究的内容应包括以下几个方面。

(1)开敞式进水池、水泵喇叭管和导水锥的最优水力设计准则;各种能用于中、小型排灌泵站的封闭式进水流道,含肘形、钟形和簸箕形进水流道的最优水力设计准则。

(2)根据水泵叶轮水力设计对其进口流场的基本要求建立进水设计优化计算的目标函数,以用统一的标准比较不同进水形式的水力性能。

(3)在理论计算工作的基础上,归纳出必需的试验项目,包括实验室模型试验和泵站现场试验,以检验理论计算结果的正确性和准确性。

(4)对理论计算和试验结果进行全面分析和总结,建立起全新、比较完整的泵站进水设计理论,优选出收效较大,费用较省,便于推广的泵站进水技术改造方案,力争使我国面广量大的排灌泵站的能源消耗有较大幅度降低,普遍达到或超过标准。

　　未来几年国内对于新型排灌机械需求将更加旺盛,我国排灌机械生产制造行业市场潜力巨大。这就要求我国排灌机械制造企业加大对排灌设备的研究力度,开发出更多节能高效的产品,增加企业产品在国内外的市场竞争力。农业节水灌溉是当今在世界范围内具有重要意义的事业之一。包括给排水、输水、施水、水处理及控制技术在内的排灌机械技术向节水灌溉技术方向发展,成为当今世界灌溉技术发展的总趋势。

第二章　水工建筑物

第一节　泵站基本组成

泵站的基本功能是通过水泵的工作体（固体、液体或气体）的运动（旋转运动或往复运动等），把外加的能量（电、热、水或风能等）转变成机械能，并传给被抽液体，使液体的位能和动能增加。同时，通过管道把液体提升到高处，或输送到远处。

泵站工程主要由泵房、管道、进出水建筑物以及变电站等组成。在泵房内安装有水泵、传动装置和动力机组组成的机组，还有辅助设备和电气设备等。进出水建筑物主要有取水、引水设施以及进水池和出水池（或水塔）等。泵站的管道包括进水管和出水管；进水管把水源和水泵进口连接起来；出水管则是连接水泵出口和出水池的管道。泵站投入运行后，水流即可经过进水建筑物和进水管进入水泵，通过水泵加压后，将水流送往出水池（或水塔）或管网，从而达到提水或输水的目的。

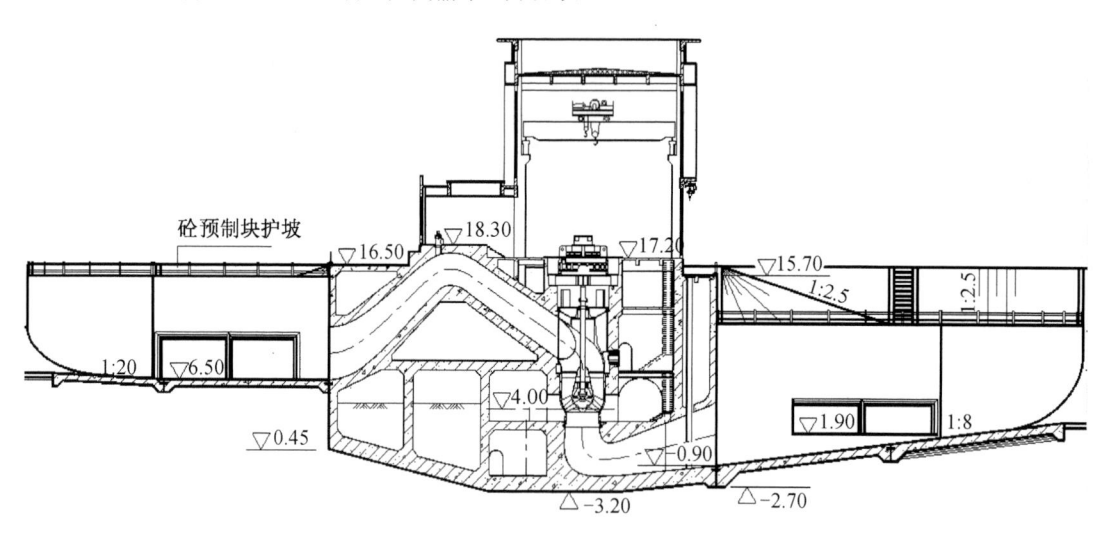

图 2-1　泵站枢纽工程的总体布置图

泵站枢纽工程的总体布置形式与很多因素有关，应该根据水系规划、水文地质条件、技术经济条件、综合利用等多种因素来确定。图 2-1 为典型泵站枢纽工程的总体布置图。

泵站的总体布置应考虑如下几点。

1. 地形条件

排水泵站应位于排水渠道的终点地势较低的地方,以便于水流集中。灌溉泵站应设在灌区较高的地方,以便于灌溉。灌溉路线应尽可能短,以减少土方开挖量。

2. 水流条件

泵站布置应该使出水方向向下游倾斜,以减少出口淤积。进水池前面的进水渠道的直段要有足够的长度,使水流均匀地流入进水池。

3. 地质条件

泵站的地基要好,避免流沙和淤泥层。较高扬程的大型泵站运行时,有不同程度的振动,所以对于站址的地质条件要求较高。地质条件对泵房型式的选择很重要。

4. 泵站布置应该考虑到综合利用问题

排灌结合、泵站和交通结合等都是综合利用的问题。

总之,在建泵站前首先要做实地调查,除了要有可靠的水文地质资料外,还要向当地了解地形、水利的居民做调查,对多种方案进行比较,最后确定站址。

泵站根据其结构大致可以分为河床式和堤后式两种型式。

1. 河床式泵站

河床式泵站的泵站和堤坝结合在一起,建在河床中或排灌渠道上。这种泵站要承受出水位的水压力,而泵站本身就是一种挡水结构,所以在结构上要满足强度和防渗要求,并应保证整个厂房在水的压力和各种外力作用下的稳定性。

2. 堤后式泵站

当扬程较高时,泵房顺水流方向的长度除了符合机组本身所需要外,还要考虑泵站站身稳定和渗径长度需要的附加长度。在这种情况下厂房设置在堤坝后面,用堤坝来承受出水位的水压。

无论是河床式泵站或堤后式泵站,根据工程配套要求,可以用来排涝或灌溉,也可以排灌结合或堤排堤灌和自排自灌相结合。

泵站工程与自流供排水工程相比,其主要优点是工程投资较少,施工工期短,见效较快。缺点是运行费用较高,维护管理较麻烦。泵站工程设计步骤包括计算泵站的扬程和流量;选择水泵机组的型号和台数;编制工程的概预算;进行经济效益分析;论证工程在技术经济和环境保护等方面的可行性。由此可见,泵站工程规划所涉及的问题很多,所牵涉的知识面很广。各种类型的供水泵站在满足上述原则时,具体还应该处理好以下关系:自流与提水相结合,尽量扩大自流供水面积;搞好供水区内的分区分级工作,正确选择泵站站址等。

泵站工程的枢纽布置就是综合考虑各种条件和要求,确定建筑物种类并合理布置其相对位置和处理相互关系。枢纽布置主要是根据泵站所承担的任务来考虑。如灌溉站,或排水站,其主体工程,如泵房、进出水管道、进出水建筑物等的布置应有所不同。相应的涵闸、节制闸等附属建筑物应与主体工程相适应。一般来说,泵站枢纽布置应恰当处理好配套工程建筑物与主体工程的关系。

第二节　泵房的基本型式

泵房是安装水泵、动力机、辅助设备、电气设备等的建筑物，是泵站工程中的主体工程。泵房的主要作用是为水泵机组等各种机电设备以及运行管理人员提供良好的工作条件。合理设计泵房对降低工程投资、提高泵站效率、延长机电设备使用寿命以及为运行管理人员创造良好环境具有重要意义，泵房型式与水泵机组的类型、水位、地形、地质等很多因素有关。选择泵房型式的基本原则是水泵不发生汽蚀，电机不被水淹，泵房足够稳定，并有较好的通风散热和采光等条件。在满足上述条件的情况下，应尽可能使工程投资少，装置效率高以及安装维护方便。

目前，在机电排灌、跨流域调水、城镇及工业供排水等领域，建设有各种各样的泵房。在规划设计中应根据各种泵房的特点，结合当地的具体情况加以选择，以达到经济、安全和适用的目的。

泵房型式很多，在南水北调工程中主要采用固定式泵房，其主要分类如下。

固定式泵房不随水位涨落而改变位置。按其结构特点，固定式泵房分为分基型、干室型、湿室型和块基型四种。

一、分基型泵房

对中小型卧式离心泵和混流泵，分基型泵房是最常用的泵房型式之一（图2-2）。另外，分基型泵房还要求水源岸边比较稳定，有较好的地质条件和水文地质条件。但决定性条件往往是水位变化幅度和水泵的有效吸程之间的关系。分基型泵房必须满足水位变化幅度不大于水泵的有效吸程。这种泵房是单层结构，其主要特点是泵房的基础和水泵基础分开，结构简单，施工方便，可以采用砖石、木材等当地材料，工程造价比较便宜。适宜用于进水池水位较低，水泵吸程较高的场合。

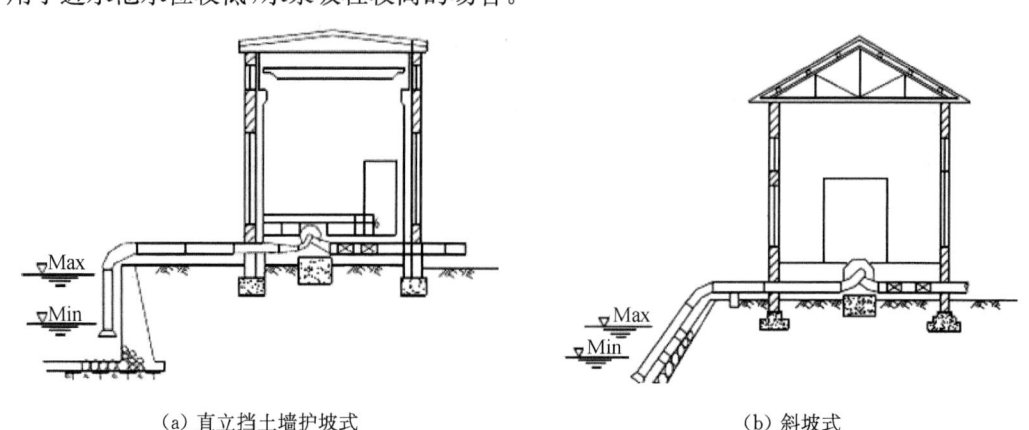

(a) 直立挡土墙护坡式　　　(b) 斜坡式

图 2-2　分基型泵房

二、干室型泵房

干室型泵房的底板和侧墙都是用钢筋混凝土浇筑成整体,挡水墙顶部高程在最高水位以上。底板高程由最低水位和水泵汽蚀性能决定。因此,即使在最低水位时水泵也能正常工作,在最高水位时泵房也不会进水。这种型式的泵房和分基型泵房相比,结构复杂,造价较高,但却适用于水源水位变幅大于水泵有效吸程的场合。当水源水位变幅较大时,若仍采用分基型泵房,则需要在引渠上建闸控制水位,并且为了防止闸门漏水,还需要在节制闸附近另建一个前池排水泵房,以确保泵站在非运行季节,即使节制闸漏水,泵房也不至于进水受淹。这样不仅增加了工程投资,还会造成过闸水头损失,从而增加了运行费用。在这种情况下应考虑采用干室型泵房。此外,地质和水文地质条件较差时,如土壤的承载力较低以及地下水位较高时,也应该考虑采用干室型泵房。

干室型泵房的平面形状有矩形、圆形和桥墩形等几种,在立面上有一层和多层,不论是立式或卧式水泵机组都可采用这种型式(图 2-3)。

矩形干室型泵房便于设备布置和维护管理,适合于水泵机组台数较多和水源水位变化幅度不大的场合。

圆形(竖井式)干室型泵房具有较好的受力条件,可以节省材料。当水位变幅大于 10 m 时,采用圆形干室型泵房较为有利。但圆形干室型泵房内机组和管路布置不如矩形泵房方便,容易相互干扰。一般当机组台数少于 4 台时才考虑采用。由于圆形泵房的高度大,为了充分利用泵房的空间,最好采用立式机组,并将电动机和配电设备安装在上一层楼板上。

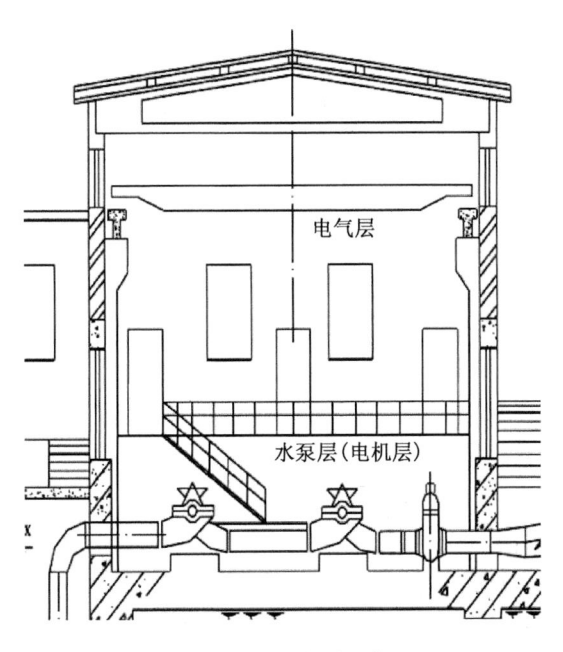

图 2-3 干室型泵房

进水间与泵房合建的型式要求有较好的地质条件,主要优点是整体布置紧凑,总的建筑面积较小,水泵的吸水管短、运行安全可靠、运行管理方便。但要求河岸较陡,岸边水深较大,岸边的地质条件较好。

分建式圆形干室型泵房,即引水建筑物和泵房分开时,泵房设在距岸边较远、地质条件较好的地方,而引水建筑物设在岸边,引水管可以是自流管,也可以是虹吸管。

1. 瓶式干室型泵房

当泵房高度达 30～40 m 时,为了满足防渗、抗浮、抗滑和抗倾覆等稳定性要求,其基础埋深达总高度的 1/8～1/7,圆筒壁厚一般为 0.8～1.0 m,底板厚度为 3～5 m。为了节约投资,工程上出现了瓶式干室型泵房,泵房底部的平面尺寸和高度按工艺布置和安装要求确定。泵房上部的平面尺寸比底部小得多,而高度却占泵房总高度的 1/2～2/3,甚至更大些。这样压缩了不必要的空间降低了泵房的浮力,而且使结构的稳定性更好。

如果把瓶式泵房的基础嵌入基岩内一定深度,这种型式是靠泵房斜壁上垂直水压力和基岩摩擦力来克服大部分浮托力,这样可以将瓶壁做得更薄,这就是薄壁式泵房型式。

瓶式泵房的主要缺点是只能取底层水,特别是在洪水期,含沙量大。同时机房内温度较高,噪音大,运行管理人员的工作条件较差。

2. 潜没式干室型泵房

潜没式泵房经常处于淹没状态,泵房与外界有廊道连接。为了解决通风散热问题,还设有风道。为了减少泵房面积,在泵房内不设检修间。通过设在廊道台阶旁的轻便轨道,用卷扬机将设备运出。在廊道出口处,设有卷扬机房和通风机房。这种泵房的主要缺点是通风条件差,虽然有机械通风,在盛夏泵房内仍十分闷热,而且噪音大,操作管理及设备检修仍不方便。

这种泵房型式有地上和地下两层结构。地上结构与分基型泵房基本相同,地下结构为不能进水的干室。室内安装水泵机组,机组的基础和泵房的基础用钢筋混凝土浇筑成整体。这种泵房型式适用于水泵吸程较低,进水池水位变化幅度较大的场合。

三、湿室型泵房

湿室型泵房主要特点是泵房的下部有一个与前池相通的充满水的地下室(即湿室)(图 2-4)。湿室不仅起着进水池的作用,同时湿室中的水重可以平衡部分水的浮托力,增加了泵房的整体稳定。湿室型泵房的上部结构与干室型基本相同,而下部结构常用钢筋混凝土材料,适用于中小型轴流泵、混流泵和立式离心泵机组。

根据地形、地质及建筑材料等条件,湿室型泵房的结构型式又可分为墩墙式、排架式、圆筒式、箱式和圬工式等五种。

1. 墩墙式泵房

除进水侧外,墩墙式泵房其他三面都是挡土墙,每台水泵之间用隔墩分开,单独形成进水室,支撑水泵和电机的梁直接搁在隔墩上。这种结构的优点是水泵工作组可以采用浆砌石结构,并可以就地取材,施工简单。但由于后墙填土具有较大的水平推力,为了满足抗滑稳定,需要增加泵房重量。这样既增加了地基应力,也加大了工程投资,所以只有在地基条件较好,获取砖石材料较方便的地区才采用这种型式。

2. 排架式泵房

为了避免受到侧墙和后墙的土压力,用钢筋混凝土的梁柱结构代替墩墙支撑水泵机组和泵房的上部结构。这种泵房相当于一个三面砌石护坡。为了便于设备搬运和管理通行,必须用工作桥将泵房的一侧和岸坡连接。这种泵房的优点是没有侧墙及后墙土压力,可不必考虑泵房的抗滑稳定问题。所以排架式泵房具有结构轻、用材省、地基应力小而且分布较均匀的优点。缺点是水泵检修不方便,护坡工程量大,尤其是遇到细砂地基。在外江水位很高时,可能发生管涌,威胁江堤安全。所以一般要求泵房远离堤脚。但这样又会增加输水涵管的长度。若遇淤泥或泥质黏土时,则要求边坡很缓。所以在地基条件较好的地方才采用这种型式。

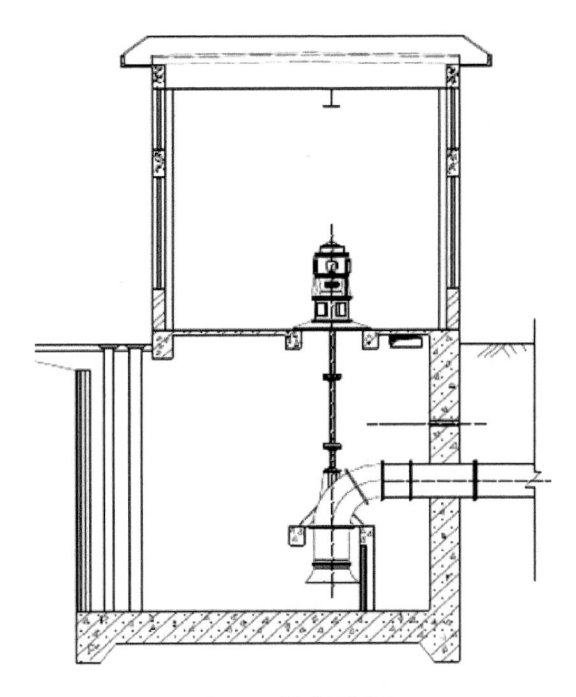

图 2-4 湿室型泵房

3. 圆筒式泵房

圆筒式泵房为圆筒形,四周填土,用引水涵管将湿室与引渠连通。这样一方面避免了墩墙式泵房因侧向填土造成的水平滑动和应力不均匀问题,也解决了排架式泵房边坡管涌及护坡工程量大的弊病。圆筒的材料可采用钢筋混凝土也可采用砖石。但圆筒式泵房进水条件较差,施工立模也较麻烦。机组台数不超过三台、地基条件较差的地方采用这种型式比较经济。

4. 箱式湿室型泵房

该类型泵房相当于在排架式泵房的三面加筑一定高度的挡土板。板高超出进水室最高水位,在进水室前设检修闸。该泵房的主要优点是挡土板可控制三面填土高度,借以达到控制土压力的目的。与墩墙式相比增强了泵房的稳定性,与排架式相比,刚度大能适应软基沉陷,抗震性好,对外交通方便。

5. 圬工式泵房

该类型泵房的进水池和出水室都是用浆砌块石砌筑。水泵一般只有叶轮、外壳和导叶体,没有出水弯管。也有的用钢丝网水泥弯管代替铸铁弯管。由于水泵和泵房的构造都很简单,而且可以利用当地材料,该类型泵房造价低、施工简单,适用于洪枯水位变化很小,扬程很低的小型泵站。

四、块基型泵房

这是大型泵站常见的一种泵房型式。大型水泵的口径大,机组重量也大,水泵流量大,要求进口有良好的流态。因此需要精心设计进水流道。为了节省工程投资和增加泵房的整体稳定性,常常将泵座、进水流道和泵房底板浇筑在一起。

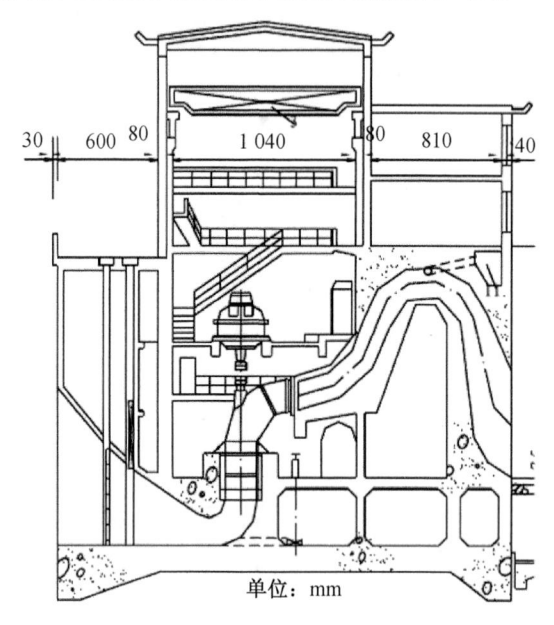

图 2-5 块基型泵房

根据块基型泵房的特点,其适用于口径大于 1 200 mm 的大型水泵。由于该泵房型式本身重量大,其抗浮和抗滑稳定性好。在需要泵房直接挡水时,采用块基型泵房较为有利。由于块基型结构整体性好,适用于各种地基条件。

块基型泵房的结构型式很多,其主要影响因素为水泵机组的结构型式、进出水流道型式和主机组的支撑结构型式。根据水泵结构型式,块基型泵房的机组有立式、斜式、卧式。立式机组又可根据其流道型式分为钟形和肘形进水流道,虹吸式和直管式出水流道以及双向进出水流立式机组。卧式机组包括猫背式,前轴伸、后轴伸、平面轴伸式机组,前置灯泡贯流泵机组、后置灯泡贯流泵机组以及全贯流泵机组。

1. 肘形进水虹吸出水立式水泵机组的堤身式块基型泵房

该型式进出水流道和泵房在一起,整体稳定性好。泵站可以直接阻挡洪水,适用于堤身式泵站。虹吸式出水流道的驼峰顶部有真空破坏阀,停机时会自动开阀,空气进入,破坏真空,截断水流。

2. 钟形进水直管出水的堤后式块基型泵房

该型式的泵房由于采用了钟形进水和蜗壳出水,水泵轴向尺寸很小,对节省工程投资有着重要意义。另外,由于泵房不直接挡水,即使泵房结构较轻也能够满足整体稳定性的要求。由于采用了直管式出水流道,构造简单,施工方便。出口采用拍门断流,可适应各种水位变幅的要求。由于这种水泵轴向尺寸小,故要求进水池的水位变幅较小。

3. 斜式机组块基型泵房

大型轴流泵和导叶式混流泵都可以做成斜式结构。

第三节 典型水工建筑物

不同类型的泵站在工程建设方面也在不断地发展与进步,然而泵站工程的施工方法和技术是否合理,直接影响着泵站工程的工期、质量以及进度,因此在泵站工程建设中,不仅要保证建筑物的稳固性,还要能够抵抗建筑物内的泵体在日后运行中所产生的振动。水工建筑物主要包括:取水头部、虹吸管、穿越防洪堤、抽真空系统、吸水井、泵房及自控系统。设计时需要考虑工程中所使用的水管总长、管径大小、水管埋设深度等,并且以图纸为首要基准。除此之外,还要列举与泵有关的详细数据,如泵的设计流量与实际流量,以及进水与出水方式。地质分析主要是分析地质条件,是属于岩层还是属于土层或砂石层;地质层的结构,地质层的渗透系数,地质层的力学强度。地质分析得出的结果决定了基坑的深度、建筑材质及应采取的施工结构方式。

通常在泵房和水源之间都建有取水建筑物,如取水头部、引水涵管、集水井、取水涵闸和引水渠等。这些取水建筑物在灌溉泵站、城镇和工业供水泵站中都应用广泛。取水建筑物必须保证安全可靠地取到符合要求的水,并对工程投资、运行费用及管理等方面影响很大。

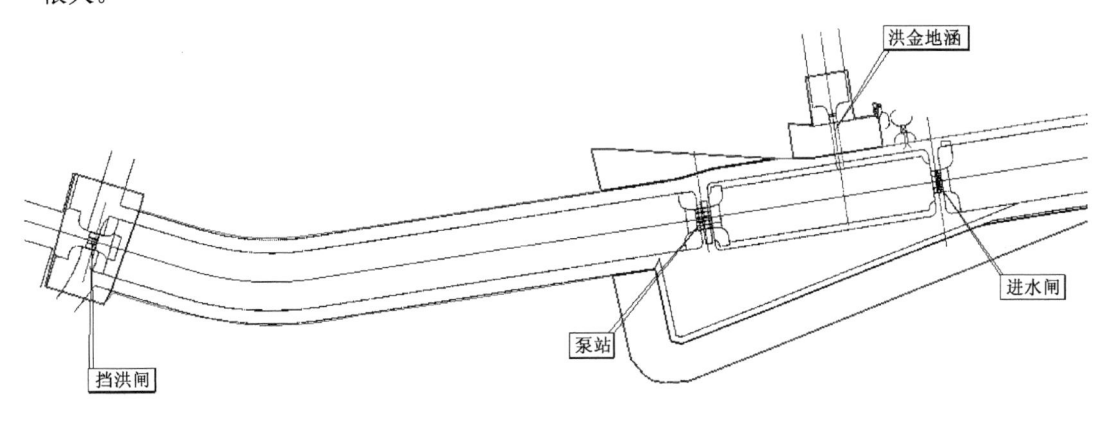

图 2-6 洪泽站进水建筑物

进水建筑物的附属设备主要由泵站、挡洪闸、进水闸、地涵、引河等工程设施组成(图2-6)。主要任务是通过与下级泵站联合运行,实现调水、排涝功能。

本节以洪泽站为例进行典型水工建筑物的介绍。洪泽站是南水北调东线第一期工程的第 3 级抽水泵站,工程的主要任务是抽水入洪泽湖,与淮阴泵站梯级联合运行,使入洪泽湖流量规模达到 450 m³/s,以向洪泽湖周边及以北地区供水,并结合宝应湖地区排涝。洪泽站设计流量为 150 m³/s。

一、闸门

闸门的作用是封闭水工建筑物的孔口,并能够按需要全部和局部开放这些孔口,以调节上、下游水位,泄放流量,放运船只,排除泥沙以及截断水流,以便检修各种机电设备等。常用的闸门可分为以下 3 种。

1. 工作闸门

工作闸门也称主闸门,是进水建筑物正常运用的闸门,要求每个孔口设置一扇。当水泵运行时,开启闸门以放泄水流,有时部分开放以调节流量。当水泵不运行时,关闭闸门以防止泥沙入渠(或入池)造成淤积。由于工作闸门担负经常性启闭工作,而且要在动力条件下运行,所以工作闸门要求结构牢固,挡水严密,启闭灵活,运行可靠。

2. 检修闸门

是专供工作闸门或水工建筑物某一部分或某一设备需要检修时挡水使用的,因此必须设置在这些被保护部件的前面。门扇应根据闸孔的数量、重要性和维护条件等因素综合考虑设置。检修闸门常在检修前在静水的情况下放下,检修时截断水流,检修后在静水中开启。因此检修闸门的门体部分,一般按检修时的水位及荷载设计,支撑和埋设部分由于静水启闭而大为简化。检修闸门有时采用分块的叠梁,特别在露顶式的孔口,采用叠梁式较为普遍。

3. 事故闸门

当工作闸门或水工建筑物发生事故时,使用事故闸门。要求能在动水中关闭,有时甚至是在动水中快速关闭以切断水流,防止事故扩大,待事故处理后再开放孔口。能快速启闭的事故闸门在泵站中常称为快速闸门。

一般泵站均采用平面闸门。平面闸门按材料又可分为平面钢闸门、钢筋混凝土平面闸门、钢丝网平面闸门。平面钢闸门由钢材组成,结构坚固,可以承受很大的水压力。但这种闸门钢材用量大,维护也比较麻烦,一般用在门跨较大的大中型机组泵站中。钢筋混凝土闸门的门体是由一定标号的水泥及钢筋制成的钢筋混凝土构件。这种构件可以节约钢材,用在门跨不大,水头较低的工程中。钢筋混凝土闸门比钢闸门造价低,施工技术简单,也可在现场制造,维护费用少,但自重大约为钢闸门的 1.5~2.0 倍,要求有较大的启门力,启闭设备投资大。为了减轻门重,可采用钢丝网水泥闸门,其面板是由多层重叠的钢丝网及高标号水泥砂浆抹制而成,梁系仍采用钢筋混凝土或预应力钢筋混凝土结构。其缺点是面板抗弯能力较差,横梁间距小。

闸门类型的选择首先应该满足建筑物的工作要求,尽量选择结构简单、便于制造安装和维修,止水性能好,操作灵活,启门力小,能就地取材且造价便宜的闸门。

1. 灌溉或供水泵站进口闸门

(1) 从河道上取水的岸边泵站进口:对于泵房直接挡水的泵站,只需设工作闸门与检修闸门;对于泵房不直接挡水的泵站,为使机组不受洪水影响,除设置上述闸门外,还需设置防洪闸门,以防工作闸门失灵、洪水淹没泵站。

（2）从渠道上取水的泵站进口:对于水质较浑且含沙量较大的泵站,需设置工作闸门并兼作检修闸门用。当机组不运行时,关闭孔口,以防泥沙进入前池,加大淤积量;对水质较清的泵站,一般只设机组检修闸门,如大型机组在非灌溉季节要求电机调相运行时,需设工作闸门兼作检修闸门用。

2. 排水泵站及灌溉结合泵站进口闸门

排灌结合泵站一般出现在南方平原或河网地区,与排水站相似,其进口一般只设机组检修闸门。对于排灌结合泵站的枢纽工程,往往需要较多的控制闸门,以控制排灌系统的运行方式、水位、流量等。

一般挡洪闸位于大堤上(以洪泽湖站为例),闸室采用钢筋砼胸墙式结构型式。闸室南侧设低压室,北侧为楼梯间,上部为启闭机房。上、下游翼墙采用钢筋砼扶壁和悬壁式结构,平面上呈八字形布置。闸门为平面定轮直升式钢闸门,配卷扬式启闭机,下游侧设公路桥。挡洪闸纵剖面图如图 2-7 所示。

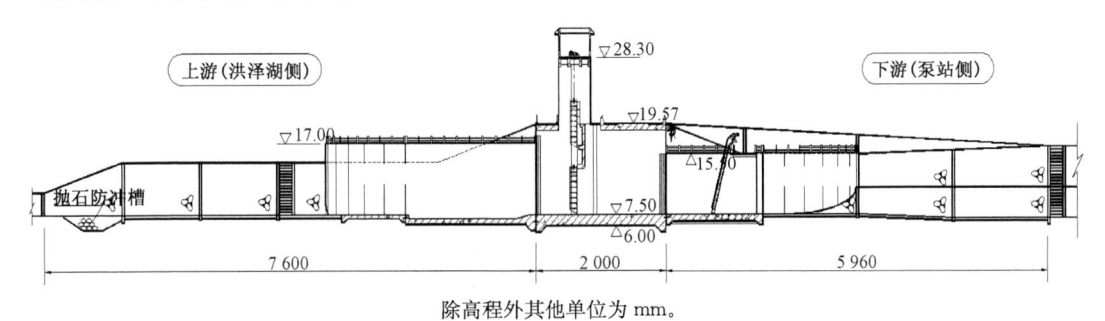

除高程外其他单位为 mm。

图 2-7 挡洪闸纵剖面图

进水闸位于泵站站下以东的泵站引河上,闸室采用钢筋砼胸墙式结构。闸室两侧设钢筋砼空箱岸墙,南侧岸墙设控制楼,北侧岸墙设楼梯间,上部为启闭机房。上、下游翼墙采用钢筋砼扶壁式和悬壁式结构,平面上呈八字形布置。闸门为平面定轮直升式钢闸门,配卷扬式启闭机。进水闸纵剖面图如图 2-8 所示。

拦污栅一般设在泵站引水渠末端或进水流道前,用以拦阻水流挟带的污物,如水草、木块、浮冰、死畜等,防止污物进入流道以保护水泵、阀门、管道等,使其不受损害,并保证水泵机组正常运行,是泵站不可缺少的一种附属水工建筑物。

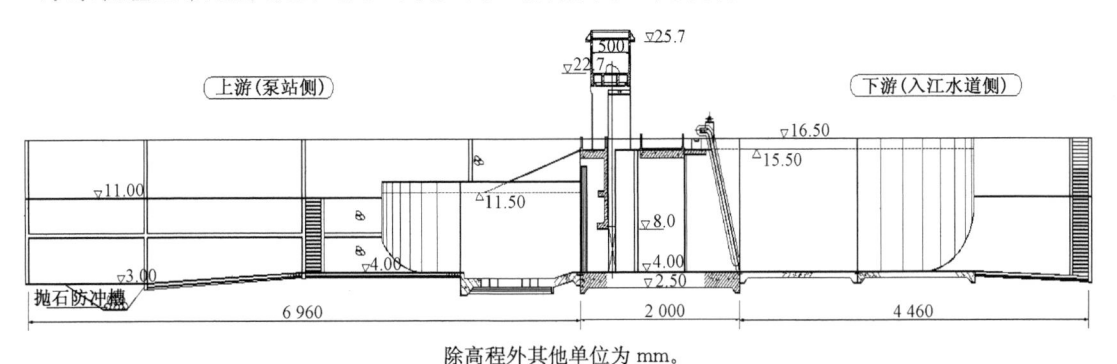

除高程外其他单位为 mm。

图 2-8 进水闸纵剖面图

影响拦污栅水头损失的因素很多,除拦污栅的型式、倾角、栅条形状、厚度及间距等因素外,还与通过拦污栅的流速平方成正比。拦污栅的安装位置、栅前堆积的污物是否便于清除又对过栅流速有影响。如拦污栅设在大型泵站进水流道进口处,不仅过栅流速较大,而且会使进水流道内的流速分布不均,降低水泵的效率和汽蚀性能。

出水建筑物分出水池和压力水箱两种结构型式。出水池是一座连接压力管道和干渠的衔接建筑物,主要起消能稳流作用,以便将压力水管的水流平顺均匀地引入干渠中,以免冲刷渠道。压力水箱多用于排水泵站中,它位于出水管道和压力涵管之间,并将各管道的来水汇集起来,再由排水压力涵管输送到容泄区去。

二、出水池

根据水流方向,出水池分为正向出水池和侧向出水池。正向出水池的管口出流方向和池中水流方向一致,出水流畅,因而在实际工程中采用较多。侧向出水池的管口出流方向和池中水流方向正交或斜交。由于出流改变方向,水流交叉,流体紊乱,池与渠衔接不便,所以一般只在地形条件受限制的情况下采用。

出水管出流方式分为淹没式出流、自由式出流和虹吸式出流。淹没式出流是指管道出口淹没在池中水面以下,管道出口可以是水平的,也可以是倾斜的。为了防止停泵时渠水倒流,有时在出口增设拍门、蝶阀或在池中修挡水溢流堰。自由式出流是指管道出口位于出水池水面以上。这种出流方式浪费了高出水池水面的那部分水头,减小了出水量。但由于其施工、安装方便,停泵时又可防止池水倒流,所以有时会用于临时性或小型泵站中。虹吸式出流兼有淹没式和自由式出流的优点,既充分利用了水头,又可防止水的倒流,但需要在管顶增设真空破坏装置,在突然停泵时,放入空气,截断水流。

本节示例泵站(洪泽站)安装立式全调节混流泵,采用正向进、出水方式,堤后式布置,水泵采用竖井筒体式结构,配肘形进水、虹吸式出水流道,真空破坏阀断流。

站身为块基型结构,站身内部自下而上为进水流道层、水泵层、联轴层和电机层。站身两侧布置了钢筋砼空箱岸墙,该岸墙兼作检修间和控制楼基础。泵房进、出水侧翼墙采用钢筋砼扶壁和悬壁式结构。控制室布置在主泵房南侧,检修间布置在主泵房北侧。另外为提高泵站的综合利用效益,在北侧岸墙安装了轴流定浆式水轮发电机组。

地涵位于泵站站下以东的泵站引河北堤,穿越影响工程新开挖的南干渠,洞身与洞首为钢筋砼矩形箱涵结构,闸门为平面定轮直升式钢闸门,配卷扬式启闭机。

泵站引河布置在三河船闸与干渠之间,系平地开挖筑堤而成,总体上呈东西走向。工程区域地质构造稳定性较好,场地土类别为中硬场土地,建筑场地类别为Ⅱ。场地土层土质主要为灰黄、棕黄杂灰褐色粉质黏土。

第四节 常见水工建筑物结构

当河流的主流距岸边较远,泵房又不能直接建于主流当中时,常常需要在主流河床中设置取水头部,以保证泵站在各种运行工况下都能提取到足够水量,且所提水水质良好。

取水头部除位置选择特别重要外,如何防止泥沙、各种漂浮物以及水生物滋长等引起的取水头部堵塞也是十分重要的。取水头部的形式很多,应该根据水源的水文、地质、施工、航运以及含沙量和漂浮物的具体情况确定。

管式取水头部一般采用钢管结构,具有构造简单、造价较低、施工方便等优点。常用于水质较好的中小型取水工程。管式取水头部按其外形分为喇叭管式和莲蓬头式两种。

在引水工程中,除了重力式和虹吸式引水管道外,引水涵渠也是重要的引水形式。其中引水涵洞是用钢筋混凝土或其他材料代替金属管道。引水渠道则是指用明渠引水代替管道。由于这种形式的引水建筑物可以节省金属和混凝土等建筑材料,便于施工,是机电排灌工程中常用的一种方式。

泵站工程的进出水建筑物包括前池、进水池或进水间、出水池等。这些建筑物把取水建筑物和水泵的进水管、输水渠道和水泵的出水管道衔接起来,使水流能够平稳过渡。

前池是连接引渠和进水池的建筑物。前池的形状和尺寸不仅会影响水流流态,而且给泵站工程的投资和运行管理带来很大影响。设计不合理则会引起进水池流态恶化,水泵机组振动,泵站效率下降,池内泥沙淤积等严重问题。认真分析研究前池的流动规律,合理确定前池的形状和尺寸是泵站工程的重要问题。

根据水流方向,前池分为正向进水前池和侧向进水前池两大类。正向进水前池是指前池的来水方向和进水池的进水方向一致,前池的过水断面一般是逐渐扩大的。正向前池的主要特点是形状简单,施工方便,水流容易满足要求。但在水泵机组较多的情况下,为了保证池中有较好的流态,需要增加池长,从而导致工程量增加。对于开挖困难地质条件地区和用地困难的城区更应尽量缩短前池长度,因此正向进水前池又会出现折线形和曲线形。

侧向进水前池的来水方向和出水方向是正交或斜交的。由于池中的水流需要改变方向,池中流速分布难以均匀,因此池中容易形成回流和旋涡,从而影响水泵的性能。但因侧向进水前池占地较少,工程投资较省,在工程实际中经常使用。认真研究侧向进水前池的水力特性,确保池内水流平稳,不出现回流和旋涡是十分重要的。

正向进水前池流态的主要影响因素是扩散角的大小。当前池实际扩散角大于水流固有的扩散角时,前池中的水流将会脱离边壁,出现回流和旋涡。在主流的两侧有较大的回流区,在两侧的进水池中还会形成旋涡。由于水流来不及扩散,水流直接冲击进水池后墙,然后折向两侧,引起侧边回流。由于中间主流流速大于边侧回流流速,回流区的水位和压力大于主流区。在这种压力差的作用下,主流断面进一步压缩,流速进一步增大,从而导致池中流态更加恶化。前池中的流态对水泵性能及工程管理影响很大。前池的流态可能影响进水池的流态,使进水池形成旋涡,一旦形成进气旋涡,空气将进入水泵,从而降低水泵效率,使机组产生振动和噪音。另外,不良的水力条件还会引起前池的冲刷和淤积。

侧向进水前池内的流态主要取决于引渠的末端流速、前池的形状和机组的运行组合。

前池中加设隔墩,可以避免在部分机组运行时池中产生回流和偏流,从而可以减少池长,加大扩散角。同时加设隔墩后,减小了前池的过水断面,增加了池中流速,可以防止泥沙淤积。隔墩有半隔墩和全隔墩两种形式。半隔墩是在前池当中设若干个像桥墩一样的隔墩，实际只起导流作用。如果把这些隔墩延伸至进水池后墙，即每个进水池都有各自的前池，这样的隔墩称为全隔墩。

从水力学的观点看，前池中设置横向底坎，可以改善水流在平面上的扩散条件。加设底坎后原来的回流区会消失，流速分布变均匀，从而有效减小泵站机组的振动和噪音。但是有底坎的前池和池底为倒坡的前池相比，水流扩散较慢。此外，底坎使前池结构复杂化，坎前还可能造成泥沙淤积。

翼墙是连接进水池和前池之间的边墙。它对减少泵站工程造价和改善边侧进水池流态都起一定作用。

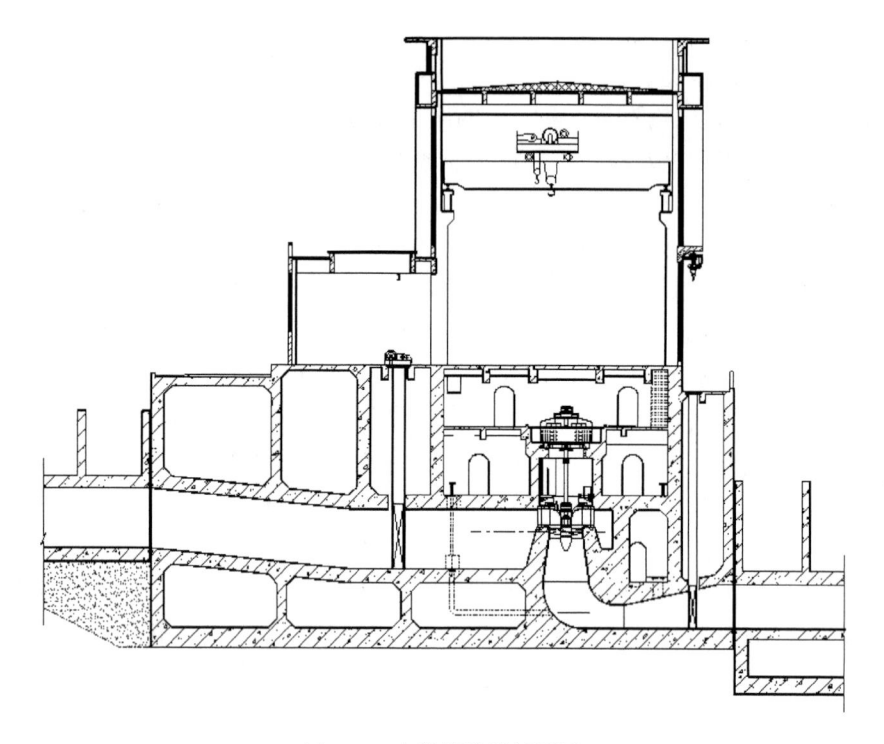

图 2-9　空箱岸墙纵剖面图

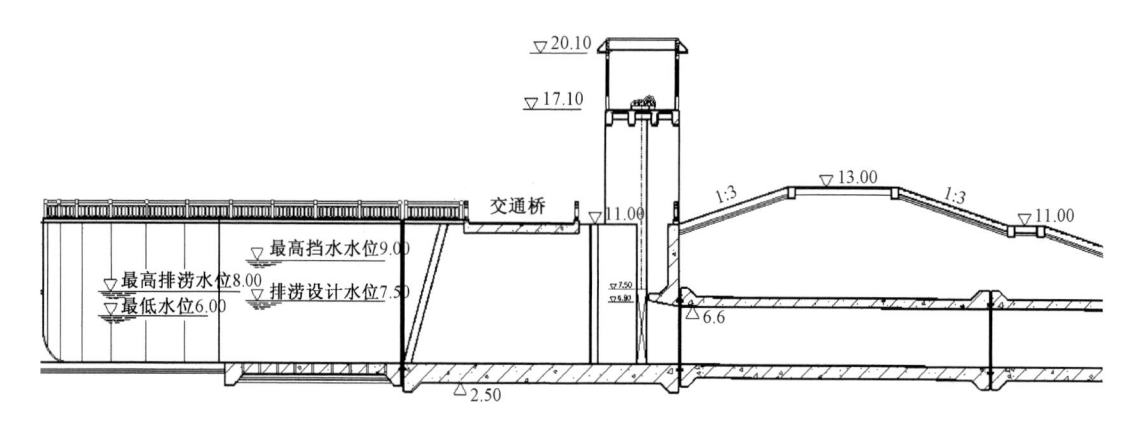

图 2-10　地涵剖面图

侧向进水前池主要有单侧向和双侧向两类。对于水泵台数超过10台的泵站常采用双侧向式前池。另外,根据边壁形状侧向进水前池又分为矩形、锥形和曲线形。

矩形侧向进水前池结构简单,施工方便,但工程量较大,同时流速沿池长渐小,在前池的后部容易发生泥沙淤积。锥形侧向进水前池的特点是流量沿程减小。其过水断面也相应缩小,以保证池中流速和水深基本不变,保证水流条件较好。曲线形侧向进水前池外壁可采用抛物线、椭圆或螺旋线等形式。

为了改善池中流态,在池中设导流隔墩和底坎也是有效的。图2-9和图2-10为空箱岸墙纵剖面图和地涵剖面图。

第五节 进出水引河的流态要求

取水口位置的选择应满足农业生产和城市建设的要求,确保取水建筑物的安全可靠,力求管理方便、投资节约、施工方便。为了合理选择取水口位置,必须对水源情况做深入调查研究,全面掌握河流的特性,根据取水河段的水文、地质、地形和卫生防护等条件,综合考虑,进行技术经济比较。在条件复杂或资料不足的情况下,还应进行水工模型试验,以选取安全可靠、经济合理的取水口位置。

一、河流的水文特征

我国幅员辽阔,河流特征复杂。水文特征一般分为山区河流和平原河流。对于较大的江河,其上游一般为山区河流,下游为平原河流,中游则介于山区和平原河流之间。

山区河流的特征是河谷狭窄,河岸陡峻,纵坡比降较大,山岩裸露,汇流时间短。洪水期水位暴涨暴落,流量和水位变化很大。枯水期流量和水位很小。洪枯水位之差视河流大小而定,变化幅度从数米到数十米。山区河流的另一特征是河岸比较稳定,含沙量与流域地面覆盖层状况有关,有的常年清澈,有的水土流失严重,河流中的漂浮物和泥沙多集中在汛期。

平原河道的纵坡比降小,一般为1/1 000,有的甚至小于1/10 000。因而水流速度低,泥沙大量沉积,河槽两侧有宽阔的河滩,而且深槽浅滩相互交错。洪水期河滩被水淹没,枯水期河滩露出水面,洪枯水位变幅较小。平原河流一般有蜿蜒性、微曲性和游荡性三种河段。蜿蜒性河段的浅滩、深泓线位置和河岸冲刷地点相对较固定。

在弯道上除纵向水流外,受离心力的作用会产生横向流动,表层水流趋向凹岸,底层水流趋向凸岸。凹岸冲刷,凸岸淤积,深槽主流靠近凹岸。微曲性河段比较顺直,略有弯曲。其显著特点是在河槽中有犬牙交错的边滩依附两岸,并以缓慢的速度向下游移动。这种河段不仅浅滩多,而且浅滩和深泓线的位置很不稳定。另外,有的微曲河段很宽,河槽中有一个或数个江心洲,把水流分成两股或多股汊道,各汊道经常处于交替消长的过程中。游荡性河段的显著特点是水流湍急,河身宽而浅,沙滩密布,汊道交织,河床变化快,洪水时汪洋一片,枯水时河汊纵横交错,主流摆动不定。泥沙严重淤积是形成游荡性河流的主要原因。

弯道水流实际上是呈螺旋形的环流,在弯道螺旋形环流的作用下,凹岸不断受到冲刷,逐渐使岸边变得岸陡水深,主流近岸。而凸岸则不断淤积,逐渐形成浅滩,最后使弯曲的河道变得更弯曲。河道在平面上的变形快慢还与凹岸的地质情况有关。疏松的土壤容易被冲刷,河岸不稳定,河道变形速度快。但对于坚硬的岩石,则平面变形慢,主流稳定靠岸。

二、泵站取水口的选择

取水口位置选择的基本原则是用尽可能少的工程投入和运行费用,能安全可靠地提取足够的水量,并且所提水水质良好,可满足工农业生产或城镇居民的用水要求。因此,在选择取水口位置时,应考虑以下几个方面:尽量靠近供水区的中心地带;有较好的地形和地质条件;尽量设在河流凹岸,主流靠近岸边且不易摆动的地方;尽量避开主流的顶冲点,以免取水结构受水流冲击过激。

顺直河段取水口位置的选择:虽然在顺直河段取水不如在弯道凹岸优越,但其河床地质条件较好,不容易发生河床变迁而且主流稳定。弯道凸岸取水的技术要求:如果供水区靠近河流弯道的凸岸一侧,经过技术经济比较后,不得不在弯道凸岸取水时,应尽量把取水口布置在凸岸的起点或终点,并把取水头部和引水管伸向不受淤积影响和水流条件较好的主流深槽。

两江汇合处取水口位置选择:在支流和主流两江(河)汇合处容易发生泥沙淤积,因此,一般以选择在支流汇合口对岸一侧为宜。在分汊河道上取水口位置的选择:应选在比较稳定的主汊河道上,并对河段加以整治。分汊河道是河流中常见的一种河型,在冲积平原的河流中下游,分汊河道的分布更为广泛。这种汊道河段总是处于变化发展之中,一些汊道发展,另一些汊道衰退甚至淤废。这些变化给取水工程带来一系列不利影响。

三、进水池中的流态对水泵性能的影响

为了保证水泵有良好的吸水条件,要求进水池中的水流平稳,即流速分布均匀,无旋涡,也无回流,否则不仅会降低水泵的效率,还会引起水泵汽蚀,机组振动无法工作。

进水池中的旋涡有表面旋涡和附壁旋涡两种。

(1) 表面旋涡

当进水池的水位下降时池中表层水流流速增大,水流紊乱,在进水管后侧的水面上首先会出现凹陷的旋涡。当水位继续下降时(仍保持水泵流量不变),表层流速激增,旋涡的旋转速度也随之加大,旋涡中心处的压力进一步降低,水面凹陷在大气压力的作用下逐渐向下延伸。随着凹陷的加深,四周水流对其作用的压力也随之增大,故旋涡随水深的增加而变成漏斗状。当这种漏斗状的旋涡尾部接近进水管口时,因受水泵吸力影响而开始向管口弯曲,空气开始断断续续地通过漏斗旋涡进入水泵。如果水位继续下降,则会形成连续向水泵进气的漏斗状旋涡。若池中的水位再继续下降,进水管周围的漏斗旋涡数目将会增加,并很快连成一体,形成与进水管同轴的柱状旋涡,使大量空气进入水泵。水泵吸入空气后,其性能会明显恶化,效率和扬程都会明显下降。因此防止表面旋涡将空气带入水泵是进水池设计的重要任务之一。

(2) 附壁旋涡(即涡带)

当进水池设计不合理时,不仅池中流速分布不均匀,而且会在池壁和池底产生局部压力下降。流速分布不均匀不仅会产生表面旋涡,而且在水中也会产生旋涡。旋涡中心的压力很低,低压区旋涡中心的压力则更低。当压力下降至汽化压力时,旋涡中心区的水汽化,呈现白色带状,故又称涡带。这种涡带通常是一端位于池壁或池底,而另一端位于管口。

当进水池或前池设计不合理时,在池中平面或立面可能会出现围绕水泵(或进水管)旋转的回流现象。这种回流虽然不会将空气带入水泵,但对水泵(特别是直接从池中吸水的立式轴流泵和导叶式混流泵)的性能有很大影响。

设计不合理的进水池,不仅会产生旋涡和回流,而且会造成较大的能量损失。

进水池多为浆砌块石圬工结构,池壁一般为立式箱形,池底采用不小于 10 cm 厚的水泥砂浆抹面,以防冲刷,便于清淤。对于从多泥沙水源取水的泵站,进水池中还应考虑防沙措施(如设冲沙闸、冲沙廊道、涵管等),在池中最低部位应设集水坑,以便检修时排净池中积水。

进水池后墙、侧墙除采用立墙外,还可采用斜坡式或直斜混合式。直立式边墙可采用浆砌石挡土墙结构,斜坡式可用浆砌石护坡。多机组的进水池之间一般设有隔墩,为墩厚 30～50 cm 的浆砌石。

城镇供水和火力发电厂循环供水等工业供水泵房的进水建筑物也称进水间或进水流道。这类泵站常建在人口稠密、建筑物众多的城区,这就要求这类泵站的进水建筑物结构更加紧凑。另外,这类泵站对水质要求高,不允许水草杂物进入水泵,在进水间均设有旋转滤网,从而使这类泵站的结构更加复杂。这类泵站的另一个特点是运行时间长,可靠性要求高,如果因进水条件不良降低水泵装置效率或迫使水泵事故停机,将会给工程带来重大的经济损失。

进水间的布置形式与引水方向、取水方式、取水流量以及清污设备的型式和布置等很多因素有关。按引水方向进水间分正向引水和侧向引水两种形式;按引水方式分管式引水和开式(明渠)引水;按清污设备(旋转滤网)的布置又可分为正面和侧面布置两种形式;按水泵进水管的吸水方向还可分为垂直吸水和水平吸水两种形式。各种形式的布置力求工程投资少,水泵吸入口的流态能满足要求,进水间水头损失小,不产生表面旋涡和水中涡带,旋转滤网的清污效果好等。

第三章 工程监测和设备检测

第一节 泵站监测

水泵机组包括水泵、动力机和传动设备,是泵站工程的主要设备,又称为主机组。泵站的辅助设备、电气设备和泵站中的各种建筑物都是为主机组的运行和维护服务的。图3-1为主机泵组装图。

泵站工程中最常用的水泵为叶片泵。按工作原理分为离心泵、轴流泵及混流泵;按泵轴安装形式分为立式、卧式和斜式;按电机是否能在水下运行分为常规泵机组和潜水电泵机组等。

机泵的运行机是在额定电压及功率条件下将设计水量、水压提供给灌溉系统。要保证机泵正常工作,必须注意以下几点。

(1)不要经常露置于旷野,避免机体及电机直接受到阳光的直射;(2)在尽可能的条件下,尽量合并灌水或减少机泵开启次数,这样既延长了泵体的使用寿命,又降低运行成本;(3)机泵正常工作时既要避免空转或轻载,又要减少超载运行情况,使其提供正常的出水流量和工作压力。

机泵的维护保养是为了保证泵体正常工作,不论灌溉系统中的机泵是采用固定形式还是移动形式,使用时须注意以下几点。

(1)用前用后注意检查泵体的电源连接、泵体连接及与管道的连接是否紧密,保证运行过程中不会发生漏电、漏水和掺气;(2)随时注意机泵运行过程中的声音变化,保证机泵正常运转;(3)在使用电机及泵体过程中,适时检查电机及水泵表面温度,以保证电机及水泵运行正常;(4)时刻监测水流的压力变化,保证水泵出流压力稳定、流量稳定;(5)用机油润滑的新水泵每运行100 h应清洗轴承、轴承体内腔,更换1次新油;(6)水泵运行2 000 h时,所有部件应进行拆卸检查、清洗、除锈去垢,修复或更换各种损坏的零件,电机每月要再进行1次检查,半年要进行1次检修;(7)长轴井泵运行一年应进行全面检修保养,若运转正常,主要性能指标不低于铭牌规定值,也可延期一年检修;(8)停机后把水泵表面的水渍擦净,防止生锈,在灌溉季节结束或冬季使用水泵时,停机后应打开泵壳下面的放水塞,把水放净,防止锈坏或冻坏水泵。

泵站设备包括进水渠拦污栅与清污机、泵站进口检修闸门及拦污栅、泵站出口快速闸门、泵站出口事故检修门、防洪闸门以及相应的埋件和启闭设备。在泵站出水流道处设置快速闸门进行断流,该闸门在调水期间置于孔口上方,处于待工作状态,一旦水泵停机或出现故障,该闸门快速关闭挡水,防止水泵反转,保护机组。为了保证水泵及电机在出现事故时能迅速切断流道内水流,防止水流倒灌而对水泵电机造成破坏,在快速闸门后设置事故检修闸门。设计应根据工程运行特点,合理选用节能型门体结构和启闭设备,力求达到闸门止水效果理想、启闭设备运转可靠灵活的目标。

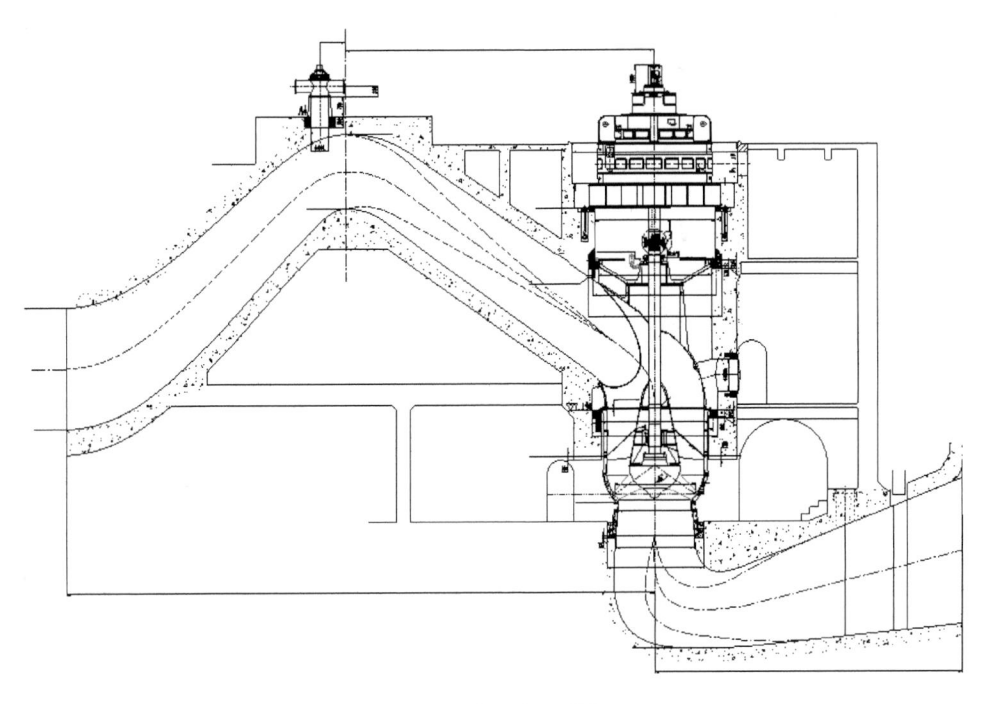

图 3-1　主机泵组装图

在给定水位、扬程和流量等参数的条件下,选择高效区宽、平均扬程工况下效率高的泵型和水泵结构;对于扬程、流量变化大的泵站,水泵应配置叶片调节机构,以便根据泵站不同的运行工况,适时合理调节叶片角度,以达到降低能耗的目的。根据大型泵站负荷特性和运行要求,宜采用高效的同步电动机和合适的功率,避免"大马拉小车"的状态发生。电动机的效率及功率因数是其节能的重要指标,且随负荷率的高低变化而增加和降低,达到电动机的额定功率时效率和功率因数最高。对于扬程变幅大的泵站,可采用变频调速或齿轮变速技术,以满足水泵运行要求,提高电能利用率。电动机效率应达到95%以上。应选用低损耗、低噪声的节能变压器,并通过负荷计算,利用最佳负载系数法确定其容量,力求使变压器的实际负荷接近设计的最佳负荷,以提高变压器的技术经济效益,减少变压器能耗。变压器的经常性负载以在变压器额定容量的60%~70%为宜。变压器的容量不宜过大,以免增加线路的损耗。选择的变压器接线组别应有利于抑制高次谐波。配电系统应选择节能设备,正确选定装机容量,减少设备本身的能源消耗,提高系统的整体节能效果;合理选择变配电所位置,正确选择导线截面、线路的敷设方案,以降低配电线路的损耗。此外,应采取无功功率补偿措施,提高功率因数(高压不低于0.9,低压不低于0.85),减少电能损耗;应采取通风降温措施,以控制变压器的工作温度;应配备能源管理系统,实现能耗跟踪与控制。

在我国以往的大型泵站中,轴流泵(混流泵)带肘形或钟形进水流道的形式是泵站建设的一种常规模式,这种形式的泵站,进出水流道设计与运行管理都有十分成熟的经验,但其安装检修十分不便,而且由于在水泵进口增加了弯曲的进水流道,泵站的装置效率相对较低。因此,我国开展了大型全调节抽芯式斜流泵(混流泵)的开发研究与应用。

随着计算机水平的不断提高,在泵站工程中采用计算机进行保护与监控越来越普及,监控系统的开发与研究也进入了一个全新的阶段,同时也产生了行业先进的泵站计算机监控系统。

作为大型跨流域、多梯级调水工程,南水北调自动监控系统的规模庞大、结构复杂,既要满足供水安全的要求,又要实现无人值班、远方集中与自动抽水控制,从而达到减员增效和优化调度的目的,因此要求监控系统实行全线实时调度控制,协调各梯级泵站运行,这也是确保调水工程安全、高效、经济运行的重要生产和管理手段。

先进的泵站控制功能包括:(1)采用复杂严密的软硬件逻辑控制措施,保障供水工程泵站安全联合运行与安全闭锁功能;(2)泵组、泵站及全线优化调度功能及流量平衡控制功能;(3)全线监视、控制功能及统计、报表与运行指导功能。

泵组的动力特性综合考虑了水泵与电动机在内泵组的能量特性与效率特性,水泵装置的动力特性则在泵组的基础上,将与水泵进出口相连的进出水流道的特性联系在一起,建立抽水系统的能量与效率特性。近年来,我国排灌技术有了快速发展,且机电排灌泵站运行情况也有了明显改善,机电排灌泵站技术水平得到了提升,但在一些地区,还存在机电设备质量不达标、规格不完善的问题,这样就会导致设备配套不合理问题出现,且在一些地区泵站当中还存在着工程老化以及修整不到位的问题,导致机电排灌站经济效益不断降低。在这样的形势下,进行机电排灌泵站技术改造以及安全监测是十分必要的。

泵站的安全监测是指通过仪器观测和巡视检查对泵站主体结构、地基基础、两岸边坡、相关设施以及周围环境所做的测量及观察:监测既包括对建筑物固定测点按一定频次进行的仪器观测,也包括对建筑物外表及内部大范围对象的定期或不定期的直观检查和仪器探查。泵站安全监测主要包括以下几个方面。

(1)变形监测

变形监测是指利用专用的仪器和方法对变形体的变形现象进行持续观测、对变形体变形性态进行分析和对变形体变形的发展态势进行预测等各项工作。其任务是确定在各种荷载和外力作用下变形体的形状、大小及位置变化的空间状态和时间特征。主要包括表面变形、内部变形、裂缝及接缝观测、水平及垂直位移监测等。

(2)应力、应变监测

应力、应变监测是指建筑物施工过程中,采用监测仪器对受力结构内部应力、应变变化进行的技术监测,以监视建筑物的安全运行,全面反映建筑物的工作状况,对可能发生的险情提前预报。主要包括应力监测、应变监测、温度监测等。

(3)土压力监测

土压力监测是指利用土压力计对接触面上的土压力及地基反力进行监测的技术手段。通过监测,实时掌握建筑物的运行情况,并可对土压力及基底应力的设计、计算提供验证依据。

泵站安全监测过程中由于测点多，布置分散，因此，在设计阶段对每个测点进行详细编号是十分必要的。这样可以有效避免由于测点多、导线混乱而导致的测点混淆的错误，同时，为以后施工的顺利进行，以及获得正确有效的安全监测数据提供必要的保证。

安全监测对保证大型泵站的安全具有十分重要的作用。目前国内外许多大型泵站都进行了有效的安全监测，并取得了良好的效果，获得了大量翔实可靠的监测数据，为大型泵站的正常运行提供了有效的安全保证，并为设计理论的改进提供了许多必要的依据。

第二节 水质监测

一、水质自动监测的主要作用

水质自动监测的主要作用如下。

（1）传统水质监测方式通常是瞬时的，无法对水环境进行系统和长期的监测，因此监测结果并不能很好反映出真实的状况。目前自动化水质监测设备大量被使用，为水质提供实时监测，保证监测数据的准确性。

（2）提高了水质监测的工作效率。水样采集、化验和数据统计等工作是非常复杂的，通过应用水质自动监测系统就可以对水体进行自动监测，并记录数据，及时分析。这给监测人员的工作提供极大的帮助，降低了管理人员的劳动强度，避免由工作人员自身能力有限或对规范的认知有限等人为原因造成的水质数据偏差，保证水质监测数据的准确性。在出现重大污染事故前发布有效预警，使工作人员可以及时采取措施，提升了水质监测工作的效率。

（3）降低水质监测的管理成本。目前所采用的水质自动监测仪器设备价格较高，但对于传统的水质监测来说，综合成本较低。传统的水质监测中，对于人力的投入较大，其费用比自动水质监测仪器的购置费高很多，因此水质自动监测大幅度降低了水质监测的成本。

（4）提高水质采样工作的安全性。水质监测前需要进行水质采样，但通常水质采样区域的地形较为复杂，使用自动水质监测可以避免在样品采集时人工工作可能发生的安全事故，得到更加准确的数据，使水质采样更加安全。

二、水质自动监测系统的功能与具体应用

1. 水质自动监测系统的功能

（1）在线自动监测

水质自动监测系统可以监测水源地及饮用水的多种参数，主要包括溶解氧，pH 和浊度等，并可以对排污口和污水处理厂进行实时监测，监测其各项水质参数是否超标。

（2）预警预报

水质自动监测系统具有报警功能，接受现场设备的报警信息。报警功能可以通过声音、图像、表格等形式体现。还可以准确反应现场监测信息，为环境监控提供准确的信息。如出现水质超标、仪器设备故障或供电故障都会触发报警系统。

(3)信息发布和在线查询

水质自动监测系统具有信息发布和在线查询的功能,并可以显示图标并打印等,为环境管理和决策提供准确的数据支持。并可以保存长期的监测数据及运行数据,方便以后查询和检索。

2. 水质自动监测系统的具体应用

(1)地表水监测中的运用

地表水水质自动监测是对地表水进行水质监测和远程控制,对流域关键断面进行水质监测,可以预测水污染事件,预防并解决水污染事故纠纷。

目前,中国的水质自动监测广泛应用于地表水监测站,水质自动监测站的建设也取得了一定的成效。在我国重要河流、湖泊和水利工程中,环保部门建设了多个水质自动监测站。

(2)水库中的应用

水库水质自动监测系统可实现远程实时控制功能,改善水环境监测和监管条件,掌握水质的实时状态,确保饮用水的安全。对居民的健康饮用水进行监测发现超出规定的要求时,系统将报警,并采取急救措施。水质自动监测,确保了饮用水安全。

自动监测系统还可以实时监测企业的污水排放情况、排放口的污水水质和水量,还可以对阀门进行远程控制。如果排污企业不按时缴纳排污费,自动监测系统可以远程控制电动阀门的开关,关闭排污阀门。

3. 加强水质监测的方法建议

现阶段,水质监测技术已经呈现出了多样化的发展特点,越来越多的先进监测设备被应用到水质监测中,这些设备要充分地发挥作用,并尽可能长地延续使用寿命,需要水质监测人员掌握先进设备的使用和维护相关知识。所以,在地方性水质环境监测站日常开展工作的过程中,应对操作人员开展系统的培训,并组织相关操作人员对工作的经验和心得等进行交流,以此提升操作人员专业技能的全面性和准确性。例如,在利用纳氏试剂分光光度法监测水质的氨氮过程中,水样中含有的悬浮物和钙、镁等金属离子以及硫化物等成分,均会影响测量的准确性,此时,需要对水样中存在的物质进行有效消除,硫酸钠溶液可以消除水体样本中的余氯成分,消除后用淀粉-碘化钾试纸可以对消除效果进行检测。钙、镁等金属离子被消除,最后,通过预蒸馏法或絮凝沉淀法可以使样本中的颜色或浑浊现象消失,进而为纳氏试剂分光光度法的应用创造条件。可见在水质监测过程中,对水质监测人员开展系统培训,使监测人员系统掌握复杂检测方法非常重要。

健全水质监测质量管理相关机制和制度,提升水质监测质量管理水平,需要建立健全的实验室质量控制制度,对操作人员的各操作细节进行管理和规范,进而提升水质监测的准确性和可信度。例如,在水质监测的过程中,设置的标准曲线不可以高于浓度限值;在实验的过程中要进行平行实验等。除此之外,在利用具体某种方法进行水质监测的过程中,要对具体方法的各环节进行规范,保证操作人员的具体监测过程有据可依,例如,利用碘量法测量水质的溶解氧,若过程中存在氧化性物质或还原性物质,监测的复杂性会提升,如果不能得到有效的处理会影响到监测的精准性。所以,在监测的过程中要结合《水质 溶解氧的测定 碘量法》中的统一标准进行,合理地应用相关测试仪器和试剂,并对各操作细节按照使用规范进行优化,可见监测方法的规范对提升采样结果准确性具有重要意义。同时,将监测的相关规范和监测站的考核制度挂钩,对提升监测质量管理水平更具有促进作用。

通过上述分析可知水质监测工作在区域水环境保护和治理、研究中的重要性,现已加强了对水质监测质量的管理,但是地方性水环境监测部门在落实工作过程中,受经费、经验、培训系统不足等因素的影响,仍存在诸多问题,需要系统性的改善和优化,所以在推动水质监测质量管理水平提升的过程中,应在肯定现有水质监测成果和问题的基础上进行针对性改进。

我们从收集来的数据中能够分析水环境的现状和变化规律,在收集过程中需要做很多试验还需要大量的人力和物力,但是这些数据也只是短暂性的。所以我们应结合现代技术,运用智能自动化的水质监测技术,这样收集数据就能更便捷,数据也可不断更新。

第三节　水工观测

水工建筑物的原型观测,是建好、用好水工建筑物的一项重要工作,它对保证工程安全、充分发挥工程效益等都具有重要的意义,并为工程设计、施工、管理和科研提供实际依据。

水工建筑物工作条件十分复杂,运用得当会收到巨大效益,疏忽大意则会发生事故带来严重后果。因此在保证安全的前提下合理发挥工程效益,就成为泵站管理中的头等大事。

在水的压力、渗透、侵蚀、冲刷,以及温度变化、干湿循坏、冻融交替等因素作用下,水工建筑物会不断发生变化。这种变化一般是缓慢的却又是持续的,比较隐蔽,不易察觉。但当呈现明显异常时,往往已对安全产生严重威胁,甚至迅速发展到不可挽救的地步。因此必须对水工建筑物进行经常的、系统的观测,掌握它的变化规律,判断其安全程度,并根据观测所发现的问题分析原因,采取及时必要的维修措施。

实践证明,水工建筑物的破坏都有一个由量变到质变的过程。通过认真的观测和细致的分析,就能及时发现问题,防患于未然。通过对原型观测资料的分析研究,并结合对坝的勘测、设计、施工、维修资料的分析,可以推断坝在不同水位下的安全程度,从而制定安全控制水位,指导水库运行,使工程更好地发挥效益。

建筑物变形监测对水利工程建筑物的运行管理非常重要,通过观测,可掌握水工建筑物及构筑物的实际性状,准确、科学、及时地对水利工程建筑物的变形状况进行分析和预报。借助专用的仪器,采用专业的方法对变形体的变形现象进行持续观测,对变形体变形的形态进行科学分析,并且对变形体变形发展态势进行预测等,分析变形体受到的各种约束、外力及荷载,确定变形体的形状、位置、大小及变化的时间特征和空间状态。通过观测可以理解变形机理,为工程设计提供理论基础,在反馈设计时,可以建立有效的变形预报模型。同时为安全运行提供必要的信息,掌握水利工程建筑物的稳定性,及时采取应对措施。

一、建筑物变形观测

依据变形体的地基情况和性质,可确定变形观测的内容,包括外部观测和内部观测。外部观测包括垂直位移、水平位移、裂缝等观测;内部观测包括钢筋应力、混凝土应力、温度等观测,通过内部观测,可以掌握建筑物(如大坝)内部结构情况。

1. 垂直位移观测

垂直位移观测是指测定建筑物或其基础的高程随时间变化的工作,主要是在运行管理期间,对埋设在建筑物上的观测点,定期用精密水准测量方法测定它们的高程,比较观测点不同时期的高程即可求得其沉降值。其目的是了解建筑物的沉陷状况,及时发现异常状况,为工程安全运行提供基础资料,在工程的维修加固、安全鉴定、拆建扩建等项目中起到决定性因素。

建筑物的沉降观测每季度需进行一次,通过对工作基点的考证、垂直位移标点的校核以及相关图表的绘制,反映当前建筑物的位置状况和沉降变化趋势,同时对观测成果进行初步分析,若其间隔位移量和最大累计位移量均在规定的变化范围内,表明建筑物变化趋势稳定。

2. 水平位移观测

水平位移观测是指测定建筑物上某些点的平面位置随时间变化的工作。位移可能是任意方向的,也可能发生在某一特定方向。建筑物水平位移仅检测上下游方向的位移量,采用视准线法进行观测(即在固定的两个基点之间架设经纬仪,由经纬仪的视准面形成基准面)。

每月对设置的水平位移标点观测一次,并计算各标点和基线之间的总位移量,从而换算出间隔位移量和累计位移量,并绘制水平位移和上游水位过程线,判断建筑物的水平位移是否符合规范和实际运行需求。泵站的间隔和累计水平位移量均应满足建筑物自然、稳定的变化规律。

3. 裂缝及伸缩缝观测

伸缩缝观测的目的在于了解混凝土建筑物伸缩缝的开合情况及其变化规律。其观测的周期一般为每月一次。观测时还要同时观测环境温度、混凝土温度、上下游水位及水温等项目。建筑物出现裂缝后,要定期检查观察,及时掌握其发展趋势,并分析裂缝产生的原因及对建筑物安全带来的影响,便于及时处理。发现建筑物出现裂缝,要每天进行观测,若裂缝发展缓慢,可以适当减少观测次数;若环境温度过高或过低,裂缝发展显著时,要增加观测次数;经过较长一段时间观测,裂缝没有发展,则可恢复通常的定期检查观察。每个测点布置两只振弦式测缝计组合测量,一支测垂直方向,一支测水平方向。通过对缝宽进行观测,绘制伸缩缝宽度与混凝土温度、气温过程线,直观反映伸缩缝的变化情况。

4. 河床变形观测

河床变形观测可直观地反应出河床底板的淤积或冲刷情况,是水利工程管理中不可或缺的观测项目之一。河床地形观测包括水下地形和岸上地形观测。水面以下部分的河床地形叫作水下地形,一般采用横断面法进行观测,即现场观测测点水深、高程、起点距、水位等数据,计算河床各监测点的高程与实际高程是否吻合,有无淤积或冲刷现象,特别是混凝土底板，一旦出现严重的冲刷现象，可能危及建筑物的安全，应引起极大重视。岸上地形的施测方法和陆上地形测量一致，通常测至河道两侧堤防，观测频率为5年/次。

水下部分采用横断面法进行观测，每年度汛前、汛后各一次。通过成果计算、冲淤量比较、地形图绘制的方法展现水下地形的变化情况，经与原始断面相比较，原底板高程与所测得底板高程应相差不大，没有明显淤积或冲刷现象。

5. 内部观测

根据工程实际，主要在主厂房的底板边墩及进水池挡墙等高度较大的结构上选取代表性断面布置应变计测点，根据对具体结构受力特点的理论分析来确定采用单向应变计或双向应变组进行测量。

外侧接触面土压力可以通过在土体与混凝土接触面安装土压力计实施观测。可选用振弦式土压力计，其优点为：具有优越的技术性能指标，精度和灵敏度较高，长期稳定性好，抗腐蚀和抗冲击性能好。振弦式土压力计的测量原理为：当表面刚性板受到土压力作用后，通过传力轴将作用力传至弹性薄板，使之产生挠曲变形，同时也使嵌固在弹性薄板上的两根钢弦柱偏转，使钢弦应力发生变化，钢弦的自振频率也相应变化；利用钢弦频率仪中的激励装置使钢弦起振并接收其振荡频率，使用预先标定的压力-频率曲线，即可换算出土压力值。为了保证工程的安全性，节约投资，一般选取土压力较大、受力情况复杂、工程地质条件差或者结构薄弱等具有代表性的部位布置土压力计。

基底压力观测属于接触面土压力观测的一种，其作用主要用来测量基础底面所产生的应力，对保证建筑物的安全运行、验证复杂结构的整体稳定计算成果具有重要的作用。

混凝土内部应力、应变观测通常包括混凝土应力、应变以及钢筋应力观测，使用的观测仪器一般包括混凝土应变计或应变计组、混凝土应力计、混凝土无应力计以及钢筋计。

对观测资料进行整理时，要把各种变形值按类编绘成图表，如建筑物变形分布图和变形值过程线等。通过这些图表，可掌握建筑物的变形规律及现在的状况，判断安全运行的状况。还要对观测资料进行分析，通过研究分析，可以检验建筑物是否发生变形，寻找导致变形的原因，推断出变形值及各种影响因素间存在的函数关系。通常采用统计检验方法、回归分析方法来推断出函数关系，得出回归方程。通过回归方程，可定量分析建筑物的变形规律，还可进行变形预报。

二、扬压力观测（以重力坝坝基扬压力观测为例）和渗流观测

1. 扬压力观测

扬压力是指库水对坝基或者坝体上游面产生的渗透压力及尾水对坝基面产生的浮托力。坝基扬压力的大小和分布情况，主要与基岩地质特性、裂隙程度、帷幕灌浆质量、排水系统的效果以及坝基轮廓线和扬压力的作用面积等因素有关。向上的扬压力减少了坝体的有效重量，降低了重力坝的抗滑稳定性，在重力坝的稳定计算中，扬压力的大小直接关系到重力坝的安全性。由于渗透压力影响到坝基的渗透稳定，因此对坝基内存在的断层破碎带或软弱夹层，不能忽视对其渗透压力和水力坡降的观测。

（1）观测断面

根据工程的规模、坝基地质特性和渗流控制的工程措施等，扬压力观测应该设置纵向

观测断面和横向观测断面。

纵向观测断面一般应该设1~2个,第一道排水幕线上布置一排纵向观测断面,低矮闸坝,不设排水幕时,可在防渗灌浆帷幕后布置。在纵向观测断面通过的每一个坝段至少应设一个测点;地质条件复杂时,如遇大断层或软弱夹层或强透水带,可增加测点数。

横向观测断面的选取要考虑坝基地质条件、坝体结构形式、计算和试验成果以及工程的重要程度等。一般选择在最高坝段、地质构造复杂的谷岸台地坝段及灌浆帷幕转折的坝段。

横断面间距一般为50~100 m,若坝体较长,坝体结构和地质条件大体相同,则可加大横断面间距,但对1、2级坝横向观测断面的设置不得少于3个。

(2)测点布置

在岩基上的重力坝,坝基横断面上下游边缘的扬压力接近上下游水位,一般可不设测点。而软基上的重力闸坝,横断面靠上下游面两点的扬压力的大小会受到上游铺盖和下游护坦的影响,测点布置应考虑坝基地质特性、防渗、排水等因素,应在坝基面上下游边缘设测点。高坝或有地质缺陷的部位还可在帷幕前设测点。如有大断层或软弱夹层穿过坝基,则需考虑沿断层或软弱夹层布设扬压力或渗透压力监测点。

每个横断面上测点的数量,一般为3~4个。第1个测点最好布置在帷幕、防渗墙或板桩后,以了解帷幕或防渗墙对扬压力的影响,其余各测点宜布置在各排水幕线上两个排水管中间,以了解排水对扬压力的影响。若坝基只设1~2道排水,或排水幕线间距较大,或坝基地质条件较复杂时,测点可适当加密,测点间距一般为5~20 m。但如果为了了解泥沙淤积、人工铺盖、齿墙对扬压力的影响等,也可在灌浆帷幕前增设1~2个测点。下游设帷幕时,应在其上游侧布置测点。

当对坝基某些部位有特殊监测要求,如需要专门了解排水管的效果时,可在距排水管上、下游2 m的部位各设一个扬压力测点;如需了解断层或软弱带的处理效果,可在混凝土层下方布设测点。

坝基扬压力可采用深入基岩面1 m的测压管或在坝基面上埋设渗压计进行监测。若坝基深部存在有影响大坝稳定的软弱带(或称滑动面),有必要设深层扬压力观测点。若采用渗压计,则可埋设在软弱带内(滑动面上);若采用测压管时,测压管的底部应埋设在软弱带以下0.5~1 m的基岩中,进水管段长度应与软弱带宽度匹配,同时做好软弱带处导水管外围的止水,防止上、下层潜水互相干扰。为了解坝基温度对裂隙开度和渗水的影响,扬压力监测孔内宜设温度测点。

(3)仪器选用

重力坝坝基扬压力和渗透压力观测一般采用渗压计或测压管,渗压计的优点是灵敏度高,测值不滞后,但若埋入坝体或坝基内的渗压计损坏,就不易更换,若仪器测值漂移、失真,也不易校正。测压管的优点是测值直观、可靠,便于维修、更换,但测压管内水位可能会有滞后,尤其是埋设在渗透系数较小的介质内。测压管内水位可以用水位测深计或压力表(有压时)人工观测,也可在测压管内放置可更换的渗压计自动观测。

2. 渗流观测

渗流观测主要是对水工建筑物和其地基内因渗流产生的渗透压力、浸润线、渗水水质和渗流量等的观测。通过渗流观测，可以掌握水工建筑物和地基的渗流情况，进而判断其是否处于正常运行状态，分析产生不利影响状况的原因及不良程度，这些工作可以为水利工程养护修理及安全运行提供参考，并可为工程的科研、勘测、设计、施工提供依据。工作内容主要包括浸润线观测、渗水压力观测、地下工程外水压力观测、导渗降压观测、渗水水质观测。

三、垂直位移观测（以洪泽站为例）

1. 垂直位移标点布置

泵站垂直位移标点布置如下。

（1）泵站共设 44 个标点，其中底板 8 个，南北岸墙 8 个，上下游翼墙 26 个，南侧挡墙 2 个，如图 3-2 所示。

（2）进水闸共设 44 个标点，其中底板 8 个，南北挡墙 4 个，上下游翼墙 32 个，如图 3-3 所示。

（3）挡洪闸共设 44 个标点，其中底板 4 个，上下游翼墙 28 个，交通桥上 4 个，挡土墙 8 个，如图 3-4 所示。

（4）地涵：共设 26 个标点，其中上洞首 4 个，下洞首 2 个，上游翼墙 20 个，如图 3-5 所示。

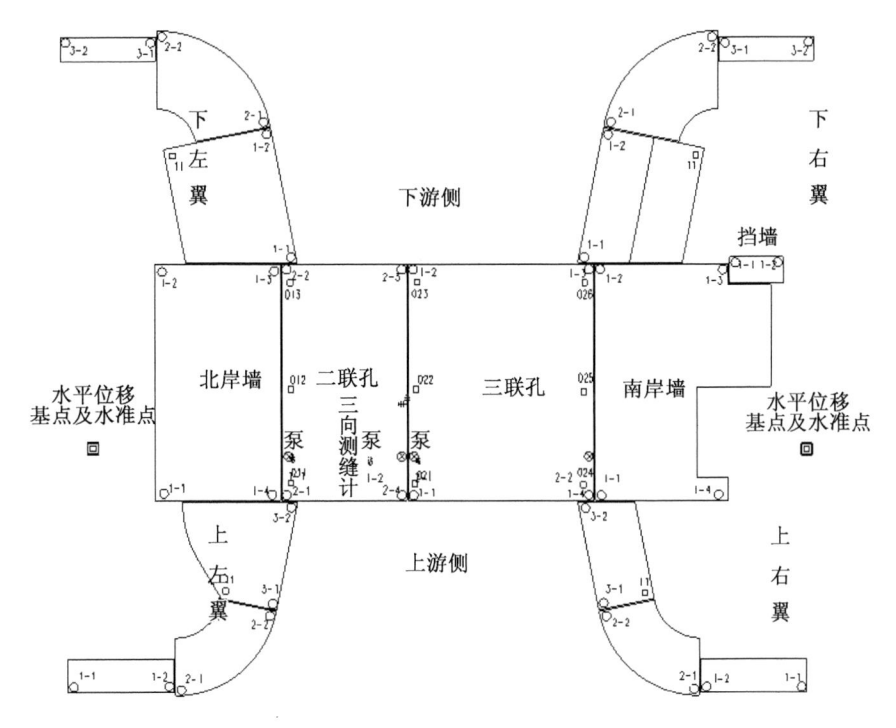

图 3-2 泵站观测布置图

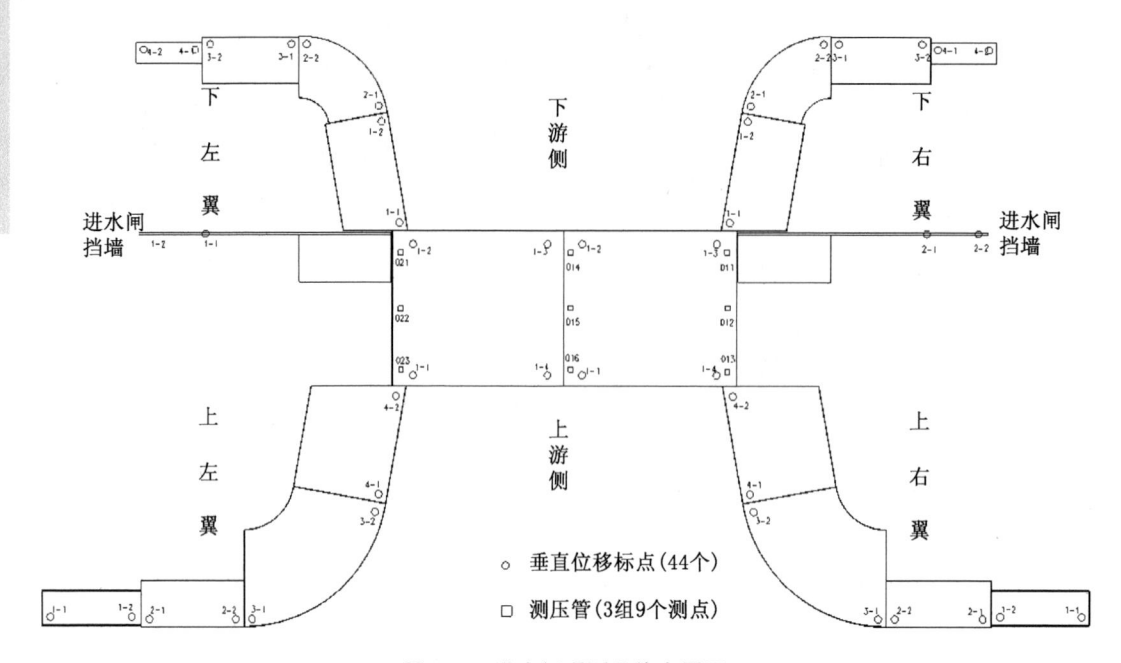

图 3-3　进水闸观测设施布置图

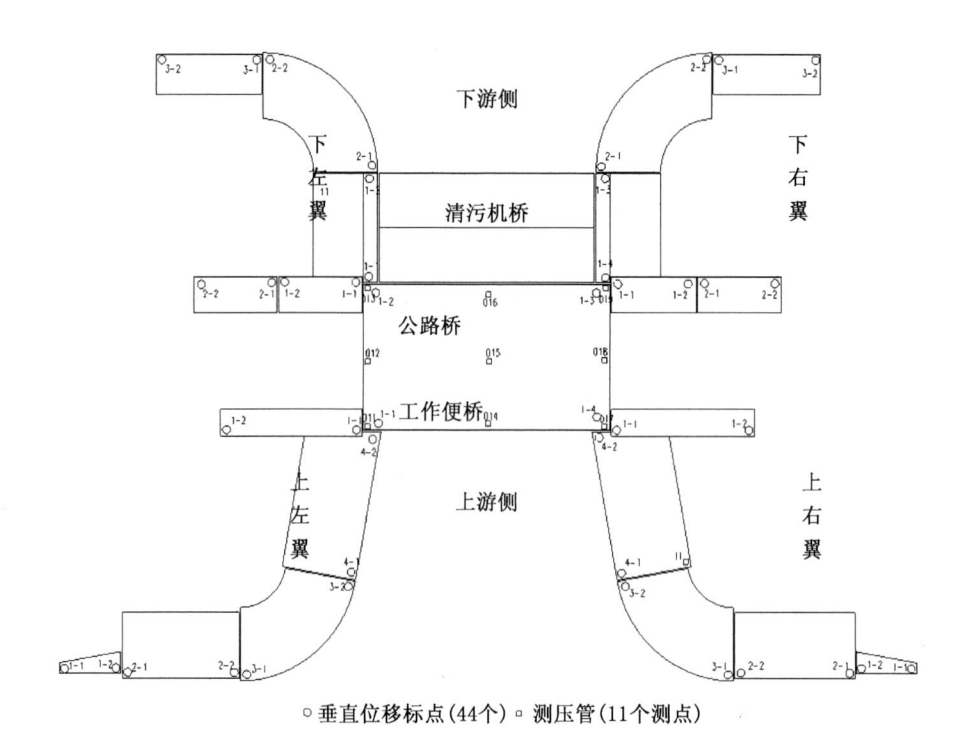

图 3-4　挡洪闸观测布置图

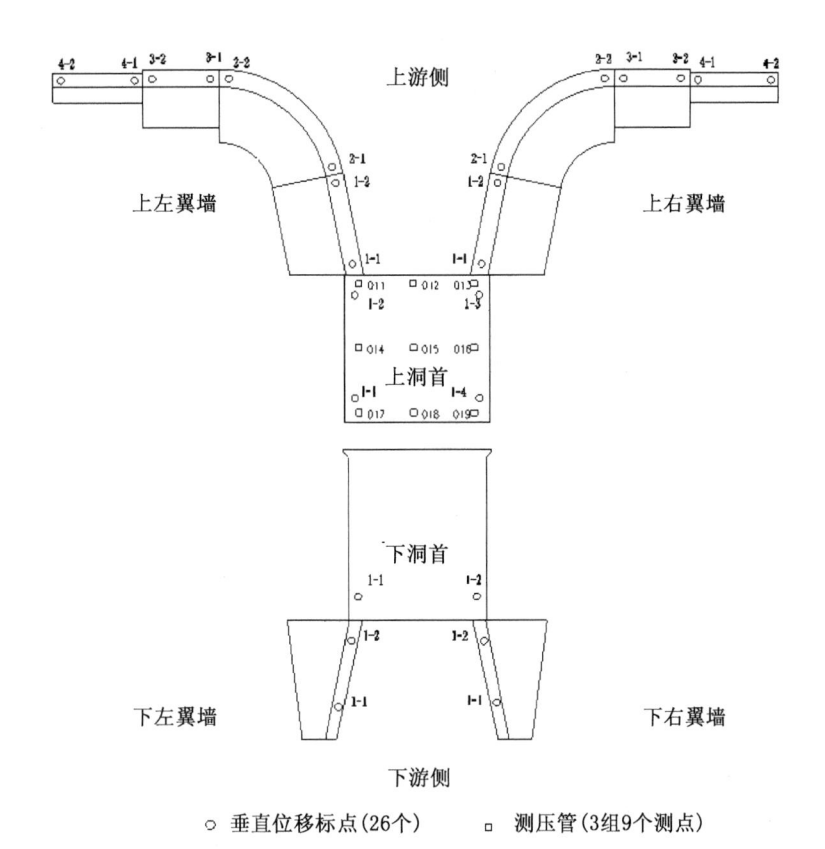

图 3-5 地涵观测布置图

○ 垂直位移标点(26个)　　□ 测压管(3组9个测点)

2. 垂直位移标点编号

(1) 按照自上游到下游、从左到右、顺时针方向进行编号。以泵站垂直位移编号为例，底板 1-1 表示第一块底板第一个垂直位移标点，后一个 1 表示标点编号；南岸 1 表示南岸墙的第一个垂直位移标点；上左翼 1-1 表示上游左侧翼墙第一块 1 底板第 1 个垂直位移标点；其他工程参照执行。

(2) 垂直位移标点应坚固可靠，并与建筑物牢固结合，水闸、泵站、地涵垂直位移标点采用不锈钢材料制作。

(3) 所有基点、标点位置统一设置标示牌。

3. 观测要求

(1) 进行垂直位移观测前应对工作基点进行联测，根据表 3-1，洪泽泵站水准点与工作基点之间距离大于 1 km，精度等级符合一等水准要求，闭合差限差 $\leqslant 2\sqrt{K}$（精度保留 2 位有效数字）。

(2) 泵站工作基点与垂直位移标点观测，前期施工单位采用的是三等水准观测，根据表 3-1 要求，移交后管理所采用二等水准观测，观测精度应符合二等水准要求，闭合差限差 $\leqslant 0.5\sqrt{N}$，进水闸和挡洪闸垂直位移标点采用三等水准观测，闭合差限差见表 3-1。

表 3-1　垂直位移观测等级及限差

建筑物类别	水准基点—工作基点 观测等级	闭合差限差(mm) 1 km外	闭合差限差(mm) 1 km内	工作基点—垂直位移点 观测等级	闭合差限差(mm)
泵　　站	一	$2\sqrt{K}$	$0.3\sqrt{N}$	二	$0.5\sqrt{N}$
挡洪闸、进水闸、洪金地涵	二			三	

注：N 为测站数，K 为单程千米数，不足 1 km 按 1 km 计。

（3）观测线路确定后，每次观测不应改变测量路线、测站和转点。

（4）垂直位移每一测段的观测宜在上午或下午一次完成，每一工程的观测宜在一天内结束，如不能在一天内完成，应引测到工作基点上。

（5）观测频次：根据《南水北调泵站工程管理规程》(NSBD16—2012)，垂直位移观测自工程 2013 年完工后至 2018 年，5 年内每季度观测 1 次，从 2019 年起，每年上下半年各观测 1 次，2023 年后，经资料分析建筑物的垂直位移已趋于稳定的，可改为每年观测 1 次。

（6）工作基点校核：所有点位在 2013 年底之前完成埋设，2014 年下半年可投入使用，5 年内每年校测 1 次，经资料分析工作基点已趋于稳定的，每 5 年校测 1 次。

（7）观测设施的考证和保护：工作基点埋设后，应至少经过一个雨季才能启用；垂直位移标点埋设 15 天后才能启用；垂直位移标点变动时，应在原标点附近埋设新点，对新标点进行考证，计算新旧标点高程差值，填写考证表；当需要增设新标点时，可在施工结束后对埋设标点进行考证，并以同一块底板附近标点的垂直位移量作为新标点垂直位移量，以此推算出该点的始测高程；出现地震、地面升降或受重车碾压等可能使观测设施产生位移的情况时，应随时对其进行考证。

4. 观测方法

（1）垂直位移观测由管理所安排技术员专职负责，采用徕卡电子水准仪 DNA03 同向单程观测，观测精度符合二等水准要求闭合差限差。

（2）本站垂直位移观测线路采用环线线路。

（3）观测顺序：根据现场情况，分别将二等水准作业奇偶测站作业顺序罗列如下。

往测奇数站：后标尺、前标尺、前标尺（前标尺辅助读数）、后标尺（后标尺辅助读数）。

往测偶数站：前标尺、后标尺、后标尺（后标尺辅助读数）、前标尺（前标尺辅助读数）。

返测时奇偶数测站按照准标尺的顺序，与往测偶奇测站相同。

（4）采用电子手簿记录其方法，按 CHT 2004—1999《测量外业电子记录基本规定》和 CHT 2006—1999《水准测量电子记录规定》执行。

（5）视线长度：每一测站视线长度、前后视距差及视线高度应符合表 3-2 规定。观测中视点时，其前后视距差应控制在 5 m 内。以泵站为例，在工作基点与下游测点高差较大的地方设置转点。

本工程垂直位移观测相应观测精度、标尺、闭合差应满足表 3-2 的要求。

（6）测站观测限差：二等水准观测限差应符合表 3-3 规定，三等观测限差应符合表

3-4规定。

表3-2 洪泽站垂直位移观测视线长度、前后视距差及精读

水准等级	观测顺序	视线长度(m)	前后视距差(m)	累计视距差(m)	视线高度(下丝高度)	读取位数	闭合差限差(mm)
Ⅱ	aBFFB	≤50	≤1.0	≤3.0	≥0.3	6	$0.5\sqrt{N}$
Ⅲ	aBFFB	≤75	≤2.0	≤5.0	三丝能读数	6	$1.4\sqrt{N}$

表3-3 二等观测限差　　　　　　　　　　　　　　　　单位:mm

等级	光学水准仪				数字水准仪			
	上下丝读数平均值与中丝读数差		基辅分划读数的差	基辅分划所测高差之差	检查间隙点高差之差	上下丝读数平均值与中丝读数差	两次读数的差	两次所测高差之差	检查间隙点高差之差
	0.5 cm刻划标尺	1 cm刻划标尺							
二	1.5	3.0	0.4	0.6	1.0	1.5	0.4	0.6	1.0

表3-4 三等观测限差　　　　　　　　　　　　　　　　单位:mm

等级	观测方法		基辅分划(两次)读数差		基辅分划(两次)所测高差之差		单程双转点观测左右路线转点差	检查间隙点高差之差
	光学水准	数字水准	光学水准	数字水准	光学水准	数字水准		
三	中丝读数法	中丝读数法	2.0	1.0	3.0	1.5	1.5	3.0
	光学测微法		1.0		1.5			

(7)读数取位

平分丝:光学水准仪应读到测微鼓最小刻划,数字水准仪应读到0.01 mm或以下。

视距丝:光学水准仪应读到1 mm,数字水准仪应读到1 mm或以下。

(8)仪器检验鉴定与i角要求

仪器每年应由专业计量单位鉴定一次,当仪器受震动、摔跌等可能损坏或影响仪器精度时应随时鉴定或检修,每次观测前应对仪器i角进行检验,数字水准仪应尽量利用自带软件检验。

二等观测作业,i角应不大于15″,三等水准测量作业i角应不大于20″。

(9)观测注意事项

①观测前30 min应将仪器置于露天阴影下,使仪器与外界气温趋于一致,设站应用白色伞遮蔽阳光,迁站时应罩以仪器罩。

②在连续各测站上安置水准仪的三脚架时,应使其中两脚与水准路线方向平行,第三脚轮换置于路线方向的左侧与右侧。

③除路线转弯处,每一测站仪器与前后视标尺的位置宜在同一条直线上。

④每一测段,无论往测或返测,其测站数应为偶数,由往测转为返测时,两支标尺应互

换位置,并重新整置仪器。

⑤进行垂直位移观测时,应同时观测上下游水位、风力、风向、气温等。如下情况暂停观测:日出与日落前 30 min 内;太阳中天前后约 2 h;标尺分划线的影像跳动,而难以照准时;气温突变时;雨天或风力过大标尺与仪器不能稳定时。

⑥观测人员组成:应配有观测一人、扶尺二人、量距二人、记录一人,要求人员相对固定。

⑦垂直位移量以向下为正,向上为负。

5. 资料整理与初步分析

每次观测外业工作结束后,应及时对结果进行计算校核,同时计算中误差,当闭合差大于 1 mm 应进行平差,其中误差计算和评差方法与精度应符合《工程测量规范》(GB50026—2016)的要求,据此计算每测站高程,并以正确高程计算中视点的高程。数字水准仪作业成果转换成规定格式。

垂直位移观测应填制以下图表。

(1) 工作基点考证表,在工作基点埋设时填制,并绘制基点结构图。

(2) 工作基点高程考证表,埋设工作基点、校测工作基点高程时填制。

(3) 垂直位移标点考证表,埋设混凝土标点时填制,并绘制标点结构图。

(4) 垂直位移标点高程考证表,埋设标点高程考证时填制。

(5) 垂直位移观测原始记录表,每次观测后填制。

(6) 垂直位移观测成果表。

(7) 垂直位移量变化统计表,此表逢 5 年填制。

(8) 垂直位移量横断面分布图。

(9) 垂直位移变化过程线,此图逢 5 年绘制。

四、引河河床变形观测(以三河船闸与洪金干渠之间引河为例)

1. 观测断面

引河观测断面布置在三河船闸与洪金干渠之间。引河河床变形观测包括固定断面观测(包括过水断面和大断面)和水下地形观测。

(1) 断面里程的确定

进水闸引河河床的断面里程:以进水闸的横轴线为 0+000,断面沿河道中心线至进水闸横轴线的垂直距离向上下游分别推算里程。

泵站引河河床的断面里程:以泵站的横轴线为 0+000,断面沿河道中心线至泵站横轴线的垂直距离向上下游分别推算里程。

挡洪闸引河河床的断面里程:以挡洪闸的横轴线为 0+000,断面沿河道中心线至挡洪闸横轴线的垂直距离向上下游分别推算里程。

(2) 断面线设置的原则

①泵站、挡洪闸、进水闸护底部位设置 1 条断面线。

②挡洪闸、进水闸防冲槽部位设置 1 条断面线。

③防冲槽以外 100 m 以内每 50 m 设置 1 条断面线。

④防冲槽以外 100 m 外每 100 m 设置 1 条断面线。

⑤突然转弯处设置1条断面线。
⑥上游(除挡洪闸)测量距离为100 m,下游测量距离为200 m。
⑦断面线的方向垂直于河道的中心线。
根据以上原则,泵站引河共设置19条断面线。
①进水闸上游共设置了3条断面线,下游共设置了3条断面线。
②泵站上游共设置了4条断面线,下游共设置了3条断面线。
③挡洪闸上游共设置了2条断面线,下游共设置了3条断面线。
④洪金地涵下游设置1条断面线。

(3) 断面点的布设

断面点的位置必须固定,并应于两岸对应敷设,两岸点相连即为断面施测方向线。河道断面线应与河道中心线直角相交,实测两岸桩之间距离,并绘制平面位置图。

(4) 断面点的埋设

断面两侧必须埋设永久性固定点,每侧各设两个。

(5) 断面编号

按上、下游分别编列,以泵站为例,C.S.1上0+050表示上游沿河道中心线至泵站横轴线垂直距离为50 m的1号断面。断面以C.S.1上(下)、C.S.2上(下)……顺序表示。

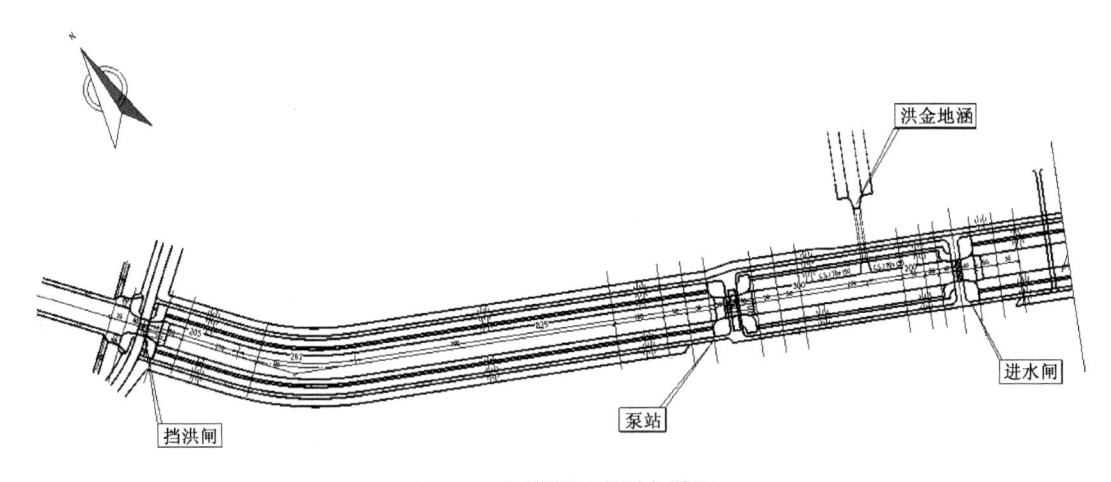

图3-6 河道断面观测布置图

2. 观测要求

(1) 观测时间和测次:①引河自2013至2018年,每年汛前、汛后各观测1次;2018年以后每年汛前或汛后观测一次,遇工程泄放大流量或超标准运用、单宽流量超过设计值、冲刷或淤积严重且未处理等情况,增加测次;②河道过水断面2年测1次,遇大洪水年、枯水年增加测次。

(2) 大断面每5年观测一次,地形发生显著变化后及时观测。

(3) 断面点高程考证每5年进行一次,如发现断面点缺损,及时补设并进行观测。

(4) 河道地形观测:①基本资料观测宜根据河流特性3年进行一次,根据测量性质及目的,河道地形每年观测一次,并尽可能安排在同一时段进行;②遇大洪水年、枯水年,应增加测次;③由于是新建工程,按规定每2年观测1次,有特殊情况,如超标准运用、发生较大地震或运行条件有较大变化时,应及时进行水下观测。

(5)断面施测方向:从左岸断面桩开始,由左向右顺序施测。

(6)起点距测量:起点距从左岸断面桩起算,向右为正,向左为负。

3. 观测方法

(1)河道断面水深采用海鹰测深仪与GPS联合观测,岸上部分采用全站仪观测。

(2)断面测深时河道两侧测线需加密,测图比例尺1∶1 000。比例尺经选定后,各测次均采用此比例尺,不再变动。

(3)测量河道地形和固定断面,用以计算测点高程的水位及水尺零点高程,选用四等水准要求。河道地形测量基本精度应符合表3-5规定。

(4)当发现观测精度不符合要求,或者数据有明显错误时,立即进行人工复测。

(5)高程点和水深测量:水上部分高程点用水准仪直接测量,高程引自断面桩桩顶高程或工作基点高程。水下部分则自水面起量取水深,然后再根据水面高程计算出水下测点高程。

(6)水下地形的观测方法:采用横断面法,断面方向大致与水流方向垂直;施测水下地形时同时施测两岸水边线,并尽量沿测深推进方向顺序施测或同时施测;用以计算测点高的水位接测及水位推算,在每天工作开始、中间和结束时各进行一次;接测水位高程必须现场推算,并与上下游水位对照比较,如发现不合理现象应及时查明原因处理。

表3-5　河道地形测量基本精度

地形类别	地面倾角	地物点图上点位中误差(mm)	地形点高程中误差(mm)	等高线高程中误差(mm) 岸上	等高线高程中误差(mm) 水下
平原河道	<6°	0.5	±h/4	h/2	1h

注:1. h 为基本等距;2. 水下地形点平面、高程中误差按上表放宽一倍。

4. 资料整理与初步分析

河道观测应填制以下图表。

(1)河道断面桩高程考证表。

(2)河道断面观测成果表。

(3)河道断面冲淤量比较表。

(4)河道断面比较图。

(5)河道水下地形图。

五、建筑物伸缩缝观测

1. 观测标点的布置

在泵站站身两联间设置伸缩缝观测点(以洪泽泵站为例)。

标点设置在结构伸缩缝上,在岸、翼墙顶面,底板伸缩缝上游面和工作桥或公路桥大梁两端等部位。

2. 观测要求

(1) 观测时间与测次：①自2013年工程完工后至2018年，5年内每月观测1次，2018年以后视伸缩缝变化情况适当减少，每季度测1次（包括年内气温较高和较低时各观测1次），总计4次；②当出现历史最高水位、最大水位差、最高（低）气温或发现伸缩缝异常时，应增加测次。

(2) 观测时，应同时观测上下游水位、气温和水温。如发现伸缩缝上、下缝宽差别较大，还应配合进行垂直位移观测。

3. 观测方法

(1) 每个伸缩缝内安装一组三向测缝计，三向测缝计由3支单向测缝计组成，分别观测缝两边的结构体沿左右岸方向的开合度、沿上下游方向的错动、沿竖直方向的不均匀沉降。

(2) 伸缩缝观测精度精确到0.1 mm。

4. 资料整理与初步分析

建筑物伸缩缝的观测应填制以下图表。

(1) 建筑物伸缩缝观测标点考证表。

(2) 建筑物伸缩缝观测记录表。

(3) 建筑物伸缩缝观测成果表。

(4) 建筑物伸缩缝宽度与混凝土温度、气温过程线图。

六、水位观测

1. 观测设施布置

上下游水位观测通过超声波水位计读取数值，泵站、进水闸、挡洪闸各设置2组超声波水位计，位于南岸上下游翼墙处，洪金地涵设置1组超声波水位计，位于下游翼墙处。

2. 测流装置设置

3#、4#机组各配1套超声波测流装置。

泵站上下游各设1个水文亭，装有自动水位计装置，供水文部门日常河道水位观测使用，可用于校核管理所实测水位。

3. 观测要求和方法

非运行期以水位观测为主，每日早8:00由专人读取水位计上的数据，并记录在册。运行期水位观测主要是上下游水位观测。运行期水位根据上下游水位计读出，及时上报。泵站于每天早8:00上报实时水位，站上2 h记录一次水位。当工程控制运用发生变化时，应对时间、上下游水位、流量、孔（台）数、流态等有关情况做详细记录、核对。

七、流量观测

泵站机组段流量监测是运行期水位观测的主要内容之一。

1. 观测设施布置

在每台机组的进出水流道内布置超声波流量计，同时在拦污栅前后进行压差测量。

2. 观测要求和方法

机组段流量测量是通过超声波流量计实现的。即在每台机组的进出水流道内进行流量的测量以及拦污栅前后的压差测量,在现场设置仪表,可直接进行观测,并设置传感器将压力、压差等信号传送到主控台的微机数据采集系统,管理人员可以随时了解上述部位的压力情况。观测人员根据已有2套测量装置的读取数据推算其他3孔道的流量情况。

3. 资料整理与初步分析

工作人员通过2台超声波流量计的数据和曲线对比,或者与原型试验曲线对比来校核流量计数据的正确性。若发生异常情况,采用ADCP测流法复验。

水位、流量观测除按有关规定整理成果外,还应填写以下表格。

(1) 工程运用情况统计表。

(2) 水位统计表。

(3) 流量、引(排)水量、降水量统计表。

(4) 填表规定:①闸门开高精确到0.01 m,如闸门有不同的开启高度,除未运用的闸孔外,其余闸孔的闸门开高可按平均开高计算;②流量精确1 m^3/s;③引(排)水量精确至100万 m^3。

八、水平位移观测

1. 观测设施的布置

泵站水平位移观测工作基点与测点位于一条直线上,在南、北堤背水坡后平台上各设一个。北侧水平位移观测基点结合布设水准基点。

2. 观测断面选择和观测标点布置

泵站共埋设4个标点,布置于交通桥偏上游侧,各测点距桥边线10 cm。

测点位置统一设置标示牌。

3. 观测要求与方法

工作基点校核:工作基点自2013年完工至2018年,5年内每年利用校核基点校测一次,如没有变化,以后可每5年校测一次。

观测频次:2013年至2015年3年内,观测标点每月观测一次,正常运行期每年上下半年各观测1次,当遇到水位超过设计洪水位或水位骤降等特殊情况时,应增加测次。

水平位移观测拟采用徕卡全站仪TS09 plus-1免棱镜500 m观测。

水平位移观测精度和基本要求如下。

(1) 全站仪坐标法要求用全圆测回法且不少于4个测回,4测回的测点水平坐标误差均应小于2 mm,取其平均值。

(2) 水平位移量以向下游为正,向上游为负,向左岸为正,向右岸为负。

4. 资料整理与初步分析

水平位移观测应填制以下图表。

(1) 水平位移工作基点考证表。

(2) 水平位移观测标点考证表。

(3) 水平位移观测成果表。

（4）水平位移统计表。
（5）累计水平位移过程线。
（6）水平位移与上游水位关系曲线。
（7）混凝土建筑物水平位移量、混凝土温度、上游水位关系曲线。

九、混凝土建筑物裂缝观测

主要通过分析裂缝产生时间、发现时间、产生的原因，裂缝位置、状况等来布设裂缝观测标点。

1. 观测要求和方法

（1）经检查发现混凝土建筑物产生裂缝后，对裂缝的分布、位置、长度、宽度、深度以及是否形成贯穿缝进行观测并做好标记。有漏水情况的裂缝，应同时观测漏水情况。对于影响结构安全的重要裂缝，选择有代表性的位置，设置固定观测标点，对其变化和发展情况定期进行观测。

（2）观测频次：在建筑物裂缝发展初期，每月观测1次；当裂缝发展缓慢后，适当减少测次，在每年气温较高和较低时各观测1次。

凡出现特殊情况（如历史最高、最低水位；历史最高、最低气温；发生强烈震动；超标准运用；裂缝有显著发展）时，应增加测次。判明裂缝已不再发展后停止观测。

（3）裂缝观测的正负号规定：裂缝三向位移的开合度张开为正，闭合为负。

（4）裂缝位置和长度的观测：可在裂缝两端用油漆画线做标志，或在混凝土表面绘制方格坐标，进行测量。

（5）裂缝宽度的观测：通常可用刻度显微镜测定。对于重要裂缝，一般可采用在裂缝两侧的混凝土表面各埋设一个金属标点，用游标尺测定宽度。

（6）裂缝深度的观测：一般采用金属丝探测器或超声波探伤仪测定，必要时也可采用钻孔取样等方法测量。

（7）裂缝观测时，同时观测气温、上下游水位等，了解结构荷载情况。

2. 资料整理与初步分析

混凝土建筑物裂缝的观测应填写下列表格。

（1）混凝土建筑物裂缝观测标点考证表：裂缝观测标点埋设之后，将首次观测的数据记入表中。

（2）混凝土裂缝观测记录表。

（3）混凝土建筑物裂缝观测成果比较表：将每次观测得到的混凝土建筑物裂缝的长度、宽度记录下来，并与原始记录相比较，以了解其发展情况，同时应记录相应的气温、水位差和荷载等情况。

（4）填表规定：①裂缝长度精确至0.01 m；②裂缝宽度精确至0.1 mm。

混凝土建筑物裂缝的观测应绘制下列图形。

（1）裂缝分布图：将裂缝位置画在建筑物结构图上，并注明编号。

（2）裂缝平面形状图或剖面展视图：对于重要的和典型的裂缝，可绘制较大比例尺的平面图或剖面展视图，在图上注明观测成果，并将有代表性的几次观测成果绘制在一张图上,以便于分析比较。

十、观测资料的整理

每次观测结束后,及时对观测资料进行整理、计算,并对原始资料进行校核、审查。

1. 资料校核

对原始记录必须进行一校、二校,校核内容如下。

(1) 记录数字有无遗漏。

(2) 计算依据是否正确。

(3) 数字计算、观测精度计算是否正确。

(4) 有无漏测、缺测。

2. 资料审查

在原始记录已校核的基础上,由泵站分管观测工作的技术负责人对原始记录进行审查,对资料的真实性和可靠性负责,内容如下。

(1) 有无漏测、缺测。

(2) 记录格式是否符合规定,有无涂改、转抄。

(3) 观测精度是否符合要求。

(4) 填写的项目和观测、记录、计算、校核等签字是否齐全。

3. 资料整理

(1) 编制各项观测设施的考证表、观测成果表和统计表,表格及文字说明要求端正整洁、数据要求上下整齐。

(2) 绘制各种曲线图,图的比例尺一般选用1∶1、1∶2、1∶5,或是1、2、5的十倍、百倍数。

各类表格和曲线图的尺寸应统一,符合印刷装订的要求,一般不宜超过印刷纸张的版心尺寸,个别图形(如水下地形图等)如图幅较大,可按印刷纸张边长的1/4适当缩放。所绘图形应按标准图例格式绘制,要求做到选用比例适当,线条清晰光滑,注字工整整洁。

(3) 编写本年度观测工作说明及工程大事记。

①观测工作说明:包括观测手段,仪器配备,观测时的水情、气象和工程运用状况,观测时发生的问题和处理办法、经验教训,观测手段的改进和革新,观测精度的自我评价等。

②工程大事记:应对当年工程管理中发生的较大技术问题,按记录如实汇编。其中包括检查养护、防汛岁修、防洪抢险、抗旱排涝、控制运用、事故的发生及处理办法和其他较大事件。可按事情发生的时间顺序填写,要求简明扼要。

(4) 观测成果的初步分析:分析观测成果的变化规律及趋势,与上次观测成果及设计情况比较是否正常,并对工程的控制运用、维修加固提出初步建议。

4. 资料整编

资料的整编工作,每年进行一次,对观测成果进行全面审查,内容如下。

(1) 检查观测项目是否齐全、方法是否合理、数据是否可靠、图表是否齐全、说明是否完备。

(2) 对所填的各种表格进行校核,检查数据有无错误、遗漏。

（3）对所绘的曲线图逐点进行校核，分析曲线是否合理，点绘有无错误。

（4）根据统计图、表，检查和论证初步分析是否正确。

（5）填写与观测资料分析有关的年度水情统计表。

第四节　常用设备的检测

泵与泵站作为水利学科的一个重要分支，在农田排灌、防洪抗洪、工农业供水、跨流域调水等国民经济建设的各个行业，为我国经济社会的协调发展做出了十分重要的贡献。同时，随着我国科学技术的不断进步，在泵站工程的建设、管理和泵站新设备、新技术、新工艺、新材料应用等方面也取得了丰富的科研成果。

泵站金属结构和机电设备的检测主要包括以下内容。

闸门（拦污栅）：焊缝外观质量检查，焊缝内部质量探伤。

电气设备：主电动机绕组的绝缘电阻和吸收比检测，定子绕组的直流耐压试验和泄漏电流测量，绕组的直流电阻、三相绕组电流不平度、机组噪声检测。

主变压器：绝缘电阻、吸收比、直流电阻、直流耐压及泄漏电流、介质损耗角正切值、变压比检测。

高低压开关柜：绝缘电阻、交流耐压试验、介质损耗角正切值、分合闸绕组直流电阻、导电回路的电阻、分合闸时间及三项同期性、分合闸速度检测。

避雷设施：绝缘电阻、泄漏电流检测。

电力电缆和其他电气设备检测：绝缘电阻、直流耐压及泄漏电流、接地电阻。

一、闸门（拦污栅）

几何尺寸及制造组装偏差：主要采用尺量，并辅以弦线、垫块等工具。

焊缝质量：用焊接检验尺和直尺检查焊缝外观质量，采用超声波法对焊缝质量进行探伤，一扇闸门按一类焊缝50%、二类焊缝30%抽检。

闸门（拦污栅）及其埋件安装质量：采用量水堰法用尺量检测闸门漏水量；采用钢弦线垂球悬挂钢直尺读数、经纬仪测量轨道安装直线度；采用水准仪、钢直尺测量底槛工作面直线度；采用钢弦线垂球悬挂钢直尺读数、经纬仪测量支铰同轴度。

闸门（拦污栅）防腐质量：采用磁性基体非导磁磁阻法利用涂层测厚仪检测防腐涂层厚度，对闸门表面积较小且结构复杂的构件（如边柱等），采用散点法（测量10点或5点）进行测量；对表面积较大处（如面板、主梁腹板等），则根据规范的有关规定，采用10点法（每平方米取10个测区，每个测区检测10点）检测防腐涂层总厚度。采用划格法或者拉开法检测涂层附着力，一扇闸门取5个测区。

闸门（拦污栅）全行程启闭试验：选定一孔闸门进行3次全行程启闭运行试验，主要检查吊头连接情况、滚轮滚动情况、升降有无卡阻、止水橡皮有无损伤、止水橡皮压紧程度、电气设备是否有异常情况等。主要以目测为主，结合相机拍照，必要时辅以钢直尺、电气检测仪器等仪器设备量测。

固定卷扬式启闭机噪声：使用分贝计（噪声计）直接测量。

启闭机齿轮啮合状态：在启闭机开始齿轮上涂刷彩色颜料，运行启闭机之后，根据颜料的碾压情况，测量启闭机齿轮的啮合面积等。

开式齿轮齿面硬度：在对启闭机开式齿轮齿的齿面进行去污、去油、打磨处理后，使用里氏硬度计测量齿面硬度。

制动轮轮面硬度：在对启闭机制动轮轮面进行去污、去油、打磨处理后，使用里氏硬度计测量轮面硬度。

电动机绝缘电阻：使用高阻计测量电动机的绝缘电阻。

三相电流不平度：在启闭机升降过程中，使用万能表测量电动机各相的电流值，并比较其三相不平度。

机架水平度：使用水准仪、水平尺、钢直尺测量机架的各个顶角高程，并比较结果，分析机架的水平度。

启闭机载荷试验：在启闭机钢丝绳上加载传感器，通过测试钢丝绳内力，配合在闸门上堆载配重，运行启闭机来测量分析启闭机的载荷能力。

螺杆式启闭机螺杆直线度：分别架设直尺和等高垫块在螺杆不同高度，通过经纬仪测量螺杆不同高度数值，从而判断螺杆的直线度。

液压启闭机油缸同步性：采用秒表计时法，在等时间内运行启闭机，用卷尺测量启闭机左、右机启闭的高度差，从而判定左、右油缸的同步性。

液压启闭机保压试验：内用卷尺检测活塞杆在 48 h 时间降落值，通过降落的数值，分析油缸的保压效果。

压力钢管壁厚：使用超声波测厚仪检测钢管壁厚，检测采用抽检方法，每 10 m 抽一组测区，一组测区测 5 个点。

焊缝内部质量探伤：采用超声波法对焊缝质量进行探伤，按 30％孔口数抽检，每孔按一类 50％、二类 30％抽检。

焊缝外观质量：采用目测、焊接检验尺及直尺检查焊缝外观质量。

防腐层厚度：采用磁性基体非导磁磁阻法，利用涂层测厚仪检测防腐涂层厚度，根据规范的规定，采用 10 点法（按 30％孔口数抽检，每孔按 10 m 抽 3 个测区，一个测区测 10 个点）检测防腐涂层总厚度。

涂层附着力：采用"划格法"或者"拉开法"检测涂层附着力，按 30％孔口数抽检，每孔抽检 5 点。

二、主水泵

主水泵流量：水泵流量的测定方法包括流速仪法、毕托管法、匀速管法、量水堰法、食盐浓度法、压差法、超声波流量计法等。

泵座水平：使用框式水平仪或合相水平仪进行测量。

泵轴同轴度：水泵机组中心线一般采用求心器和钢悬线来确立，应用千分尺对在安装单元已确立的中心线悬线进行复测。

泵轴相对摆度：使用百分表在机组转动部件安装结束后盘车进行测量。

泵轴绝对摆度:使用百分表在机组转动部件安装结束后盘车进行测量。
支架水平振动:在机组运行中使用测振仪测量。

三、主电动机

绝缘电阻:使用兆欧表测量,被测电机的额定电压在 1 kV 以下选用 1 000 V 以下的兆欧表,额定电压在 1 kV 以上选用 2 500 V 以上的兆欧表。

三相绕组电流:使用单臂或双臂电桥,在电动机运行时分别测量各项绕组的电流。

接地电阻:使用接地电阻测试仪测量。

直流电阻:使用单臂或双臂电桥,分别测量各相绕组的直流电阻。

直流耐压及泄漏电流:使用油浸式试验变压器测量,试验电压为电机额定电压的 3 倍,试验电压按每级 0.5 倍额定电压分阶段升高,每阶段停留 1 min,并记录泄漏电流。

四、主变压器

绝缘电阻:测量绕组连接同套管的绝缘电阻,应分别测量高压对低压、高压对地(低压)、低压对地(高压)的值,一般选用 2 500 V 以上的兆欧表进行测量。

接地电阻:使用接地电阻测试仪测量。

直流电阻:测量绕组连接同套管的直流电阻,应在各分接头的所有位置上进行,使用直流电阻测试仪、单臂或双臂电桥进行测量。

直流耐压及泄漏电流测量:使用试验变压器测量。

变压比:使用变压比电桥测量。

介质损耗正切值:使用介质损耗测试仪测量。

五、开关设备

绝缘电阻:使用 2 500 V 兆欧表测量。

接地电阻:使用接地电阻测试仪测量。

开关机械特性测试:使用高压开关机械特性测试仪对高压开关的分、合闸时间及三相同期性进行测量。

交流耐压:使用油浸式试验变压器测量。

直流耐压及泄漏电流测量:使用油浸式试验变压器测量。

第四章 辅机设备

泵站的辅机设备是指为泵站主体生产设备服务的辅助机械,它是整个泵站设备构成的重要部分,是泵站设备正常运行不可缺少的设备。一般泵站的辅机设备包括断流装置、液压装置、起重设备、清污设备、电机设备等,为整个泵站的正常运行起辅助作用。

第一节 断流装置

泵站机组停机,特别是事故停机时,必须有可靠的断流措施,使水不发生倒流,以保证机组能及时停稳,防止飞逸事故,确保机组安全。

泵站的断流方式应根据出水池水位变化幅度、泵站扬程、机组特性等因素,并结合流道形式,经技术经济比较确定。断流方式应符合下列要求:

(1) 运行可靠;
(2) 设备简单,操作灵活;
(3) 维护方便;
(4) 对机组的效率影响较小。

常见的大型泵站的断流装置有真空破坏阀、拍门和快速闸门三种。真空破坏阀用于虹吸式出水流道,拍门和快速闸门用于直管式或屈膝式出水流道。

一、真空破坏阀断流

虹吸式出水流道的驼峰段在运行过程中为负压,因此机组停机时只要将安装在驼峰顶部的真空破坏阀打开,放入空气使真空破坏,就可截断水流。

泵站常用的真空破坏阀多为气动平板阀,其主要结构由阀座、阀盘、汽缸、活塞及活塞杆、弹簧等部件组成。停机时,与压缩空气支管相连的电磁空气阀自动打开,压缩空气进入汽缸活塞的下腔,将活塞向上顶起,在活塞杆的带动下,阀盘开启,空气进入虹吸管驼峰,破坏真空,切断水流。当阀盘全部开启时,汽缸盖上的限位开关接点接通,发出电信号通知值班人员。当虹吸管内的压力接近大气压力之后,阀盘、活塞杆及活塞在自重和弹簧张力作用下自行下落关闭。

真空破坏阀底座为三通管,三通管的横向支管装有密封的有机玻璃板窗口和手动备用阀门。如果真空破坏阀因故不能打开,可以打开手动备用阀,将压缩空气送入汽缸,使阀盘动作。在特殊情况下,因压缩空气母管内无压缩空气,或因其他原因真空破坏阀无法打开时,运行人员可以用大锤击破底座三通管横向支管上的有机玻璃板,使空气进入虹吸管内,这就可以保证在任何情况下都不会发生倒流。

二、机械平衡液压缓冲式拍门

机械平衡液压缓冲式拍门由拍门、启闭机、锁定释放装置、液压缓冲装置等部分组成。

水泵启动后,拍门在出水流道出口水流的冲击下被打开,拍门开启后由启闭机吊平并被锁定,这样不但可以大大减小拍门的水头损失,而且也使拍门在水中的振动大为减轻。当发生事故突然停机时,锁定释放装置上的电磁铁断电,钢丝绳上的连接叉头自动脱钩,拍门关闭,在关闭后的最后瞬间,液压缓冲装置动作,从而减小拍门撞击力。

三、快速跌落闸门断流

快速跌落闸门(又称快速闸门)是安装在泵站出水池,能在机组启动时迅速开启和正常或事故停机时迅速关闭以防止倒流的闸门。这种断流方式的显著优点是在水泵机组正常运行时闸门可以全开,阻力损失很小,因此常被直管式、屈膝式和贯流式出水流道的大型排水泵站所采用。

快速闸门的形式、启门和关门的时间和速度等都应该根据水泵机组的特性来决定。从轴流泵的性能可以知道,机组不仅不能在 0 流量下启动,也应避免在很小流量下启动。因此,当轴流泵启动时,闸门应迅速开启。但是闸门的开启速度并不是越快越好,如果开启太快,可能使水泵排出的水流和闸门放进的水流在出水流道内相撞,造成流道排气困难和启动扬程增加,从而使机组发生振动。不过,并不是所有的轴流泵对闸门的开启速度都有这样高的要求。对于叶片调节范围很大的全调式轴流泵,由于启动时可将叶片角调至最小,所以没有必要限制闸门的开启时间和开启速度。因此,在确定快速闸门的开启时间和开启速度时,应该根据所选水泵的特性加以分析确定。但是不管什么情况,都应考虑必要的安全措施。例如叶片调节系统或快速闸门操纵系统失灵,机组就可能在启动时发生事故。快速闸门的安全措施可采用从胸墙顶部溢流和在快速闸门的门叶上开小拍门等办法,采用安全措施后,对于快速闸门开启时间和速度的要求可以不那么严格。

快速闸门的关闭时间和关闭速度也是由机组的特性和管路特性决定的。一般情况下,闸门关闭时间越迟,引起的水锤压力增加越大;闸门关闭速度越慢,机组反转的时间就越长,反转速度也越快。当水锤压力的增高和机组反转速度超过一定限度时,将会引起机组转动部分发生共振,使机组发生强烈的振动,机组设备受到破坏。所以,快速闸门的关闭时间和关闭速度应根据机组和管路特性合理确定。为了确定快速闸门的关闭时间和速度,首先应知道机组在没有闸门控制情况下从停机到发生倒流的时间、从停机到水泵转速为 0 的时间,从停机到机组开始飞逸的时间和水泵的飞逸转速等各种参数,然后据此确定关闭时间和关闭速度。

快速闸门的启闭装置往往是决定快速闸门可靠性的主要因素。因此,在设计快速闸门时应选择安全可靠的启闭装置。目前泵站常用的启闭装置有液压启闭机、带电磁锁定释放装置的电动卷扬机等。

此外,为了防止快速闸门本身发生故障以及便于快速闸门的维护和检修,应在快速闸门挡水侧再设一道能动水关闭的检修闸门。

四、拍门断流

大型泵站直管式或屈膝式出水流道多采用拍门断流。拍门是一种单向阀门,拍门顶部用铰链与门座相连,水泵启动后,在水流冲力的作用下,拍门自动打开;停机时,借自重和倒流水压力的作用自动关闭,截断水流。拍门与门座之间用橡皮止水,关闭后靠水压力将拍门压紧。因为拍门具有结构简单、造价便宜、管理方便和便于自动化等优点,所以在泵站中得到了广泛的应用。

但是,自由式拍门是在水流冲力的作用下打开的,且拍门的开启角度一般在40°左右,水头损失较大,故运行时要消耗一定的能量,使泵站运行效率降低。另外,拍门在关闭的一瞬间会产生很大的撞击力,特别是在出水流道短、扬程高、拍门尺寸大的情况下,撞击力将更为严重,对拍门结构和泵站建筑物的安全都产生极其不利的影响。为了解决这些不利的因素,工程实践中采用了多种形式的拍门。下面仅对泵站常用的几种拍门进行介绍。

1. 自由式拍门

自由式拍门是没有任何控制设备,机组运行时靠水流冲开,停机时靠自重和倒流水压力关闭的拍门。这种拍门的开启角较小,造成出水管出口水流拐弯、断面减小,产生一定的水头损失,其水头损失的大小与拍门的开启度有关。

拍门在水中的浮重越大,拍门的开启角就越小,水力损失也就越大。因此,为增加拍门开启角,常将拍门设计成浮箱结构。

当泵站由于事故突然停机时,拍门在关闭的最后瞬间将产生一定的撞击力,从试验结果和有关资料分析可知拍门撞击力大小的影响因素如下:

(1) 水泵扬程越高,撞击力越大;

(2) 机组转动惯量越大,撞击力越小;

(3) 出水管道(流道)越长,则管道内水流惯性越大,撞击力越小;

(4) 拍门在水中的浮重越大,关闭时下落的速度越慢,撞击力就越小。

2. 带平衡锤的拍门

为增加正常运行时拍门的开启角,采用平衡锤是一种简单易行的方法。

拍门加平衡锤后,其开启角可达50°左右,但是机组停机时,因起始角加大,延长了拍门关闭时间并增大了关闭瞬间的角加速度,从而使关门撞击力大大增加。因此,这种带平衡锤的拍门目前在大型泵站已很少使用。

3. 双节式拍门

双节式拍门由中间用铰链连接的上节门和下节门组成,下节门的高度比上节门小,上下门高度比的适宜范围为1.5~2.0。在水泵启动和运行时,这种拍门易被冲开,上节门开启角可达50°以上,下节门可达65°以上,其水力损失大致与整体式拍门开启角为60°时的水力损失相当。应该注意的是,上节门与下节门开启角差不宜大于20°,否则将使水力损失增加,并将加大撞击力。

双节式拍门的主要优点如下。

(1) 因下节门容易冲开,机组启动较为平稳,停机时,由于两节门关闭有一定的时差,力臂较小,撞击力将比整体式拍门小。

(2) 结构简单,运行可靠,既减少了阻力又减小了撞击力。

双节式拍门的缺点是中间铰链外漏水比整体式拍门大。

随着技术的发展,近年来,除上述几种拍门形式外,侧翻式拍门具有开启角度大、水头损失小,关闭时闭门力较小等优点,在灌溉排水泵站中得到了较多应用。但该种形式的拍门口径超过 1.4 m 时就要设置中立柱,并由一扇变为两扇(当拍门口径更大时,要设置十字交叉的钢梁,拍门由一扇变为四扇),中立柱易挂杂草污物,导致拍门封闭不严,会出现少量渗漏现象;另外,当出水池为侧向出流时,需在出水管两边增加隔墩,以防止侧向水流对拍门打开和关闭产生影响。

拍门的材质一般为铸铁或钢,但近几年还出现了复合材料(非金属材料)制造的悬挂式拍门,大大减轻了拍门重量,使其具有开启角度大、水头损失小、关闭平缓、闭门力小、止水效果好等优点,并在中小型水泵机组中开始应用,但该材质拍门因其强度相对铸铁或钢拍门小,因此,在出水口淹没深度较大或拍门尺寸较大的情况下,应充分计算分析该拍门强度。

第二节　液(油)压装置

大型泵站的油系统主要包括润滑油、压力油、绝缘油及油处理系统等部分。

(1) 润滑油系统主要是润滑水泵和电动机的轴承,包括电动机的推力轴承、上下导轴承和水泵导轴承。

(2) 压力油系统是用来为全调节水泵叶片调节机构和液压启闭机闸门启闭、顶转子、液压联轴器等传递所需能量的系统,它主要由油压装置和调节器等组成。

(3) 油的净化处理方法。轻度劣化或被水和机械杂质污染的油,称为污油。污油经过净化处理仍可以使用,可根据油的污染程度采取不同的处理方法。对于深度污染劣化变质的废油,只能采取物理化学方法使油再生,这就必须用专用设备集中处理,一般泵站不予考虑。

一、泵站用油种类

1. 润滑油

润滑油包括透平油、机械油、压缩机油、润滑油脂(黄油)等。泵站大容量机组常用的透平油有 HU-22 号、HU-30 号、HU-45 号三种,主要供给油压装置、主机润滑、油压启闭机等。透平油应满足主机制造厂的要求,一般采用 HU-30 号较多。机械油一般常用的有 HJ-10 号、HJ-20 号、HJ-30 号三种,主要用于辅助设备轴承、吊车和容量较小的主机组润滑。压缩机油是为空气压缩机提供的润滑油。润滑油脂(黄油)则是为滚动轴承提供的润滑油。

2. 绝缘油

绝缘油包括变压器油、开关油和电缆油。泵站常用的变压器油有 DB-10 号和 DB-25

号两种,为变压器和互感器提供用油,其中 10、25 表示油的凝固点为 -10 ℃和 -25 ℃。开关油用于油开关,有 DU-10 号和 DU-45 号两种,其中 10、45 表示油的凝固点为 -10 ℃和 -45 ℃。电缆油有 DL-38、DL-66、DL-110 等,其中符号后的数值表示以千伏计的电压值,供不同电压的电缆使用。这些油中用量最大的是透平油和变压器油。

二、油系统的组成

设计油系统应连接简便,操作程序清楚,管道和阀件少,全部操作要方便。

1. 润滑油系统

润滑油系统主要作用是润滑水泵和电动机的轴承,包括电动机的推力轴承、上下导轴承和水泵导轴承。

(1) 推力轴承润滑

推力轴承担负着机组转动部件的重量和水的轴向推力,大多采用刚性支柱式推力头,其和主轴紧密配合并一起转动。推力头把转动部分的荷重通过镜板直接传给推力轴瓦,然后经托盘、抗重螺栓、底座、推力油槽、机架最后传给混凝土基础。

镜板和推力轴瓦,无论在停机还是运转状态,都是被油淹没的。由于推力轴瓦的支点和其中心有一定的偏心距,所以,当镜板随同机组旋转时,推力轴瓦会沿着旋转方向轻微地波动,从而使润滑油顺利地进入镜板和推力轴瓦之间,形成一个楔形油膜,这样增强了对摩擦的润滑和散热作用。

(2) 电动机上、下导轴承的润滑

大轴和轴颈一起转动时,弧形导轴瓦分块分布在轴颈外的圆周上,大轴转动时的径向摆动力由轴颈传给导轴瓦、支柱螺栓、油槽、机架。停机时油槽油位应到支柱螺栓的一半。机组运行时,一方面把因摩擦而产生的热传给油,热油也随之做圆周运动,另一方面由于导轴瓦面和轴颈的间隙经常变化,造成一定的负压,使油槽中心部分的冷油,经挡环和轴颈内圆间隙而上移,再经轴颈上导油孔喷射到导轴瓦面上,使热油和冷油形成对流,起到润滑和散热作用。

(3) 水泵导轴承润滑

水泵导轴承有橡胶轴承和稀油筒式轴承等几种。橡胶轴承用一定压力水润滑或直接在水中自行润滑,因其抵抗横向摆动能力较差,间隙磨损较快,若不及时更换,将影响机组摆度。

稀油筒式轴承用巴氏合金浇铸、稀油润滑。因导轴承长期浸在水中,故需要密封装置将油与水分开。水泵导轴承的油存储在转动油盆和固定油盆内,油的循环是依靠大轴带动转动油盆旋转,使油盆内的油产生离心力,形成中间低、边缘高的球面,经毕托管上升到固定油盆、润滑轴和轴承后,再返回转动油盆循环使用。另一种循环方式是采用 60°螺旋槽式,经 60°的螺旋槽,先润滑轴和轴承,再上升到固定油盆内,经回油管,返回转动油盆循环使用。

水泵导轴承的密封装置运行一定时间后,可能因变形、老化、损坏而漏水,当发现水泵导轴承浸水或有泥沙侵入时,必须停机修理,防止磨坏轴颈和水泵导轴承。

2. 压力油系统

压力油系统是用来为全调节水泵叶片调节机构和液压启闭闸门启闭、顶转子、液压联轴器等传递所需能量的系统,它主要由油压装置和调节器等组成。

(1) 油压装置

油压装置主要由回油箱、压力油箱、电动油泵及管道、阀门等组成,大部分部件都安装在回油箱顶盖上,回油箱呈矩形,钢板焊成,内储一半无压透平油,油箱内由钢丝滤网分开,一边是回收的脏油,一边是滤过的干净油,箱盖上装着油压装置的大部分部件,其中两台螺杆或齿轮油泵互为备用。工作时将清洁的油从回油箱中打入压力油箱,向叶片调节系统传送压力油。用过的油经操作管回到回油箱的脏油区,经过过滤,再用油泵压至压力油箱,其中管路上装有安全阀,以保安全。

压力油箱为封闭式圆筒形,钢板焊成,储存压力油,按承受压力确定壁厚。筒上装透明油位计、压力表等,并通过管道与油泵和高压压缩空气连接。筒内储油 1/3 左右,另 2/3 充满压缩空气。工作时,压力油从压力油箱送到叶片调节系统。油位高时,要补充压缩空气;油位低时,则用空气阀放出多余的压缩空气,但压力要保证在工作压力范围之内,压力表就是监测油压的。电接点压力表除监测油压外,还能自动控制油泵开启,以保持一定的压力范围。

压力油箱是高压容器,必须经检验合格后方可使用。

油泵常用螺杆油泵和齿轮油泵,是油压装置的心脏,担负着将无压力油加压输送到压力油箱的任务。

附件包括逆止阀、安全阀、压力信号装置、压力表、滤网等。

油压装置的回油箱内干净油经油泵吸入,经连接管、逆止阀、连接弯管、截止阀、输油管送到压力油箱,压力油箱与压力油系统母管相接,由支管送往每台机组,经截止阀进入受油器,受油器的回油均通向回油母管,流向回油箱,经滤网过滤后继续使用。

压力油箱内储存有压缩空气,箱上装有四只电接点压力表。在主机组运行过程中,压力油箱向机组供油后,油压将逐渐下降。当油压降到正常工作压力下限值时,第一只表的电接点闭合,使工作油泵启动,向压力油箱补油。当油压升到正常工作压力上限时,该表的电接点断开,油泵停止运转。当工作油泵发生故障,油箱内压力继续下降到低于正常工作压力下限值时,第二只压力表电接点接通,备用油泵启动运转。同理,到时断开停止。在特殊情况下,若压力油箱压力仍继续下降或到时仍继续不停上升,油泵未能切断,继续运转,此时,第三只表将发出压力过低或过高的信号,通知值班人员处理。第四只表为备用。

回油箱有油位信号指示器,也可发出油位过低或油位过高的信号,回油箱的正常油位一般为容器的 50%~60%。正常情况下,压力油系统在工作过程中耗油量是不大的。

油压装置必须满足下列要求:使用的透平油应清洁无水分、杂质、酸性等;吸入油泵的油要经过过滤,滤网要定期清洗,尤其要注意金属粉末和机械杂质,防止磨损配压阀等精密部件。

压力油一般以选用 22 号或 30 号透平油为宜,尽量与机组润滑油统一。油泵出油口必须装有安全阀、溢流阀。与压力油箱连接管道应安全可靠,各部件性能也应可靠。

(2) 刹车制动系统

机组在停止运转过程中,由于流道中水作用存在惯性力,会使机组维持一定时间的惰转。由于惰转时转速慢慢下降,延续的时间较长,容易破坏镜板与推力轴瓦之间的油膜,特别是单向进油的推力轴瓦,不允许长时间低速惰转或倒转。因此要输入一定压力的压缩空气,用制动器装置顶起制动块,顶牢电动机转子下面的制动环,产生足够的制动转矩,使惰转的转子很快地停止旋转。一般在机组停机后,转速降到额定转速的1/3时,立即输入压缩空气以制动。

(3) 启动顶车系统

停机时机组转动部件的荷重通过镜板紧紧压在推力轴瓦上,时间越长,镜板和推力轴瓦之间的油膜被挤得越薄,甚至出现干燥无油膜情况。因此,一般规定,停机48 h后均需顶起转子(顶起高度3~5 mm)后才能启动机组。这就是所谓的"启动顶车"。

电动机下机架下装了四只制动器,制动器活塞下腔接到高压油管和压缩空气的管道上,通过截止阀和电磁阀的动作,使制动器在人为控制下分别执行顶转子或刹车制动的动作。顶转子是将整个转动部分的重量全部支承起来,所需压力较大。高压油泵或手动高压油泵提供高压油,在高压油泵的出口上装溢流阀、安全阀及压力指示装置,保证输油安全。刹车制动时,是将制动器与压缩空气管道接通,向制动器输送一定压力的压缩空气,使正在惰转的转子停止旋转。

第三节 供气系统

泵站工程中的气系统包括高压气系统、低压气系统、抽真空系统等。

一、高压气系统

高压气系统的压力一般为 2.5×10^6 Pa 和 4×10^6 Pa,主要向水泵叶片调节机构的油压装置充气。

采用油压操作的全调节水泵,其油压装置的储能器有1/3容积是透平油,其余2/3容积为压缩空气,二者共同形成操作所必需的工作压力。由于压缩空气具有弹性,可使操作压力的波动减至最小,以保持调节系统工作的稳定。储能器首次充气可以采取两种方式:一种方式是用高压气机直接充气以达到工作压力;另一种方式是先用低压压气系统向储能器充气至 7×10^5 Pa,然后由油泵抽油至规定油位,再用高压气机充气,最后达到工作压力。由于低压系统容量较大,此种方式可缩短充气时间,减轻高压气机的负担。压力油箱的补气可用高压气机直接进行。

充入储能器中的压缩空气应该干燥,避免压力油混入水分,以致锈蚀叶片调节操作机构,故高压气机出口管道上应装设油水分离器。

选择空气压缩机时,按满足为一台油压装置充气进行计算,其排气量用下式求得:

$$Q_K = \frac{0.67\,V(p+1)}{60t}(\text{m}^3/\text{min})$$

式中:V 为储能器总容积,m^3;p 为储能器最大工作压力,一般为$(20\sim2.5)\times10^6$ Pa,对于 40CJ95 型泵提高为 4×10^6 Pa;t 为充气时间,h,一般为 2 h 左右。

二、低压气系统

低压气系统的压力一般为$(7\sim8)\times10^5$ Pa,主要用于机组制动、打开虹吸式出水流道的真空破坏阀、安装检修时吹扫设备等。

水泵机组停机时,电源被切断,流道上的水流由于重力或虹吸作用而倒流。对于虹吸式出水流道的断流方式,一般采用打开驼峰顶部的真空破坏阀,使空气在几秒钟内进入流道内破坏真空。真空破坏阀的开启系利用压缩空气进入阀体活塞下部,将阀体顶起。供气采用自动操作,用电磁空气阀控制,纳入停机自动操作回路上,以便停机后及时断流。

机组在停机过程中,有一段时间为低速旋转。为了防止低速旋转引起推力轴瓦油膜破坏、烧坏轴承,常采取一次连续强迫制动的方式,在机组转速下降至额定转速的 35% 时,利用装在电动机转子下面的活塞式空气制动闸,由压缩空气顶起制动闸托住转子制动。当在抽水工况停机时,对于流道出口有拍门或有较短的虹吸出水流道(如堤身式泵站)的机组,如能在反转以前的降速过程中制动将机组平稳地停住,则采用正刹,否则需采用反刹。对于虹吸出水流道较长或出口用快速闸门的机组,宜采用反刹。所谓反刹是指在反转高峰以后的降速过程中制动。此时自动操作程序较复杂,但可避免正刹后由于水倒流引起的较大水力矩冲击而损坏机组。在调相工况停机时,机组不会反转,故在正转降速时制动。

800 kW 机组未配制动装置,故停机时均不制动。有些安装 1 600 kW 机组的泵站,抽水停机时亦可能取消制动。因水对转轮有阻力,机组基本能在 $1\sim2$ min 内停稳,此时对推力轴瓦有何影响尚有待继续观察和总结。在调相停机时,因转轮室内无水,机组低速旋转时间很长,为安全起见,一般都应考虑制动。

机组制动操作纳入停机自动操作回路中,虹吸出水流道的机组停机采用正刹时,为防止因真空破坏阀出现故障发生真空未破坏而制动的事故,应在真空破坏阀打开并接通阀顶接点和机组降速至 35% 这两个条件均已具备时进行。为满足系统事故停电而机组能正常停机,以电容蓄能作为备用操作电源,宜采用带有吸引和脱扣两种线圈的电磁空气阀供自动控制破坏真空和制动使用。

机组制动和流道破坏真空用气工作压力为$(5\sim7)\times10^5$ Pa,真空破坏阀每只耗气量为 $0.3\sim0.5$ L/s。常用同步电动机 TL1600-40/3250 型和 TL3000-40/3250 型的制动耗气量均为 0.75 L/s。

一台机组破坏真空及制动用的自由空气量按下式计算:

$$Q_1 = 60(P+1)(nq_1t_1+q_2t_2)/1\,000(\text{m}^3)$$

式中:P 为压缩空气工作表压力,$(5\sim7)\times10^5$ Pa;q_1 为一只真空破坏阀耗气量,L/s;n 为一台机组使用的真空破坏阀只数;q_2 为制动耗气量,L/s;t_1 为真空破坏阀开启持续时间,一般为 $0.5\sim1$ min;t_2 为制动持续时间,一般为 1 min。

泵站安装检修时,常用压缩空气来吹扫设备上的尘埃,吹扫水系统的过滤网和供排水管道进口的拦污栅等,用气量不大,可概略按 0.5 m³/min 计算。

低压气机生产率按停机后恢复储气筒压力的时间确定,根据下式计算校核:

$$Q = K \frac{Q_1 Z}{\Delta t} > Q_2 (\text{m}^3/\text{min})$$

式中:Q_2 为检修用气量,m³/min;Δt 为储气筒恢复压力时间,一般为 5～10 min。

用气量较大或机组台数较多的泵站,一般选用两台压气机,其中一台工作,一台备用。用气量较少的泵站,可选用一台压气机,以高压机作为备用。风冷式压气机容易发热,需停机冷却后方能继续工作,因此以选用水冷式压气机为宜。

压缩空气管路直径一般按经验选定,破坏真空和制动管径采用 15 mm 即可,贯通全厂的干管管径可采用 40～80 mm。

管道及各设备元件的制作安装,应尽量做到严密少漏气,特别是埋入混凝土中的管段,在浇筑混凝土前必须进行试压,符合质量标准后再浇筑混凝土。控制阀门宜采用密封性能较好的截止阀,较短的管道可用水煤气钢管,较长的管道和预埋管宜采用无缝钢管。

为防止机组长时间停机以后,轴承油膜可能被破坏而导致开机时烧毁轴瓦,除 64ZLB-50 型配套的 800 kW 电动机外,其他电动机均设有顶转子装置。机组投入运行后,第一次停机超过 24 h,第二次停机超过 36 h,第三次超过 48 h 及以后停机超过 72 h,均需在开机前将转子顶起,让油进入轴承内,使油膜形成。顶转子与机组制动共用制动闸,顶转子时首先切断制动系统各元件与制动闸的联系,然后向制动闸供给压力油,利用移动式油泵将油压加到$(80～100) \times 10^5$ Pa,制动闸将转子抬起。转子抬起高度应严格监视控制,不能使转动部分与固定部分相碰,以免损坏机件,常在电机层上电动机推力头处装设千分表监视,因此顶转子高压油泵布置在电动机层上较便于兼顾。顶转子结束以后放油,并用制动系统的压缩空气吹除制动闸及管道内的残油。高压油泵通常由电机厂配套,但需向厂家提出供货要求,一般一个泵站共用一台即可。过去随主机供应的多为手动高压油泵,费劲又费时,有些泵站装设一条贯通全厂的高压油管,与手摇泵、油压装置、各机组刹车装置相连。顶转子时,先用油压装置充压至 20×10^5 Pa 左右,然后手摇泵至预定压力,再逐台切换各机组刹车装置以顶起转子,可大大加快速度和减轻劳动强度,但可能会产生误操作或由于控制阀门不严、漏油泄压等造成事故,应引起注意。因此,不如采用移动式的电动高压油泵单独操作好。

三、抽真空系统用途

1. 启动充水

抽真空系统主要用于水泵叶轮位于水面(即安装高度为正值)的水泵启动时的抽真空灌注引水。卧式泵(包括离心泵、混流泵和轴流泵)在出现叶轮高于进水池低于水面启动情况下,必须在启动前使水泵叶轮充满水,否则水泵无法启动。对于小型水泵往往采用底阀,用人工的方法给进水管和水泵叶轮的空间充满水。但因为底阀的阻力很大,大中型泵的启动充水都采用抽真空的方法来完成。大型泵站的供排水泵,为了便于运行管理自动化,也往往采用抽真空的方法进行启动充水。

2. 虹吸式出水流道抽气

大型立式泵(如轴流泵和导叶式混流泵)通常将叶轮安装在最低水位下,水泵启动前叶轮淹没在水中,故无需充水即可启动。但当大型泵站采用虹吸式出水流道时,水泵启动过程中虹吸管顶部的空气排除困难,延长虹吸形成时间,并会使出水流道内出现压缩膨胀现象,从而引起压力脉动。流道内的空气被压缩后将增加水泵的启动扬程。因为轴流泵具有在小流量区运行不稳定的特性,所以长时间小流量区运行也会进一步加剧水泵机组振动和增加启动阻力矩,使机组启动困难。如果在电动机牵入同步的允许时间内水泵机组的转速达不到亚同步转速,电动机将无法启动。机组长时间振动,将会缩短机组寿命,也会影响机组安全运行。因此,为了改善机组启动条件,虹吸式出水流道顶部都应设置抽真空设备。

第四节 起重设备(行车、启闭机)

为了满足机组安装及检修的需要,泵房内应设置起重设备。泵站中常用的起重设备为梁式起重机。而梁式起重机按起重滑车的型式分为单滑轮和双滑轮;按起重机主梁型式分为单梁和双梁;按操作方式分为手动和电动。另外,起重机的工作制度还有轻重和速度快慢之分。由此可以组成手动或电动单梁葫芦、手动或电动桥式吊车等。电动桥式吊车根据工作时间的长短可分为轻、中、重级。

吊车类型主要根据最重吊运部件、吊具的总质量大小和工作时间的长短确定。一般,在确定手动还是电动时,主要依据是吊车工作时间的长短。机组台数少的泵站每年检修时间较短,故常选用手动吊车,而台数较多的泵站,吊车的工作时间也较长,以选用电动吊车为宜。对于起重量小于 5 t,主机组少于 4 台的泵站,宜选用手动单梁。起重量大于 5 t 时,宜选用电动单梁或双梁起重机。起重机应采用轻级、慢速的工作制。制动器和电气设备应采用中级的工作制。

在选择起重机时还应注意其跨度和起吊高度。起重机跨度级差应按 0.5 级选取,而且起重机两端应设阻进器。

起重机的起吊高度与设备的搬入方式有关,而搬入方式又影响到泵房的建筑设计,可见,起吊方式对泵站工程投资和安装检修都有影响。因此,在泵房设计时应同时考虑起吊方式的选择。例如,有的泵站由于水泵的安装高程所限不能安装得太高,但因地形或进水池水位所限,泵房必须做成四周和底板不能漏水的干室型泵房,而且挡水墙的高度应高于进水池的最高水位。这样就形成进入泵房的大门高于泵房底板的现象。在这种情况下,必须按大门处汽车搬运的高度来确定起重机主梁泵房屋架的高度,而该高度显然高于泵房底板处要求的高度。但是,如果泵房分成两部分,即把大门处设为检修或装卸间,安装水泵机组的位置称工作间,检修间和工作间按照起吊要求确定高度,并按不同跨度分别选择起重机,采用二步法起吊方式搬入。这样虽然增加了一台起重设备,但却降低了工作间的泵房高度,从而可以大大降低工程投资。另外,也可以在室外的地面或屋顶设吊物孔,用汽车吊将设备吊入后再利用泵房内的吊车将需安装或检修的设备吊入,这也是降低泵房高度,减少工程投资的有效措施。

第五节　清污设备

一般把拦污栅安装在泵站引水渠末端或进水流道前,用以拦阻水流挟带的污物,如水草、木块、浮冰、死畜等,使污物不能进入流道,以保护水泵、阀门、管道等,使其不受损害,并保证水泵机组正常运行,是泵站不可缺少的一种附属水工建筑物。

一、拦污栅

拦污栅是由直立的栅条联结而成,栅条一般由扁钢做成,在栅面四周用角钢或槽钢加固,沿高度方向可设二层或多层;对于重型拦污栅,栅片后的构架与平面闸门一样,是由主梁、端柱、纵向及横向联结系组成的型钢组合结构。

目前国内已建轴流泵站的拦污栅,大都垂直设在进水流道闸门前的进口处(还有设在流道内的)。这种布置形式,可以利用流道的隔墩作拦污栅支墩,但由于离流道进口太近,流道内的流速分布不均匀。同时,垂直设置不便清污,易使污物在栅前堆积而堵塞拦污栅,减少了进水流道过水断面,影响流态,恶化水泵进水条件,有可能使水泵汽蚀性能变坏。此外,由于拦污栅被堵塞,过栅水头损失加大,必然也增加水泵的运行费用。

影响拦污栅水头损失的因素很多,除拦污栅的形式、倾角、栅条形状、厚度及间距等因素外,还与通过拦污栅的流速平方成正比。拦污栅的安装位置、栅前堆积的污物是否便于清除又对过栅流速有影响。如拦污栅设在大型泵站进水流道进口处,不仅过栅流速较大,而且会使进水流道内的流速分布不均,降低水泵的效率和汽蚀性能。

二、拦污栅的形式及其布置

泵站常用拦污栅一般为平面拦污栅,当孔口较大或过栅流速要求较小时,可采用曲面拦污栅。其位置要求与进水流道有一定的距离,且过栅流速最好为 0.5~0.8 m/s,又要便于清污。拦污栅的形式及布置与下述因素有关。

1. 拦污物质的种类、性质、数量

河道上取水的泵站,往往污物较多,有的还存在较大的漂浮物或浮冰,对这样的取水条件可设置粗、细二道拦污栅。第一道粗拦污栅主要拦截船只、浮冰、死畜等较大的漂浮物,要求刚度大,栅条间距可大一些,一般取 100~200 mm;第二道拦污栅主要是拦截一般水草或较小的漂浮物,栅条间距与水泵最狭处的间隙有关,一般取 50~100 mm。拦污栅设在检修闸门的上游,有时检修闸门槽也可作为一道拦污栅槽,当需要检修时可提取拦污栅,放下检修闸门;渠道上取水的泵站,进口污物一般为水草、树叶等,数量也少,可设一道拦污栅,栅条间距一般为 70~100 mm;但对平原湖区的大型泵站,由于污物种类较多,可以设置粗、细二道拦污栅。当污物较小,水泵最狭处间隙更小时,由于过栅流速也要求较小,平面拦污栅就满足不了过栅流速的要求,此时可做成曲线形拦污栅。

2. 拦污处的水位及荷载条件

对于水深较大处的露顶拦污栅,可做成上、下两层或多层结构,但每层高度要适宜,一般不小于宽度的 1/3，也不宜大于 4.0 m，便于制造，也便于检修。对于承受荷载较大，要求面积尺寸较大的情况，可采用重型拦污栅（有梁、柱、支承等连接件）或拱形拦污栅，以免工作时变形脱槽。

3. 清污方式

对于人工清污的拦污栅，倾角一般为 45°～70°，高度在 5 m 以上时，要设置中间作业层；机械清污时，倾角可达 70°～80°。对需要起吊拦污栅清污的情况，拦污栅可做成活动式，设支承行走与导向装置；对水力冲洗清污的拦污栅，常做成旋转滤网式结构。

三、清污装置

目前已建的泵站一般采用人工清污齿耙进行清污，即由人站在便桥上进行清污工作，这种方式工作效率较低，对于污物较多的地方，不可能满足泵站的清污要求。还有的泵站是用起吊拦污栅方式清污，即将挂有污物的拦污栅，用起吊设备吊至工作桥或河、渠岸边进行清理，将备用拦污栅或清理好的拦污栅再放下拦污，这种方式清理场面较大，需要较宽的工作桥，同时清污效率也不高。当拦污栅面积较大、污物较多时，可采用机械清污，如使用耙斗式清污机，它有固定、移动、单轨悬吊式三种形式，由机架、驱动机组、耙斗等组成。

抓斗式清污机，适用于栅前堆积或漂浮粗大的树根、石块、泥沙、树干或其他潜沉物的情况，工作原理与抓斗式挖土机基本相同。

此外，还有栅链回转式清污机，其本身具有拦污栅的作用，适用于水流中挟带大量的各种较大的脏污物（如树根、漂木、垃圾等）情况。

四、传送装置

清污机捞起的水草等污物需要用传送装置运出泵站进行处理。对于水草特多的大型泵站，应该预先考虑运送方式。考虑到处理和利用的问题，通常可以采用以下几种传送装置。

1. 可动式皮带运输机

将清污捞起的水草等污物通过传送带水平运出，并通过倾斜传送带向车辆输送，或存放在料斗内，传送带的仰角一般不超过 30°。

2. 倾斜式翻版运输机

在循环链上安装钢板制成的平板，随着循环链的运动，平板上的污物将送往渠道两侧，这种形式适用于大型泵站。

3. 吊斗式提升机

将皮带或平板传送带运送来的污物放入大型吊斗内，吊斗沿着支架大致按垂直向提升，并将污物投入料斗，然后由拖拉机或卡车运走。与倾斜翻版式运输机相比，它占地面积小，但不适合处理粗大的污物。

第五章 电气设备

第一节 一次设备

一、低压开关柜

开关柜是一种电气设备,开关柜外线先进入柜内主控开关,然后进入分控开关,各分路按其需要设置。其是有一个或多个低压开关设备和与之相关的控制、测量、信号、保护、调节等设备,由制造厂家负责完成所有内部的电气和机械的连接,用结构部件完整地组装在一起的一种组合体。开关柜的主要作用是在电力系统发电、输电、配电和电能转换的过程中,进行开合、控制和保护用电设备。开关柜内的部件主要有断路器、隔离开关、负荷开关、操作机构、互感器以及各种保护装置等。

为保护人身和设备安全,将开关柜独立划分成几个不同的隔室。
①母线室:包括水平母线室、垂直母线室和功能单元室(开关隔室)。
②电缆出线室:包括电缆室和二次设备室。
1. 开关柜的主要组成及分类
(1) 主要组成
柜体:开关柜的外壳骨架及内部的安装。
支撑件母线:一种可与几条电路分别连接的低阻抗导体。
功能单元:完成同一功能的所有电气设备和机械部件(包括进线单元和出线单元)。
(2) 进线(插接式母线槽或电缆)方式
上进线;下进线;侧进线;后进线。
(3) 出线(插接式母线或电缆)方式
前出线(顶部或底部)可以靠墙安装;后出线(顶部或底部)不可以靠墙安装。
(4) 母线的分类
主母线(水平母线):连接一条或几条配电母线和进线和出线单元的母线。
配电母线(垂直母线):框架单元内的一条母线,它连接在主母线上,并由它向出线单元供电。
(5) 功能单元分类
固定式:主电路只能在开关柜断电的情况下进行接线和断开。
可移式(固定分隔式):主电路带电的情况下亦可安全地和主电路断开或接通,具有连接和移出位置。

抽出式：主电路带电的情况下亦可安全地和主电路断开或接通，具有连接、试验、分离、移出位置。

(6) 安装方式

按安装地点分类：室内安装；室外安装。

按安装方式分类：靠墙安装；离墙安装。

按固定方式分：螺栓固定；电焊固定。

2. 低压成套开关柜分类

(1) GCS 柜

GCS 型低压抽出式开关柜用于三相交流频率为 50 Hz，额定工作电压为 400 V(690 V)，额定电流为 4 000 A 及以下的发、供电系统，作为动力配电、电动机集中控制、无功功率补偿使用的低压成套配电装置，广泛应用于发电、石油、化工、冶金、纺织、高层建筑等行业的配电系统，也可用在大型发电厂、石化系统等自动化程度高，要求与计算机接口的场所。

(2) GCK 柜

GCK 型低压抽出式开关柜由动力配电中心(PC)柜和电动机控制中心(MCC)两部分组成。该装置适用于交流 50(60) Hz，额定工作电压小于等于 660 V，额定电流 4 000 A 及以下的控配电系统，作为动力配电、电动机控制及照明等设备。

(3) MNS 柜

MNS 型低压抽出式成套开关设备是为适应电力工业发展的需求，参考国外 MNS 系列低压开关柜设计并加以改进开发的高级型低压开关柜，该产品符合国家标准 GB7251(《低压柜电气行业标准》)，VDEO660(德国开关标准)和 ZBK36001-89(《低压抽出式成套开关设备》)，国际标准 IEC439 规定 MNS 型低压开关柜应适应各种供电、配电的需要，能广泛用于发电厂、变电站、工矿企业、大楼宾馆、市政建设等各种低压配电系统。

(4) GGD 柜

GGD 型交流低压配电柜适用于变电站、发电厂、厂矿企业等电力用户的交流 50 Hz，额定工作电压 380 V，额定工作电流 1 000～3 150 A 的配电系统，用于动力、照明及发配电设备的电能转换、分配与控制。

(5) PGL 柜

PGL 型交流低压配电柜适用于发电厂、变电所、工矿企业等电力用户的交流 50 Hz，额定工作电压 380 V，额定电流至 2 500 A 的配电系统，用于动力、照明及配电设备的电能转换、分配与控制。该产品分断能力高，额定短时耐受电流达 50 kA。

PGL 型交流低压配电柜分为：低压计量柜、低压进线柜、电容补偿柜、市发电转换柜、母线联络柜、低压出线柜。

3. GCS、GCK、MNS 和 GGD 开关柜区别

(1) GGD 是固定柜，GCK、GCS 和 MNS 是抽屉柜。

(2) GCK 柜和 GCS、MNS 柜抽屉推进机构不同。

(3) GCS 柜只能做单面操作柜，柜深 800 mm。

(4) MNS 柜可以做双面操作柜，柜深 1 000 mm。

大体而言,抽出式柜较省地方,维护方便,出线回路多,但造价贵;而固定式柜相对出线回路少,占地较多。如果客户提供的地点太少做不了固定式柜的要改为做抽出式柜。各种型号开关柜优缺点如下。

(1) GGD型交流低压开关柜:该类型开关柜具有结构合理、安装维护方便、防护性能好、分断能力高容量大、动稳定性强、电器方案适用性广等优点,可作为换代产品使用。

缺点:回路少,单元之间不能任意组合且占地面积大,不能与计算机联络。

(2) GCK型低压抽出式开关柜具有分断能力高、动热稳定性好、结构先进合理、电气方案灵活、系列性通用性强,各种方案单元可任意组合,一台柜体容纳的回路数较多,节省占地面积,防护等级高、安全可靠,维修方便等优点。

缺点:水平母线设在柜顶,垂直母线没有阻燃型塑料功能板,不能与计算机联络。

(3) GCS型低压抽出式开关柜:具有较高技术性能指标,能够适应电力市场发展需要,并可与现有引进的产品竞争。根据安全、经济、合理、可靠原则设计的新型低压抽出式开关柜,还具有分断、接通能力高,动热稳定性好,电气方案灵活,组合方便,系列性实用性强,结构新颖,防护等级高等特点。

缺点:动静触头接插件接触不紧密,易出现发热、涡流、松动。

(4) MNS系列产品优点:设计紧凑,以较小的空间能容纳较多的功能单元;结构通用性强,组装灵活,以25 mm为模数的C型型材能满足各种结构形式、防护等级及使用环境的要求;采用标准模块设计,分别可组成保护、操作、转换、控制、调节、指示等标准单元,用户可根据需要任意选用组装;技术性能高,主要参数达到当代国际技术水平,压缩场地,三化程度高,可大大压缩储存和运输预制作的场地,装配方便且不需要特殊复杂工具。

二、高压开关柜

高压开关柜是金属封闭开关设备的俗称,是按一定的电路方案将有关电气设备组装在一个封闭的金属外壳内的成套配电装置。本章将主要介绍手车式开关柜。

1. 高压开关柜作用

高压开关柜广泛应用于配电系统,作接受与分配电能之用。既可根据电网运行需要将一部分电力设备或线路投入或退出运行,也可在电力设备或线路发生故障时将故障部分从电网中快速切除,从而保证电网中无故障部分正常运行。

2. 高压开关柜的分类

(1) 按结构类型分

铠装式:各室间用金属板隔离且接地。

间隔式:各室间是用一个或多个非金属板隔离。

箱式:具有金属外壳,但间隔数目少于铠装式和间隔式。

(2) 按断路器的置放分(图5-1)

落地式:断路器手车本身落地。

中置式:手车装于开关柜中部,手车的装卸需要装载车。

(a) 落地式　　　　　　　　(b) 中置式

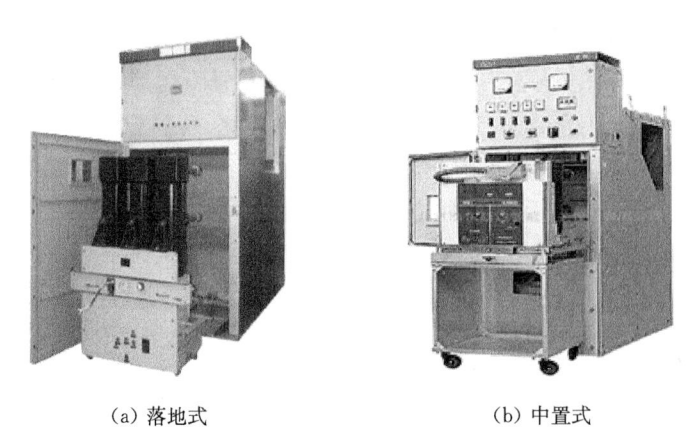

图 5-1　高压开关柜断路器的置放方式

(3) 按绝缘类型分

分为空气绝缘金属封闭开关柜、SF_6 气体绝缘金属封闭开关设备(充气柜)。

3. 高压开关柜的结构

开关柜由固定的柜体和可抽出部件(简称手车)两大部分组成。开关柜被隔板分成手车室、母线室、电缆室和继电器仪表室(低压隔室),低压隔室与开关柜高压区完全隔离。(图 5-2)

A-母线室
D-继电器仪表室
C-电缆室
B-手车(断路器)室

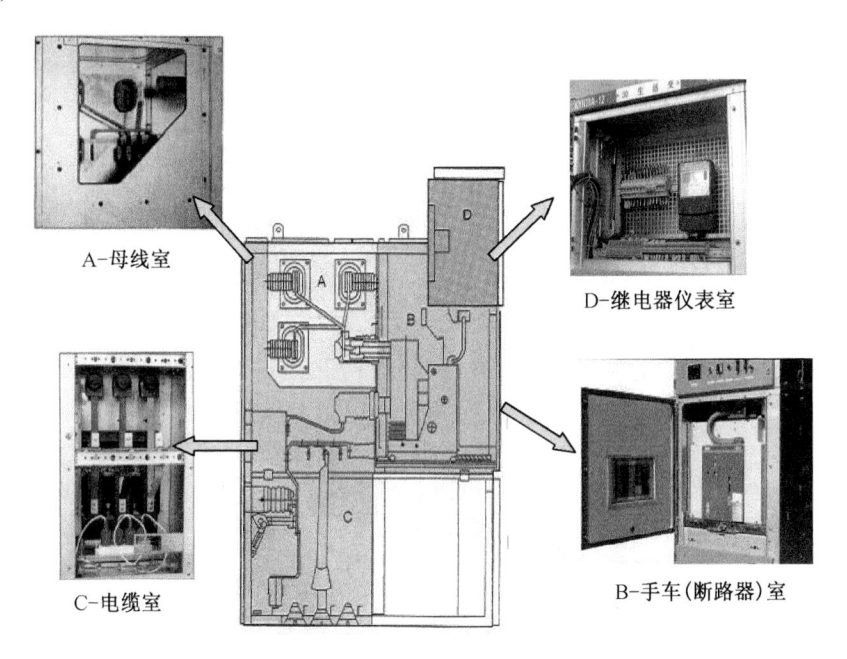

图 5-2　高压开关柜结构示意图

(1) A-母线室

母线室布置在开关柜的背面上部,布置有三相高压交流母线并通过连接线实现母线与断路器手车静触头的连接。全部母线用绝缘套管塑封,在母线穿越开关柜隔板时,用母线套管固定,如果出现内部故障电弧,这样做能限制事故蔓延到邻柜,并能保障母线的机械强度。

(2) B-手车（断路器）室

手车断路器可以看作断路器闸刀一体化设备。在断路器室内有特定的导轨,手车可动部分能在工作位置、试验位置之间移动(图5-3)。当断路器分位,手车在工作位置时类似常规断路器的热备用状态,手车在试验位置时断路器动静触头明显断开,类似常规断路器的冷备用状态。母线室与手车断路器室之间设有隔离挡板,手车从试验位置移动到工作位置过程中,隔离隔板自动打开,反方向移动手车则完全关闭,从而保障操作人员不触及带电体。

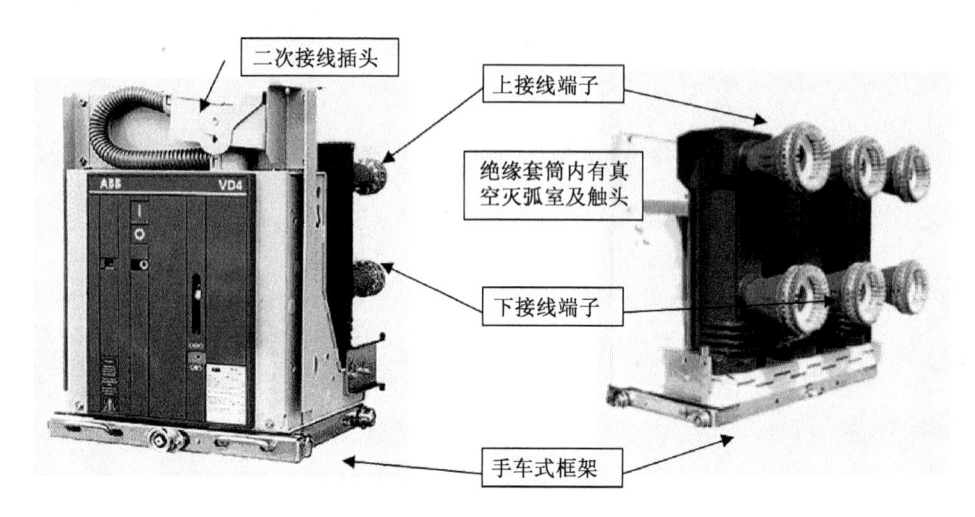

图5-3 手车可动部分

(3) C-电缆室

电缆室内一般设有电流互感器、接地开关、避雷器（过电压保护器）以及电缆等附属设备。

(4) D-继电器仪表室（低压隔室）

继电器仪表室的面板上有微机保护装置、操作把手、保护出口压板、仪表、状态指示灯（或状态显示器）等；继电器仪表室内有端子排、微机保护控制回路直流电源开关、微机保护工作直流电源、储能电机工作电源开关（直流或交流），以及特殊要求的二次设备。

三、高压断路器

高压断路器是电力系统中重要的控制和保护设备,它不仅可以切断和接通正常情况下高压电路中的空载电流和负荷电流,还可以在系统发生故障时与保护装置及自动装置相配合,迅速切断故障电源,防止事故扩大,保证系统的安全运行。

1. 断路器的类型

(1) 按灭弧介质分

油断路器：触头在变压器油（断路器油）中开断,利用油作为灭弧介质,分为多油和少油两种类型。其结构简单,工艺要求低,但体积大,使用钢材及绝缘油较多,现较少使用。

空气断路器：又称自动空气开关,主要特点是具有自动保护功能,当发生短路、过载、过压、欠压等故障时能自行切断电源。空气断路器以压缩空气作为灭弧介质和绝缘介质,靠压缩空气吹动电弧使之冷却,在电弧达到零值时,迅速将弧道中的离子吹走或使空气断路器复合而实现灭弧。空气断路器开断能力强,开断时间短,但结构复杂,工艺要求高。

SF$_6$断路器:以SF$_6$气体作为灭弧介质,并利用它所具有的很高的绝缘性能来增强触头间的绝缘,开断能力强,动作快,体积小,在110 kV及以上高压及超高压系统中广泛应用。

真空断路器:触头在真空中开断,利用真空作为绝缘介质和灭弧介质。真空断路器开断能力强,开断时间短、体积小,主要用于20 kV及以下配电系统。

(2)按操作机构分

弹簧机构断路器:弹簧机构利用弹簧压缩的能量,通过释放弹簧的能量操作断路器分合闸。特点:电源容量需求小,交直流电源均可使用,暂时失去操作电源时也能操作;但对弹簧材料、工艺要求高,合闸过程中机构输出特性与断路器输入特性配合较差;多用于所需操作功较小的断路器。

液压机构断路器:液压机构利用液体不可压缩原理,以液压油作为传递介质,以高压油推动活塞实现合闸与分闸。特点:不需要大功率的直流电源,暂时失去操作电源时也能操作,合闸操作中机构输出特性与断路器输入特性配合较好,功率大、动作快,操作平稳;但加工精度要求高,造价高,渗漏问题突出;多用于所需操作功较大的高压断路器。

气动机构断路器:气动机构指以压缩空气作为动力源,以压缩空气推动活塞使断路器分合闸。特点:不需要大功率直流电源,暂时失去操作电源时也能操作;需要空气压缩机,大功率机构结构笨重,空压机排水问题突出。

电磁操作机构断路器:电磁操作机械利用电子器件控制的电动机直接操作断路器操作杆。特点:结构简单,但需要大功率的直流电源,多用于110 kV以下油断路器。

组合式操作机构断路器:如气动弹簧机构由气动机构实现合闸,由储能后的弹簧完成分闸;弹簧储能液压机构,由液压机构实现分闸,由弹簧实现合闸。

(3)按对地绝缘方式分

可分为绝缘子支柱型结构断路器、罐式结构断路器、全封闭组合式断路器。

2. 断路器基本结构及原理

断路器基本结构可分为电路通断元件、绝缘支撑元件、操作机构、基座4部分,如图5-4所示。

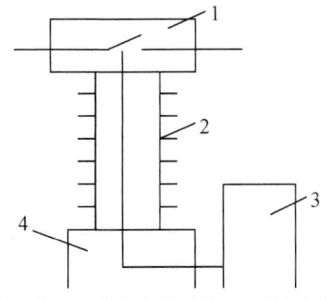

1—电路通断元件;2—绝缘支撑元件;3—操作机构;4—基座。

图 5-4 断路器基本结构

电路通断元件:由接线端子、导电杆、触头及灭弧室等组成。它是关键部件,承担着接通和断开电路的任务。

绝缘支撑元件:起固定通断元件的作用,并使其带电部分与地绝缘。

操作机构:起控制通断元件的作用,当操作机构接到合闸或分闸命令时,操作机构动作,经中间传动机构驱动动触头,实现断路器的合闸或分闸。

四、励磁装置

励磁装置是指同步发电机的励磁系统中除励磁电源以外的对励磁电流能起控制和调节作用的电气调控装置。励磁系统是电站设备中不可缺少的部分。励磁系统包括励磁电源和励磁装置,其中励磁电源的主体是励磁机或励磁变压器;励磁装置则根据不同的规格、型号和使用要求,分别由调节屏、控制屏、灭磁屏和整流屏几部分组合而成。

励磁装置的作用,是在电力系统正常工作的情况下,维持同步发电机机端电压于一给定的水平,同时,还具有强行增磁、减磁和灭磁功能。对于采用励磁变压器作为励磁电源的装置还具有整流功能。励磁装置可以单独供应,亦可作为发电设备配套供应。

1. 应用领域

随着发电机容量及电网的不断扩大,电力系统及发电机组要求励磁系统有更好的控制调节性能,更多和更灵活的控制、限制、报警等附加功能。为满足上述要求,微机控制的数字式励磁调节器应运而生。微机励磁调节器的广泛应用,极大地提高了电厂生产的安全可靠性和经济效益。广大中小型机组用户也迫切需要一种价格便宜、性能优良、结构简单、操作易掌握、可靠性高的励磁调节器。

由于励磁装置的设计参数与同步发电机、励磁电源的参数密切相关,所以单独订购励磁装置的用户,应提供或填写与励磁装置配套使用的发电设备,如同步发电机、励磁电源等的技术参数,以保证产品的统一配套性和使用性能。

励磁装置,按规定应装在室内,所以它的使用对环境温度、相对湿度、海拔高度等有一定的要求,在运输、保存和使用时应予以注意。对于性能及使用条件等方面的特殊要求,用户应在签约时明确提出。

2. 励磁装置的分类

励磁装置主要分为电磁型和半导体型两大类。电磁型励磁装置主要用于以直流或交流励磁机为励磁电源的励磁系统中,半导体型励磁装置既可以与励磁机一起组成静止(或旋转)整流器励磁系统,也可以与励磁变压器组成静止励磁系统。

按整流方式可分为旋转式励磁和静止式励磁两大类。其中旋转式励磁又包括直流交流励磁和无刷励磁;静止式励磁包括电势源静止励磁和复合电源静止励磁。一般我们把根据电磁感应原理使发电机转子形成旋转磁场的过程称为励磁。

励磁分类方法很多,比如按照发电机励磁的交流电源供给方式来分类。

(1) 由与发电机同轴的交流励磁机供电,称为交流励磁(他励)系统,此系统又可分为四种形式。

①交流励磁机(磁场旋转)加静止硅整流器(有刷)。

②交流励磁机(磁场旋转)加静止可控硅整流器(有刷)。

③交流励磁机(电枢旋转)加硅整流器(无刷)。

④交流励磁机(电枢旋转)加可控硅整流器(无刷)。

（2）采用变压器供电，称为全静态励磁（自励）系统，当励磁变压器接在发电机的机端或接在单元式发电机组的厂用电母线上，称为自励励磁方式，把机端励磁变压器与发电机定子串联的励磁变流器结合起来向发电机转子供电的称为自复励励磁方式。

这种方法也有四种形式：直流侧并联、直流侧串联、交流侧并联、交流侧串联。

五、直流装置

1. 直流系统的作用

35 kV及以上的变电站应装设由蓄电池供电的直流系统，供给继电保护、控制、信号、计算机监控、事故照明、交流不间断电源等直流负荷。直流系统的用电负荷极为重要，对供电的可靠性要求很高。直流系统发生故障失灵时，断路器将因失去跳闸的直流电源而不能跳闸切除故障，强大的短路电流将烧坏主变压器等重要电器设备，造成灾难性的后果。直流系统的可靠性是保障变电站安全运行的决定性条件之一。

变电所的直流系统，遍布全所室内及场内，保证着电力系统的安全可靠运行。

2. 直流系统的充电方式

均衡充电：用于均衡单体电池容量的充电方式，一般充电电压较高，常用来快速恢复电池容量。

浮充电：保持电池容量的一种充电方法，一般电压较低，常用来平衡电池自放电导致的容量损失，也可用来恢复电池容量。

正常充电：蓄电池正常的充电过程，即由均充电转到浮充电的过程。

定时均充：为了防止电池处于长期浮充电状态可能导致电池单体容量不平衡，而周期性地以较高的电压对电池进行均衡充电。

限流均充：以不超过电池充电限流点的恒定电流对电池充电。

恒压均充：以恒定的均充电压对电池充电。

3. 直流系统主要结构组成

直流系统主要由高屏开关电源（即充电屏）和蓄电池组成。高屏开关电源又由充电模块、交流配电、直流馈电、配电监控、监控模块、绝缘监测仪、电池监测仪组成，如图5-5所示。

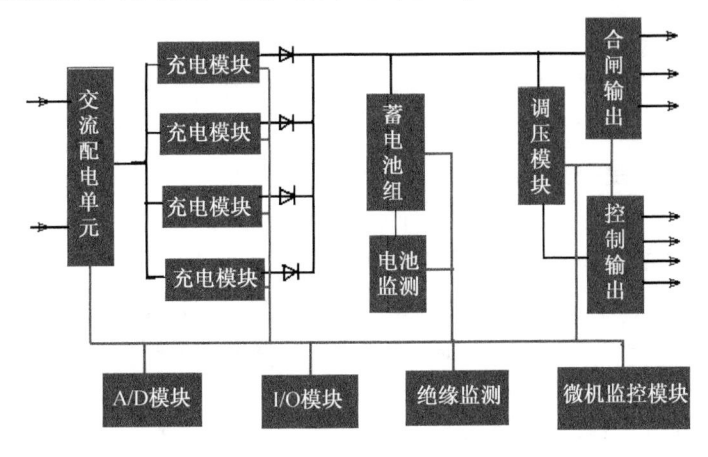

图5-5 直流系统工作原理方框图

(1) 交流配电单元

将交流电源引入分配给各个充电模块，扩展功能为两路交流输入的自动切换（正常工作时，交流电压切换小开关打在"自动"位，第一路交流输入作为主工作电源，第二路作为辅助，当第一路因故停电时，第二路自动投入，当第一路恢复时，自动切换回第一路供电）。

(2) 充电模块

完成 AC/DC 变换，实现系统最为基本的功能（配有过电流、过电压、欠电压、过热等保护）。

(3) 调压模块

无论合闸母线电压如何变化，控制输出电压都被稳定控制在 220 V。

(4) A/D、I/O 模块

采集系统的交流、直流中的各种模拟量、开关量信号并处理，同时提供声光告警。

(5) 微机监控模块

微机监控模块是整个直流系统的控制、管理核心，其主要任务是对系统中各功能单元和蓄电池进行长期自动监测，获取系统中的各种运行参数和状态，根据测量数据及运行状态实时进行处理，并以此为依据对系统进行控制，实现电源系统的全自动精确管理，从而提高电源系统的可靠性，保证其工作的连续性、安全性和可靠性。其具有"遥测、遥信、遥控、遥调"四遥功能，配有标准的通信接口，方便纳入电站自动化系统。

(6) 绝缘监测

实现系统母线和支路的绝缘状况监测，产生告警信号并上报数据到监控模块，在监控模块显示故障详细情况（无论是母线平衡接地，还是不平衡接地；同一支路的单侧接地，还是正负极同时接地；不同支路的单侧接地还是双侧同时接地，以及所有支路的混合接地，都可做出正确判断）。

(7) 电池监测

支持单体电池电压监测和告警；对电池端电压、充放电电流、电池柜的温度及其他参数做实时在线监测。

(8) 蓄电池组

蓄电池组是变电所的心脏，对电力系统的安全可靠运行起着举足轻重的作用。在正常状态下，它向直流负荷（如信号灯、指示继电器、接触器线圈等）供电，向断路器电磁操作机构的跳闸、合闸线圈供电；在交流电源发生故障时，其作用更为突出，为继电保护及自动装置、断路器的合闸、跳闸、载波通信等提供工作直流电源。目前广泛使用的是固定型铅酸蓄电池，但是由于其维护工作量较大，正逐渐被阀控式蓄电池所代替。

阀控式蓄电池的优势在于其浮充寿命期内不必加水维护，所以又称为免维护蓄电池。虽然说阀控铅酸蓄电池为我们在使用过程中减少了很多工作量，但我们还应注意管理与维护的方法，以提高蓄电池的使用寿命，提高蓄电池供电的可靠性与安全性。（依据《电力系统用蓄电池直流电源装置运行与维护技术规程》DL/T 724—2000，6.3 节阀控蓄电池组的运行及维护。）

新安装或大修后的阀控蓄电池组，应进行全核对性放电试验，以后每隔 2~3 年进行一次核对性试验,运行了 6 年以后的阀控蓄电池,应每年做一次核对性放电试验。

4. 直流系统异常处理

（1）当充电柜故障时的处理

当充电模块故障灯亮时,应先检查该充电模块电源是否故障,若电源无故障,则可能是模块内部故障,此时应将故障模块的电源断开,将其退出,这并不会影响其他充电模块正常工作,因为它采用 N+1 并联设置。

利用瞬时停电的方法选择直流接地时,应按照下列顺序进行。

①断开现场临时工作电源。

②断合事故照明回路。

③断合通信电源。

④断合充电回路。

⑤断合合闸回路。

⑥断合信号回路。

⑦断合操作回路。

⑧断合蓄电池回路。

在进行上述各项检查后仍未查出故障点,则应考虑同极性两点接地。当发现接地在某一回路后,有环路的应先解环,再进一步采用取保险及拆端子的办法,直至找到故障点并消除。

（2）直流接地的查找

①对于两段以上并列运行的直流母线,先采用分网法查找接地,即先拉开直流母线分段开关,首先确定是哪段母线存在接地。

②对于允许母线短时停电的负荷馈线,可以采用瞬间停电的方法寻找接地点。

③对于不允许短时停电的负荷馈线,则采用转移负荷的方法寻找接地点。

④对于充电设备及蓄电池组,可以采用瞬间解列法查找接地点。

（3）直流接地拉合步骤及顺序

①拉合临时工作电源、实验室电源、事故照明电源。

②拉合备用设备电源。

③拉合绝缘薄弱并且运行中经常发生接地的回路,例如雷雨季节室外回路。

④按照先室外、后室内的顺序进行拉合断路器合闸电源。

⑤拉合载波室通信电源及远动设备电源。

⑥按照先次要设备后主要设备的顺序进行拉合信号电源、中央信号及操作电源。

⑦试解列充电设备。

⑧将有关直流母线并列后,试解列蓄电池,并检查端电池调节器。

⑨倒换直流母线。

（4）监控发出"直流系统故障"信号时的原因及现场处理方法

可能原因如下。

①母线电压消失。

②蓄电池出口熔丝熔断。

③母线电压越限。

④直流母线绝缘降低。

现场处理方法如下。

①检查蓄电池出口熔丝是否正常。

②调整母线电压。

③找接地点并处理。

④查蓄电池组是否正常。

六、不间断电源

UPS(Uninterruptible Power System/Uninterruptible Power Supply),即不间断电源,是将蓄电池(多为铅酸免维护蓄电池)与主机相连接,通过主机逆变器等模块电路将直流电转换成市电的系统设备。主要用于给单台计算机、计算机网络系统或其他电力电子设备,如电磁阀、压力变送器等提供稳定、不间断的电力供应。当市电输入正常时,UPS将市电稳压后供应给负载使用,此时的 UPS 就是一台交流式电稳压器,同时它还向机内电池充电;当市电中断(事故停电)时,UPS 立即将电池的直流电能,通过逆变器切换转换的方法向负载继续供应 220 V 交流电,使负载维持正常工作并保护负载软、硬件不受损坏。UPS 设备通常在电压过高或电压过低时都能对负载提供保护。

1. 不间断电源的组成

UPS 电源系统由五部分组成:主路、旁路、电池等电源输入电路,进行 AC/DC 变换的整流器(REC),进行 DC/AC 变换的逆变器(INV),逆变和旁路输出切换电路以及蓄能电池。其系统的稳压功能通常是由整流器完成的,整流器件采用可控硅或高频开关整流器,本身具有可根据外电的变化控制输出幅度的功能,当外电发生变化时(该变化应满足系统要求),输出幅度基本不变的整流电压。净化功能由储能电池来完成,由于整流器不能消除瞬时脉冲干扰,整流后的电压仍存在干扰脉冲。储能电池除可存储直流电能外,对整流器来说就像接了一个大容量电容器,其等效电容量的大小,与储能电池容量大小成正比。由于电容两端的电压是不能突变的,利用了电容器的脉冲平滑特性消除了脉冲干扰,起到了净化作用,也称屏蔽干扰。频率的稳定则由变换器来完成,频率稳定度取决于变换器对振荡频率的稳定程度。为方便 UPS 电源系统的日常操作与维护,设计了系统工作开关、主机自检故障后的自动旁路开关、检修旁路开关等控制开关。

2. 不间断电源的分类

UPS 按工作原理分成后备式、在线式与在线互动式三大类。

其中,我们最常用的是后备式 UPS,它具备了自动稳压、断电保护等 UPS 最基础也最重要的功能,虽然一般有 10 ms 左右的转换时间,但由于结构简单而具有价格便宜、可靠性高等优点,因此广泛应用于微机、外设、POS 机等设备。

后备式 UPS 电源又分为后备式正弦波输出 UPS 电源和后备式方波输出 UPS 电源。

后备式正弦波输出 UPS 电源:单机输出可做到 0.25~2 kW,当市电在 170~264 V 间变化时,向用户提供经调压器处理的市电;当市电超出 170~264 V 范围时,才由 UPS 提供高质量的正弦波电源。

后备式方波输出 UPS 电源：与后备式正弦波输出 UPS 电源不同的只是为用户提供 50 Hz 方波电源。

在线式 UPS 结构较复杂，但性能完善，能解决所有电源问题，如四通 PS 系列，其显著特点是能够持续零中断地输出纯净正弦波交流电，能够解决尖峰、浪涌、频率漂移等全部的电源问题；由于需要较大的投资，通常应用在关键设备与网络中心等对电力要求苛刻的环境中。

在线互动式 UPS，同后备式相比较，具有滤波功能，抗市电干扰能力很强，转换时间小于 4 ms，逆变输出为模拟正弦波，所以能配备于服务器、路由器等网络设备，或者用在电力环境较恶劣的地区。

3. 不间断电源的优点

UPS 的主要优点，在于它的不间断供电能力。在市电交流输入正常时，UPS 把交流电整流成直流电，然后再把直流电逆变成稳定无杂质的交流电，给后级负载使用。一旦市电交流输入异常，比如欠压了或者停电了又或者频率异常了，那么 UPS 会启用备用能源蓄电池，UPS 的整流电路会关断，相应地会把蓄电池的直流电逆变成稳定无杂质的交流电，继续给后级负载使用。这就是 UPS 不间断供电能力的由来。

七、变压器

在电力网络中，变压器是电力系统中很重要的一种元件，它利用电磁感应的原理来改变交流电压，主要构件是初级线圈、次级线圈和铁芯（磁芯）。主要作用是改变电压，进行电能传输或分配。

1. 变压器作用及分类

（1）升高电压，实现远距离输电

在电力系统中，由于绝缘因素发电机出口电压往往较低，输送相同容量的功率，电压越低电流越大，大电流在导线上引起的损耗和电压降低越大，甚至导致无法实现远距离输电。为了解决这一问题，发电厂就要利用变压器将电压升高，以减小输电线路上的电流，从而降低导线上的功率损耗和电压降低，提高远距离输电的经济性。

（2）降低电压，实现电力供给

电力用户所需的电压较低，发电厂将很高电压等级的电能输送到负荷中心后，要通过降压变压器将电压降低，供给负荷中心的用户使用，降压变压器在供电企业中使用最多。

（3）变压器按用途分类

按用途可以分为：配电变压器、电力变压器、全密封变压器、组合式变压器、干式变压器、单相变压器、电炉变压器、整流变压器、电抗器、抗干扰变压器、防雷变压器、箱式变电器、试验变压器、转角变压器。

变压器按绝缘（冷却）方式分为：油浸式和干式变压器。

2. 变压器的基本工作原理

变压器工作基本原理如图 5-6 所示。

在一次绕组上外施一交流电压 U_1 便有 I_1 流入，因而在铁芯中激励一交流磁通 Φ，磁通 Φ 同时也与二次绕组匝链。由于磁通 Φ 的交变作用在二次绕组中便感应出电势 E_2。

根据电磁感应定律可知,绕组的感应电势正比于绕组匝数。因此只要改变二次绕组的匝数,便能改变电势 E_2 的数值,如果二次绕组接上用电设备,二次绕组便有电压输出,这就是变压器的工作原理。假设初级、次级绕组的匝数分别为 W_1、W_2,当变压器的初级接到频率为 f,电压为 U_1 的正弦交流电源时,根据电磁感应原理可计算得出 $U_1/U_2=E_1/E_2=W_1/W_2=K$,式中 K 就是变压器的变比,或称匝数比,设计时选择适当的变比就可以实现把一次侧电压变到需要的二次电压。电力系统普遍采用三相制供电。因而实际应用得最广的是三相变压器,三相变压器在三相负载平衡时的运行情况基本上与单相变压器相同。

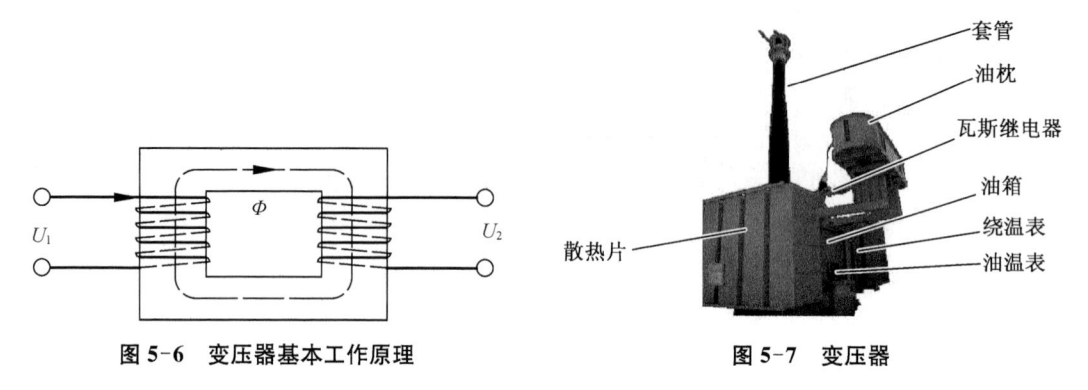

图 5-6　变压器基本工作原理　　图 5-7　变压器

3. 变压器各主要组成部件及作用

变压器主要组成部件如图 5-7 所示。

(1) 铁芯

铁芯是变压器的磁路部分,为了降低铁芯在交变磁通作用下的磁滞和涡流损耗,铁芯采用厚度为 0.35 mm 或更薄的优质硅钢片叠成。目前广泛采用导磁系数高的冷轧晶粒取代硅钢片,以缩小体积和重量,也可节约导线和降低因导线电阻所引起的发热损耗。

铁芯包括铁芯柱和铁轭两部分。铁芯柱上套绕组,铁轭将铁芯柱连接起来,使之形成闭合磁路。按照绕组在铁芯中的布置方式,变压器又分为铁芯式和铁壳式(或简称芯式和壳式)两种。单相二铁芯柱变压器有两个铁芯柱,用上、下两个铁轭将铁芯柱连接起来,构成闭合磁路。两个铁芯柱上都套有高压绕组和低压绕组。通常,将低压绕组放在内侧,即靠近铁芯,而把高压绕组放在外侧,这样易于符合绝缘等级要求。

中、小容量的三相变压器都采用三相三柱式,如图 5-8 所示。大容量三相变压器受运输高度限制,多采用三相五柱式。

(2) 绕组

按变压器高压绕组和低压绕组在铁芯上的不同布置,变压器绕阻分为两种基本形式:同心式和交叠式。同心式绕组的高压绕组和低压绕组均做成圆筒形,但圆筒的直径不同,然后同轴心地套在铁芯柱上。主变绕组如图 5-9 所示。

交叠绕组,又称为饼式绕组,其高压绕组和低压绕组各分为若干线饼,沿着铁芯柱的高度方向交错排列着。交叠绕组多用于壳式变压器。

图 5-8　主变铁芯　　　　　　　图 5-9　主变绕组

(3) 油箱

油浸式变压器的器身(绕组及铁芯)都装在充满变压器油的油箱中,油箱用钢板焊成。中、小型变压器的油箱由箱壳和箱盖组成,变压器的器身就放在箱壳内,将箱盖打开就可吊出器身进行检修。主变本体如图 5-10 所示。

大、中型变压器,由于器身庞大、笨重,起吊器身不便,便做成箱壳可吊起的结构。这种箱壳就像一只钟罩,当器身要检修时,吊去较轻的箱壳,即上节油箱,器身便全部暴露出来了。

大容量变压器的油箱广泛采用全封闭结构,即主油箱与油箱顶部钢板之间或上节油箱与下节油箱之间都采用焊接焊死,不使用密封垫,以防止密封不牢靠。为便于检修,在适当部位开有人孔门或手孔门。

图 5-10　主变本体

(4) 油枕

油枕又叫储油柜,是一种油保护装置,它是由钢板做成的圆桶形容器,水平安装在变压器油箱盖上,用弯曲连管与油箱连接。油枕的一端装有一个油位计(油标管),从油位计中可以监视油位的变化。油枕的容积一般为变压器油箱所装油体积的 8%~10%。当变压器油的体积随着油的温度膨胀或缩小时,油枕起着储油及补油的作用,从而保证油箱内充满油。同时由于装了油枕,使变压器油缩小了与空气的接触面,减少了油的劣化速度。变压器油枕如图 5-11 所示。

(5) 呼吸器

呼吸器又称吸湿器,通常由一管道和玻璃容器组成,内装干燥剂(硅胶或活性氧化铝)。当油枕内的空气随变压器油的体积膨胀或缩小时,排出或吸入的空气都经过呼吸器,呼吸器内的干燥剂吸收空气中的水分,对空气起过滤作用,从而保持油的清洁。主变呼吸器结构如图 5-12 所示。

(6) 压力释放装置

压力释放装置在保护电力变压器方面起重要作用。充有变压器油的电力变压器,如果内部出现故障或短路,电弧放电就会在瞬间使油汽化,导致油箱内压力极快升高。如果不能快速释放该压力,油箱就会破裂,将易燃油喷射到很大的区域内,可能引起火灾,造成更大破坏,因此必须采取措施防止这种情况发生。压力释放装置有防爆管和压力释放器两种,防爆管用于小型变压器,压力释放器用于大、中型变压器。

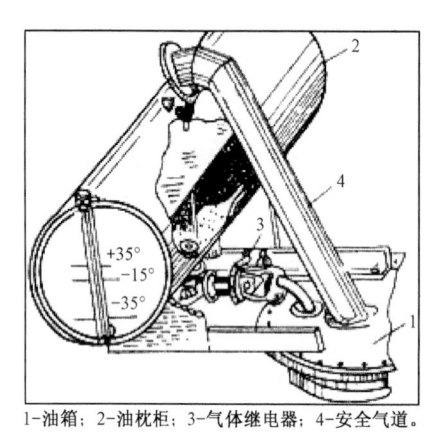

1—油箱;2—油枕柜;3—气体继电器;4—安全气道。

图 5-11　主变油枕

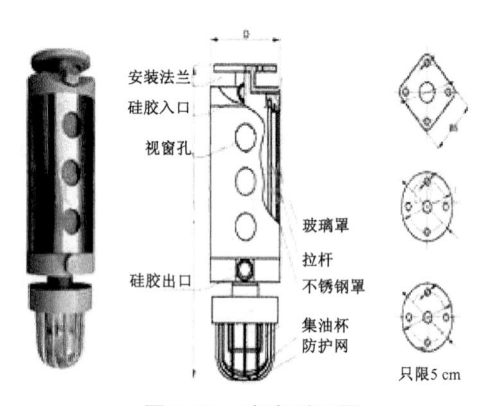

图 5-12　主变呼吸器

(7) 冷却装置

主变散热器有瓦楞形、扇形、圆形、排管等形式,散热面积越大,散热的效果就越好。当变压器上层油温与下部油温产生温差时,通过散热器形成油的对流,经散热器冷却后流回油箱,起到降低变压器温度的作用。为提高变压器的冷却效果,可采用风冷、强迫风冷和强油水冷等措施。主变散热器如图 5-13 所示。

(8) 绝缘套管

变压器绕组的引出线从箱内穿过油箱引出时,必须经过绝缘套管,以使带电的引线绝缘。绝缘套管主要由中心导电杆和瓷套组成。导电杆在油箱内的一端与绕组连接,在外面的一端与外线路连接。绝缘套管的结构主要取决于电压等级。电压低的一般采用简单的实心瓷套管。电压较高时,为了加强绝缘能力,在瓷套和导电杆间留有一道充油层,这种套管称为充油套管,电压在 110 kV 以上,采用电容式充油套管,简称为电容式套管。

图 5-13　主变散热器

电容式套管除了在瓷套内腔中充油外,在中心导电杆(空心铜管)与法兰之间,用电容式绝缘体包着导电杆,作为法兰与导电杆之间的主绝缘。主变套管如图 5-14 中画圈部分所示。

图 5-14　主变套管

(9) 瓦斯继电器

瓦斯继电器(又称气体继电器)是变压器的主要保护设施,它可以反映变压器内部的各种故障及异常运行情况,如油位下降,绝缘击穿,铁芯、绕组等受潮、发热或放电故障等,且动作灵敏迅速,结构连线简单,维护检修方便。

瓦斯继电器装设于变压器油箱与油枕之间的连管上,继电器上的箭头方向应指向油枕,并要求有1%～1.5%的安装坡度,以保证变压器内部故障时所产生的气体能顺利地流向气体继电器。瓦斯继电器按保护对象分为用于变压器本体保护和用于有载调压变压器闸箱保护两种类型。

QJ1-80 型挡板式瓦斯继电器常用于变压器本体保护,其结构如图 5-15 所示,当变压器内部出现轻微故障时,因油分解而产生的气体聚积于继电器上部,当气体总量达到 250～300 cm^3 时,继电器内轻瓦斯触点接通发出报警信号。如果变压器内部故障严重,则出现强烈的油气流,冲动继电器内挡板,使重瓦斯触点闭合,接通跳闸电路开关,切断变压器电源。

《电力变压器运行规程》(DL/T572—1995)规定,安装在地震烈度为七级及以上地区的变压器,应装有防震型气体继电器。

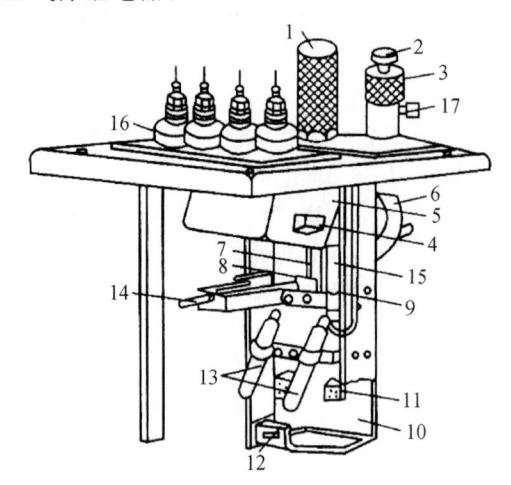

1—罩;2—顶针;3—气塞;4—磁铁;5—开口杯;6—重锤;7—探针;8—开口销;9—弹簧;10—挡板;11—磁铁;12—螺杆;13—干弹簧接点(重瓦斯);14—调节杆;15—干簧接点(轻瓦斯);16—套管;17—排气口

图 5-15 QJ1-80 型挡板式瓦斯继电器结构

(10) 净油器

净油器是一个充满吸附剂(硅胶或活性氧化铝)的容器,它安装在变压器油箱的侧壁或强油冷却器的下部,其造型如图 5-16 所示。

图 5-16 净油器

在变压器运行时,由于上、下油层之间存在温差,变压器油从上向下经过净油器形成对流。油与吸附剂接触后,其中的水分、酸和氧化物等被吸收,油质变清洁,延长了油的使用寿命。当使用硅胶时,其质量为变压器油质量的 1%;用活性氧化铝时,其质量为变压器油质量的 0.5%。

(11) 调压机构

为了稳定用电系统的工作方式,充分发挥系统内各用电设备的工作特性,延长使用寿命,变压器需要对电压进行调节,以适应系统内用电设备的正常工作电压。

目前,变压器的调压方式分为无载调压和有载调压。

① 无载调压

无载调压就是在变压器一次侧、二次侧均处于断开的情况下,利用安装于变压器顶部的无载调压分接头开关,调整绕组线圈的分布匝数,以达到调节电压的目的。调压范围一般为额定电压的±5%。

操作要点:变压器一次侧、二次侧要与用电回路断开;调整开关前后要测量变压器一次侧、二次侧各相直流电阻和绝缘电阻,并做好记录,调整前后的电阻变化应符合要求。

② 有载调压

有载调压是在变压器运行当中,用手动或电动方式变换一次分接头以改变一次绕组的匝数,达到分级调压的目的。调压范围一般为额定电压的±15%左右。

八、隔离开关

在电力网络中,隔离开关的主要用途是确保电路中的检修部分与带电体之间的隔离,形成明显断开点以确保运行和检修的安全,以及用隔离开关进行电路的切换工作或拉合空载电路。

隔离开关没有灭弧室,不能直接用来接通、切断负荷电流和短路电流。但可以用来接通或切断电压互感器、避雷器、母线和直接与母线相连设备的电容电流、阻抗很低的并联电路的转移电流,以及开闭励磁电流不超过 2 A 的变压器空载电流和电容电流不超过 5 A 的空载线路。

1. 隔离开关的作用

(1) 隔离电源

在电气设备停电或检修时,用隔离开关将需停电设备与电流隔离,形成明显断开点,保证工作人员和设备安全。

(2) 倒闸操作

将运用中的电气设备进行四种形式状态(运行、热备用、冷备用、检修)的改变,将电气设备由一种工作状态改变成另一种工作状态。

(3) 切换电源

在双母线接线中,利用闸刀将电气设备从一组母线切换至另一组母线供电,即倒母线操作。

闸刀切换电源操作比较复杂,为了保证闸刀仅切换负荷电源而不切断故障电流,操作时必须将母联断路器改为非自动。500 kV 系统为了避免这种复杂的易出问题的操作,采用 3/2 开关接线。

(4) 用来开断小电流电路和旁(环)路电流

高压隔离开关虽然没有特殊灭弧装置,但触头间的拉合速度及开距应具备小电流和拉长拉细电弧灭弧能力。

(5) 拉开或合上 500 kV 环网电流

拉合 500 kV 环网电流时,环内开关不改为非自动,这与拉合 220 kV 旁路电流不同。此时如环内开关跳闸,闸刀将带负荷拉合,将会造成事故。此时如将环内开关改为非自动,线路出现故障将造成事故扩大,对于 500 kV 系统来说,保证电网安全更为重要,因此环内开关不改为非自动。为了保证人身安全,拉合 500 kV 环流时要求远方遥控操作,且现场检查人员不得靠近。

2. 隔离开关的类型

隔离开关根据地点、电压等级、极数和构造进行分类,其外观如图 5-17 所示。

(1) 按照装设地点分为户内式和户外式两种。

(2) 按照极数分为单极和三极两种。

(3) 按照支柱绝缘子的数目分为单柱式、双柱式、三柱式三种。

(4) 按照隔离开关动作方式分为水平旋转式、垂直旋转式、摆动式和插入式四种。

(5) 按照有无接地及附装接地开关数量的不同分为不接地(无接地开关)、单接地(有 1 组接地开关)和双接地(2 组接地开关)三种。

(6) 按照操动机构分为手动、电动、气动、液压四种。

(7) 按照结构分为敞开式和封闭式两种。

(8) 按使用性质分为一般用、快分用和变压器中性点接地用三种。

(a) 中开式隔离开关

(b) 双臂伸缩式隔离开关

(c) 垂直断开式隔离开关

(d) 单臂伸缩式隔离开关

(e) 双断口式隔离开关　　　　　　　(f) 水平伸缩式隔离开关

图 5-17　隔离开关分类

3. 隔离开关的结构

(1) 导电部分

如图 5-18 所示，隔离开关的导电部分通过支撑绝缘子固定在底座上，起传导电流、关合和开断电路的作用，主要包括由操作绝缘拉杆带动而转动的刀闸（动触头或导电杆）、固定在底座上的静触头和用来连接母线或设备的接线座。

隔离开关的触头暴露于空气中，表面易脏污和氧化，影响触头接触的可靠性，所以隔离开关的触头要有足够的压力和自清洁能力。

隔离开关的导电杆常由两条或多条平行的铜板或铜管组成，铜板的厚度和条数由隔离开关的额定电流决定。

接线座常见的有板型和管型两种，一般根据额定电流的大小而有所区别。

由于电压等级较高的隔离开关对地距离高，因此还带有接地刀闸，用来替代接地线，当断路器分闸后，将电路可能存在的残余电荷或杂散电流通过接地刀闸可靠接地，便于母线和电气设备的检修。隔离开关和接地刀闸之间还装设机械闭锁装置以保证操作顺序正确。

图 5-18　隔离开关导电部分

(2) 绝缘部分

隔离开关的绝缘主要包括对地绝缘和断口绝缘。

图 5-19 所示为隔离开关绝缘支柱,可以看出,对地绝缘由支柱绝缘子和操作绝缘子等构成。通常采用实心棒形瓷质绝缘子,有的也采用环氧树脂或环氧玻璃布板等绝缘材料。

断口绝缘通常以空气为绝缘介质,具有明显可见的间隙断口。断口绝缘必须稳定可靠,其绝缘水平应较对地绝缘高 10%~15%,这样当电路中发生危险的过电压时,首先对地放电,避免触头间的断口先被击穿,保证断口处不发生闪络或击穿。

图 5-19 隔离开关绝缘支柱

(3) 传动部分

操动机构通过手动、电动、气动和液压方式为隔离开关的动作提供能源,通过传动装置控制刀闸合分,其外观如图 5-20 所示。传动机构用拐臂、连杆、轴齿轮、操作绝缘子等接收操动机构的力矩,将运动传动给触头,实现分合闸。可根据运行需要采用三相联动或分相操动方式。

图 5-20 隔离开关传动机构

（4）底座部分

将导电部分、绝缘子、传动机构、操动机构等固定为一体,并固定在基础上,底座常用螺丝固定在构架或墙体上,如图 5-21 所示。

图 5-21　隔离开关底座部分

九、组合开关

组合开关又称为转换开关,是一种转动式的刀闸开关,主要用于接通或切断电路、转换电源,控制小型笼型三相异步电动机的启动、停止、正反转或局部照明。组合开关有若干个动触片和静触片,分别装于数层绝缘件内,静触片固定在绝缘垫板上,动触片装在转轴上,随转轴旋转而变更通、断位置并具有一定的灭弧能力。

十、电压互感器

电压互感器是将电力系统的高电压变成一定标准的低电压,以供保护装置、自动装置、测量仪表等使用的电气设备。

1. 电压互感器的作用与特点

（1）作用

①与电气仪表、继电保护及自动装置配合测量电力系统高电压回路的电压。

②隔离高电压,保障工作人员与设备安全。

③互感器二次侧取量统一,以利于二次设备标准化。

（2）特点

测量用电压互感器一般都做成单相双线圈结构,其原边电压为被测电压（如电力系统的线电压）,可以单相使用,也可以将两台接成 V-V 形作三相使用。

供保护接地用电压互感器还带有一个第三线圈,称三线圈电压互感器。三相的第三线圈接成开口三角形,开口三角形的两引出端与接地保护继电器的电压线圈连接。正常运行时,电力系统的三相电压对称,第三线圈上的三相感应电动势之和为零。一旦发生单相接地时,中性点出现位移,开口三角的端子间就会出现零序电压使继电器动作,从而对电力系统起保护作用。

2. 电压互感器的类型

电压互感器根据装设地点、电压等级、相数、绕组数、结构形式、变换原理、绝缘介质、绝缘类型进行分类。

(1) 按照装设地点分为户外式电压互感器(如图 5-22 所示)和户内式电压互感器(如图 5-23 所示)。

图 5-22　户外式电压互感器

图 5-23　户内式电压互感器

(2) 按照相数分为单相电压互感器(如图 5-24 所示)和三相电压互感器(如图 5-25 所示)。

(3) 按照绕组数分为双绕组电压互感器和三绕组电压互感器。

(4) 按照结构形式分为单级式电压互感器、串级式电压互感器。

(5) 按照变换原理分为电磁式电压互感器(如图 5-26 所示)、电容式电压互感器(如图 5-27 所示)和电子式电压互感器(如图 5-28 所示)。

(6) 按照绝缘介质分为干式电压互感器(如图 5-29 所示)、浇注式电压互感器(如图 5-30 所示)、油浸式电压互感器(如图 5-31 所示)、充气式电压互感器(如图 5-32 所示)。

(7) 按照绝缘类型分为全封闭电压互感器(如图 5-33 所示)和半封闭电压互感器(如图 5-34 所示)。全封闭电压互感器的铁芯被绝缘材料全部封装,半封闭只封装线圈不封装铁芯。

图 5-24　单相电压互感器

图 5-25　三相电压互感器

图 5-26　电磁式电压互感器

图 5-27 电容式电压互感器

图 5-28 电子式电压互感器

图 5-29 干式电压互感器

图 5-30 浇注式电压互感器

图 5-31 油浸式电压互感器

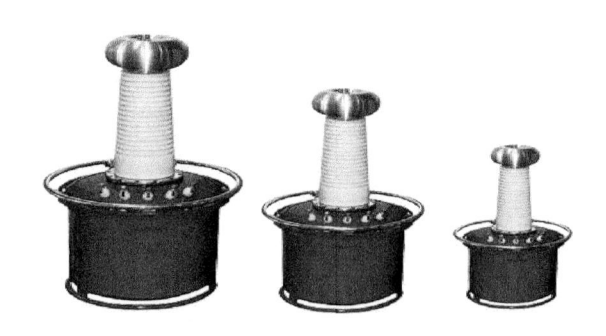

图 5-32 充气式电压互感器

图 5-33 全封闭电压互感器

图 5-34 半封闭电压互感器

十一、电流互感器

电流互感器是将高压系统中的电流或低压系统中的大电流变成一定量标准的小电流（5 A或1 A）的电器设备。

1. 电流互感器的作用

高压电流互感器是将电网中的高压信号变换传递为低压小电流信号，从而为系统的计量、监控、继电保护、自动装置等提供统一、规范的电流信号（传统为模拟量，现代为数字量）的装置，同时也是满足电气隔离，确保人身和电器安全的重要设备。其主要作用如下。

（1）向测量、保护和控制装置传递信息。

（2）使测量、保护和控制装置与高电压隔离。

（3）有利于仪器、仪表和保护、控制装置小型化、标准化。

2. 电流互感器的类型

电流互感器一般按照用途、使用条件、绝缘介质、结构形式、电流变换原理进行分类。

（1）按用途分

分为测量用、保护用、计量用。

（2）按使用条件分

分为户内式和户外式。户内式（一般用于35 kV及以下电压等级），如图5-35所示；户外式（一般用于35 kV以上电压等级），如图5-36所示。

图 5-35　户内浇注式电流互感器　　图 5-36　户外油浸式电流互感器

（3）按绝缘介质分

①油浸式绝缘：由绝缘纸和绝缘油作为绝缘，一般为户外型，如图5-37所示。

②浇注绝缘：用环氧树脂或其他树脂混合材料浇注成型的电流互感器，如图5-38所示。

③干式绝缘：由普通绝缘材料经浸漆处理作为绝缘，如图5-39所示。

④瓷绝缘：以瓷套为主绝缘的电流互感器。

⑤气体绝缘：以SF_6气体为主绝缘的电流互感器，如图5-40所示。

一般，电流互感器一次设备只有"电流互感器SF_6气压低告警"信号。该信号适用于以 SF$_6$ 气体为绝缘介质的电流互感器。

该信号发出说明电流互感器 SF$_6$ 压力低于额定工作气压并达到报警值。也可能是 SF$_6$ 密度继电器故障或 SF$_6$ 气体压力报警继电器接点粘连导致信号发出。产生的后果：一是会降低电流互感器的绝缘程度；二是若密度继电器故障，则将无法准确监视电流互感器 SF$_6$ 气体压力。

该类信号在验收时不好实际模拟，只能在电流互感器本体处将 SF$_6$ 气体压力报警继电器接点短接后验收或在测控屏后端子排上将 SF$_6$ 气体压力报警端子短接后验收。建议选择在电流互感器本体处短接继电器接点的方法验收，以便能进行全回路验证。

图 5-37 油纸绝缘全密封电流互感器 　　图 5-38 环氧树脂真空浇注支柱式电流互感器

图 5-39 干式绝缘电流互感器 　　图 5-40 SF$_6$ 气体绝缘电流互感器

(4) 按结构形式分

按安装方式不同可分为贯穿式（用来穿过屏板或墙壁的电流互感器），如图 5-41 所示；支柱式（安装在平面或支柱上，兼作一次电路导体支柱的电流互感器），如图 5-42 所示；套管式（没有一次导体和一次绝缘，直接套装在绝缘套管上的一种电流互感器），如图 5-43 所示；母线式（没有一次导体但有一次绝缘，直接套装在母线上使用的一种电流互感器），如图 5-44 所示。其中贯穿式和母线式属于单匝式电流互感器。

按一次绕组形式可分为单匝式（常用于大电流互感器）和多匝式（常用于中、小电流互感器）。

按电流比的级数分为串级式（由几个中间电流互感器相互串联而成）和单级式（单个

电流互感器）。

按二次绕组装配位置分为正立式结构（二次绕组在电流互感器下部），如图 5-45 所示；倒立式结构（二次绕组在电流互感器头部），如图 5-46 所示。

按电流比可分为单电流比式（只能实现一种电流比变换）和多电流比式（可实现不同电流比变换）。

（5）按电流变换原理分

可分为电磁式（根据电磁感应原理实现电流变换），如图 5-47 所示；电子式（通过光电变换或光学原理实现电流变换），如图 5-48 所示。

图 5-41　贯穿式电流互感器　　图 5-42　支柱式电流互感器　　图 5-43　套管式电流互感器

图 5-44　穿心母线型电流互感器　　图 5-45　油浸式正立电流互感器　　图 5-46　油浸式倒立电流互感器

图 5-47　电磁型电流互感器在传统站室外实景图　　图 5-48　光电电流互感器在智能站室外实景图

十二、避雷器

避雷器是用于保护电气设备免受高瞬态过电压危害，并限制续流时间和续流幅值的一种电器装置。

避雷器能释放雷电或电力系统操作过电压能量，保护电工设备免受瞬时过电压危害，又能截断续流，不致引起系统接地短路，通常与被保护设备并联。避雷器可以有效地保护电力设备，一旦出现不正常电压，避雷器工作，起到保护作用，当电压值正常后，避雷器又迅速恢复原状，以保证系统正常供电。其工作原理如图5-49所示。

避雷器主要类型有管型避雷器、阀型避雷器和氧化锌避雷器等。每种类型避雷器的主要工作原理是不同的，但是他们的工作实质是相同的，都是为了保护电气设备不受损害。

避雷器按其发展的先后可分为：保护间隙——是形式最简单的避雷器，由一个到两个放电间隙构成；管型避雷器——由多个均匀的小间隙构成，放电后能自行灭弧，恢复到原有的状态，不受电流的冲击；阀型避雷器——是将单个放电间隙分成许多短的串联间隙，同时并联非线性电阻，提高了保护性能；磁吹避雷器——利用了磁吹式火花间隙，提高了灭弧能力，同时还具有限制内部过电压能力；氧化锌避雷器——利用了氧化锌阀片理想的伏安特性（非线性极高，即在大电流时呈低电阻特性，限制了避雷器上的电压，在正常工频电压下呈高电阻特性），具有无间隙、无续流、残压低等优点，也能限制内部过电压，被广泛使用。

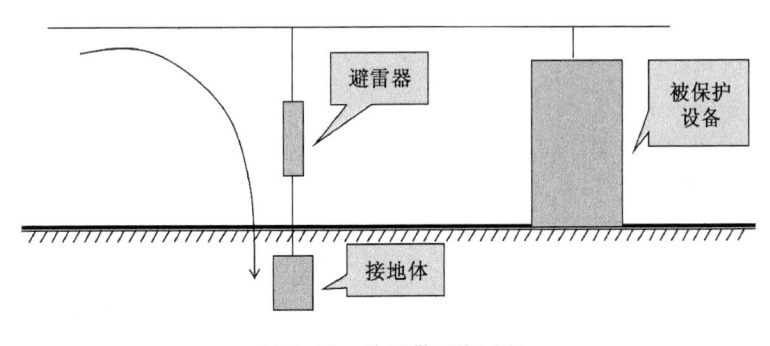

图5-49 避雷器工作原理

十三、电力电容器

主要用于为电力系统提供无功功率，是一种常用的无功补偿设备。

1. 电力电容器的作用

在电力系统中有大量的电气设备是根据电磁感应原理而工作的，如感应电动机、电焊机、感应电炉、变压器，等等，除了消耗一定数量的有功功率外，还要"吸收"无功功率。也就是说这些电气设备中除有有功电流外，还有无功电流（即感性电流）。另外，在电力系统中，具有电感元件的供电设备（主要是变压器）也需要无功功率。

有功电力主要产生于发电机，如果这些无功电力也靠发电机供给，不仅影响发电机的有功功率出力，而且使输配电线路输配大量无功电力而造成很大的输配电损耗，必将影响发电机的有功出力，会造成电压质量低劣，影响电网稳定、经济运行及用户的使用。

因此，为了提高系统的经济性，减少输配电线路中往复传输无功电力所产生的各种损耗,改善功率因数,有效地调整网络电压,维持负荷点的电压水平,提高供电质量及发电机的利用率,根据无功分区平衡的原则,在负荷中心区域装设一定容量的无功电源,以减少电源的无功输入。

电网中装设电力电容器的优点是损耗小、效率高、投资低、噪声小、使用方便,装设地点亦较灵活,运行中维护量小,因而在电力系统中,采用并联电力电容器来补偿无功功率已得到十分广泛的应用,实际应用中变电站主要的无功电源以采用电力电容器为主。作为静止无功补偿设备的电力电容器,它可以向系统提供无功功率,提高功率因数,采用就地无功补偿,可以减小输电线路输送电流,起到减少线路能量损耗和压降,改善电能质量和提高设备利用率的重要作用。

电力电容器又可以分为串联电容器和并联电容器,它们都能改善电力系统的电压质量和提高输电线路的输电能力,是电力系统的重要部分。

2. 并联电容器的作用

如果把电容器并接在负荷(如电动机)或供电设备(如变压器)上运行,电容器在正弦电压作用下能"发"无功功率(容性电流),负荷或供电设备要"吸收"的无功功率,正好由电容器"发出"的无功功率供给,这就是并联补偿。这样一来,线路上就避免了无功功率的输送,达到如下效益。

(1) 减少线路能量损耗。

(2) 减少线路电压降,改善电压质量。

(3) 提高系统供电能力。

并联电容器具有投资少、损耗低、噪音小、施工简单、维护方便等优点,从而成为电力系统内大量而普遍使用的一种无功补偿设备。通常(集中补偿式)接在变电站的低压母线上,其主要作用是补偿系统的无功功率,提高功率因数,从而降低电能损耗、提高电压质量和设备利用率。常与有载调压变压器配合使用。

并联电容器并联在系统的母线上时,电容器在交流电压作用下能"发"无功电力(电容电流),类似于系统母线上的一个容性负荷。

如果把电容器并接在负荷(如电动机)或供电设备(如变压器)上运行,那么,负荷或供电设备要"吸收"的无功电力,正好由电容器"发出"的无功电力供给,即吸收系统的容性无功功率,相当于并联电容器向系统发出感性无功,这就是并联补偿。因此,并联电容器能向系统提供感性无功功率,提高系统运行的功率因数,提高受电端母线的电压水平,同时,它减少了线路上感性无功的输送,可改善电压质量、减少电压和功率损耗。

3. 串联电容器的作用

在电网中,串联电容器串接在线路中,可以补偿线路电抗,这就是串联补偿。串联补偿可以改善电压质量,提高系统稳定性,增加输电能力。其作用如下。

(1) 提高线路末端电压,提高线路输电能力。串接在线路中的电容器,利用其容抗补偿线路的感抗,使线路的电压降落减少,从而提高线路末端(受电端)的电压,一般最大可将线路末端电压可提高 $10\%\sim20\%$。在配电线路末端,利用高压电容器可以提高线路末端的功率因数,保障线路末端的电压质量。在超高压输电线路中,常利用高压电容器组成串补站,有效提高输电线路的输送能力。

（2）降低受电端电压波动。当线路受电端接有变化很大的冲击负荷（如电弧炉、电焊机、电气轨道等）时，串联电容器能消除电压的剧烈波动。这是因为串联电容器在线路中对电压降落的补偿作用随通过电容器的负荷而变化，具有随负荷的变化而瞬时调节的性能，能自动维持负荷端（受电端）的电压值。

（3）改善了系统潮流分布。在闭合网络中的某些线路上串接一些电容器，部分地改变了线路电抗，使电流按指定的线路流动，以达到功率经济分布的目的。在变电站的中、低压各段母线，均会装有高压电容器，以补偿负荷消耗的无功，提高母线侧的功率因数。

（4）在有非线性负荷的负荷终端站，也会装设高压电容器，作滤波之用。

4．电力电容器基本工作原理

运用于电力系统和电气设备的电力电容器，主要是由两侧导电板、中间用于隔开的绝缘材料（被称为绝缘介质或电介质）组成，导电板一般为圆形或方形。当在两个相对的金属电极上施加电压时，电荷将根据电压的大小被储存起来。

电容器参与电路中的充电与放电，由于各类电气回路、负荷性质的复杂性，这种充、放电作用延伸出很多电气现象，从而使电容器有着诸多不同的用途。

电容器电容的大小，由其几何尺寸和两极板间绝缘材料的特性来决定。当电容器在交流电压下使用时，常以其无功功率表示电容器的容量，单位为乏或千乏（kvar）。

电容器的电容值定义为两块极板之间建立单位电位差时所需的电荷量。电容的基本单位是：F（法拉），其额定容量的计算公式为 $Q = 2\pi f C U^2$。

5．电力电容器的主要部件

电容器主要部件包括由元件、连接片等组成的芯子（芯体），由套管、法兰、导电杆、箱壁、底盖等组成的外壳（油箱）结构，如图 5-50 所示。现将其分为外部结构和内部结构进行介绍。

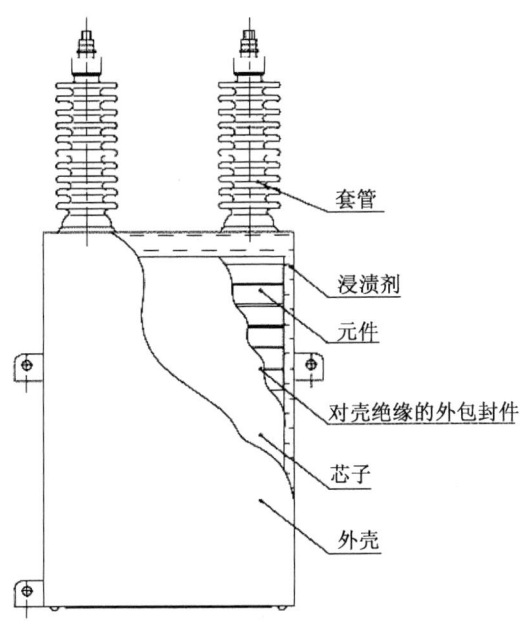

图 5-50　电容器结构示意图

6. 电容器的外部结构

外部结构如图 5-51 所示。

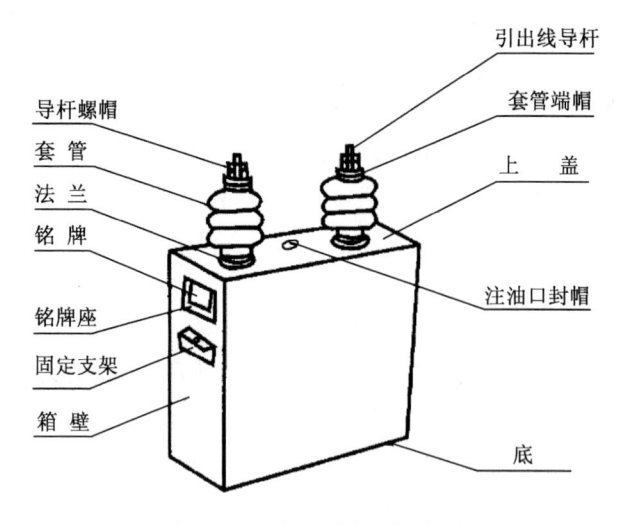

图 5-51 电容器外部示意图

并联电容器外部结构由下述部件组成：外壳（上盖、下底、箱壁）、电极引出线套管、套管法兰、套管端帽、引出线导电杆、导杆螺帽、垫圈、铭牌、铭牌底座、固定支架（亦称吊攀或托架，兼搬动用或作接地点连线用）。单台大容量电容器尚有专用接地螺丝和固定底脚。电容器外壳（油箱）一般用 1～2 mm 薄钢板剪裁、成型、焊接制成。单台大容量产品的外壳用料稍厚，现在有少数厂家已用低铬不锈钢板制作外壳。目前，户内、户外式产品外结构形式大致相同。

7. 电容器的内部结构

内部结构如图 5-52 所示。

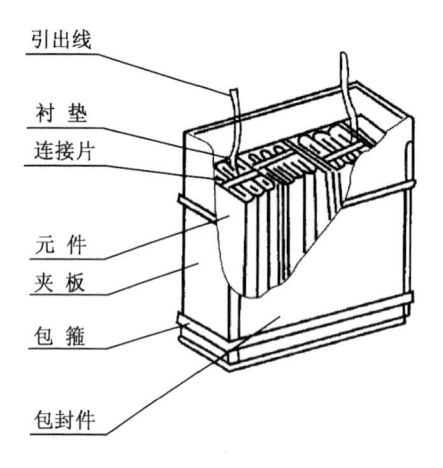

图 5-52 电容器内部示意图

电容器的芯体结构（内部结构）主要是由若干元件按一定的设计要求串、并联而成。包括下述主要部件：由固体介质和铝箔（电极）及电极引出片构成的元件，元件间绝缘隔纸,绝缘或填充用的纸板衬垫,元件间的连接片(线)、电极引出线、引出线绝缘件,对壳绝缘包封件(多层电缆纸)、元件压板、包箍(金属或非金属件)等。芯体由若干元件叠放,相互间垫有绝缘隔纸(有的产品不用隔纸),外包包封绝缘件,两侧放置压板经压力机压装后,两头套以包箍捆紧而成。

十四、变频器

变频器(Variable-frequency Drive,VFD)是应用变频技术与微电子技术,通过改变电机工作电源频率方式来控制交流电动机的电力控制设备(图 5-53)。变频器主要由整流(交流变直流)、滤波、逆变(直流变交流)单元,制动、驱动单元,检测单元,微处理单元等组成。变频器靠内部 IGBT 的开断来调整输出电源的电压和频率,根据电机的实际需要来提供其所需要的电源电压,进而达到节能、调速的目的,另外,变频器还有很多的保护功能,如过流、过压、过载保护,等等。随着工业自动化程度的不断提高,变频器也得到了非常广泛的应用。

1. 基本组成

变频器通常分为以下 4 部分。

(1) 整流单元:将工作频率固定的交流电转换为直流电。

(2) 高容量电容:存储转换后的电能。

(3) 逆变器:由大功率开关晶体管阵列组成电子开关,将直流电转化成不同频率、宽度、幅度的方波。

(4) 控制器:按设定的程序工作,控制输出方波的幅度与脉宽,使之叠加为近似正弦波的交流电,驱动交流电动机。

2. 作用与功能

变频器是利用电力半导体器件的通断作用将工频电源变换为另一频率电能的控制装置,能实现对交流异步电机的软启动、变频调速、运转精度提高、功率因数改变、过流/过压/过载保护等功能。

变频器节能作用主要表现在其在风机、水泵的应用上。为了保证生产的可靠性,各种生产机械在设计配用动力驱动时,都留有一定的富余量。当电机不能在满负荷下运行时,除达到动力驱动要求外,多余的力矩增加了有功功率的消耗,造成电能的浪费。风机、泵类等设备传统的调速方法是通过调节入口或出口的挡板、阀门开度来调节给风量和给水量,输入功率较大,且大量的能源消耗在挡板、阀门截流过程中。当使用变频调速时,如果流量要求减小,通过降低泵或风机的转速即可满足要求。

电动机使用变频器的作用就是为了调速,并降低启动电流。为了产生可变的电压和频率,该设备首先要把电源的交流电变换为直流电(DC),这个过程叫整流。把直流电(DC)变换为交流电(AC)的装置,其科学术语为"Inverter"(逆变器)。由于变频器设备中产生变化的电压或频率的主要装置叫"Inverter",故该产品本身就被命名为"Inverter",即变频器。

并不是使用变频就可以省电,有不少场合用变频并不一定能省电。作为电子电路,变频器本身也要耗电(约额定功率的 3%~5%)。一台 1.5 匹的空调自身耗电算下来也有

20～30 W，相当于一盏长明灯。变频器在工频下运行，具有节电功能，但是要在如下前提条件下。

①大功率并且为风机/泵类负载。

②装置本身具有节电功能（软件支持）。

③长期连续运行。

(1) 折叠功率因数补偿节能

无功功率不但增加线损和设备的发热，更主要的是功率因数的降低导致电网有功功率降低，大量无功电能消耗在线路当中，使设备使用效率低下，浪费严重。使用变频调速装置后，由于变频器内部滤波电容的作用，减少了无功损耗，增加了电网的有功功率。

(2) 折叠软启动节能

电机硬启动会对电网造成严重的冲击，而且还会对电网容量要求过高，启动时产生的大电流和振动对挡板和阀门的损害极大，对设备、管路的使用寿命极为不利。而使用变频节能装置后，利用变频器的软启动功能将使启动电流从零开始，最大值也不超过额定电流，减轻了对电网的冲击和对供电容量的要求，延长了设备和阀门的使用寿命，节省了设备的维护费用。

从理论上讲，变频器可以用在所有带有电动机的机械设备中，电动机在启动时，电流会比额定高5～6倍的，不但会影响电机的使用寿命而且消耗较多的电量。系统设计时在电机选型上会留有一定的余量，电机的速度是固定不变，但在实际使用过程中，有时要以较低或者较高的速度运行，因此进行变频改造是非常有必要的。变频器可实现电机软启动，补偿功率因素，通过改变设备输入电压频率达到节能调速的目的，而且能给设备提供过流、过压、过载等保护功能。

3. 整流器

大量使用的是二极管的变流器，它把工频电源变换为直流电源。也可用两组晶体管变流器构成可逆变流器，由于其功率方向可逆，可以进行再生运转。

图 5-53 变频器示意图

4. 变频器平波回路

在整流器整流后的直流电压中，含有电源6倍频率的脉动电压，此外逆变器产生的脉动电流也使直流电压变动。为了抑制电压波动，采用电感和电容吸收脉动电压（电流）。装置容量小时，如果电源和主电路构成器件有余量，可以省去电感采用简单的平波回路。

5. 变频器逆变器

同整流器相反，逆变器作用是将直流功率变换为所要求频率的交流功率，以所确定的时间使6个开关器件导通、关断就可以得到3相交流输出。

控制电路是为给异步电动机供电（电压、频率可调）的主电路提供控制信号的回路，它由频率、电压的"运算电路"，主电路的"电压、电流检测电路"，电动机的"速度检测电路"，将运算电路的控制信号进行放大的"驱动电路"，以及逆变器和电动机的"保护电路"组成。

(1) 运算电路：将外部的速度、转矩等指令同检测电路的电流、电压信号进行比较运算,决定逆变器的输出电压、频率。

(2) 电压、电流检测电路:与主回路电位隔离,检测电压、电流等。

(3) 驱动电路:驱动主电路器件的电路。它与控制电路隔离使主电路器件导通、关断。

(4) 速度检测电路:以装在异步电动机轴机上的速度检测器(tg、plg 等)的信号为速度信号,送入运算回路,根据指令和运算可使电动机按指令速度运转。

(5) 保护电路:检测主电路的电压、电流等,当发生过载或过电压等异常时,为了防止逆变器和异步电动机损坏,它能使逆变器停止工作或抑制电压、电流值。

第二节　变电站主接线方式

电气主接线是变电站或发电厂电气部分的主体,直接影响运行的可靠性,对配电装置布置、继电保护配置、自动装置及控制方式的拟定都有决定性的影响。变电站电气主接线是由变压器、断路器(开关)、隔离开关(闸刀)、互感器、母线、避雷器等电气设备按一定方式连接的,用以表示汇集、分配电能的电路。在电气主接线原始设计图中,所有电气设备处在所有电路无电压及无任何外力作用的状态,开关和闸刀处于断开位置。

一、单母线接线

单母线接线方式包括单母线、单母线分段、单母线分段带单旁路接线。

优点:接线简单、清晰,使用设备少,投资小,运行操作方便,误操作机会少,便于扩建。

缺点:运行方式不灵活,供电可靠性差。

1. 单母线接线

单母线接线指每一回路通过一台断路器和一组母线隔离开关与母线相连的接线方式,此种接线仅仅起到汇集和分配电能作用,可靠性与灵活性差。单母线接线方式如图 5-54 所示,当出线开关检修时,需将线路停电;当母线或母线刀闸检修时,所有回路均需停电。

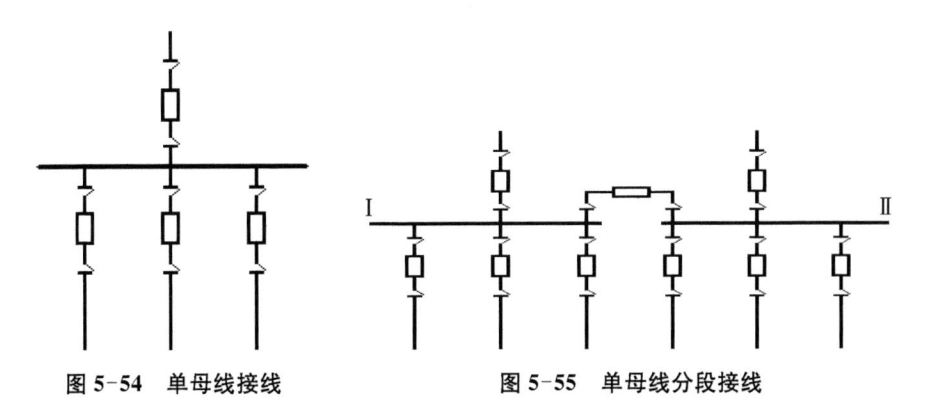

图 5-54　单母线接线　　　图 5-55　单母线分段接线

2. 单母线分段接线

为克服单母线接线的缺点,通常采取单母线分段接线方式,提高供电可靠性,减小母线故障的停电范围。当一段母线有故障时,分段断路器在继电保护的配合下自动跳闸,切除故障段,使非故障母线保持正常供电。对于重要用户,可以从不同的分段接通电源,保证不中断供电。若某一段电源故障,可通过"备用电源自投装置"使母线正常运行。

单母线分段接线方式如图 5-55 所示。在单母线接线基础上,增设分段断路器,将一段母线分为两段或多段,可使母线故障或检修时缩小停电范围。但当一段母线或母线刀闸故障或检修时,该段母线上所有回路需停电。

二、电力系统中性点运行方式

1. 中性点不接地

我国 300 MW 及以下机组的 6 kV 厂用电系统,由于单相接地电流通常小于 10 A,过去普遍采用中性点不接地方式。

(1) 中性点不接地系统的特点

①当发生单相接地故障时,流过故障点的电流为电容性电流。

②当厂用电系统的单相接地电容电流小于 10 A 时,允许短时间内维持运行,尽快找出故障点后排除故障即可。

③当厂用电系统的单相接地电容电流大于 10 A 时,接地电弧不易自动消除,将产生较高的过电压(有可能达到额定相电压的 3.5 倍),易导致电气设备绝缘损坏,并引发相间短路。

④实现有选择性的接地保护比较困难,需要采用灵敏的零序方向保护。

(2) 中性点不接地系统的接地故障电流计算

中性点不接地系统发生接地故障时,接地电流主要为电容性电流。高压厂用电系统的电容以电缆电容为主,单相接地电容电流计算公式为

$$I_C = 3\omega C_0 U \times 10^{-3}$$

式中:I_C 为单相接地电容电流,A;U 为厂用电系统额定线电压,kV;C_0 为厂用电系统额定线电压每相接地电容,F。

6~10 kV 电缆线路和架空线路的单相接地电容电流可以通过以下一组公式求出近似值。

6 kV 电缆线路单相接地电容电流为

$$I_C = \frac{95 + 2.84S}{2\,200 + 6S} U_{LN}$$

10 kV 电缆线路单相接地电容电流为

$$I_C = \frac{95 + 1.44S}{2\,200 + 0.23S} U_{LN}$$

式中:S 为电缆截面积,mm^2;U_{LN} 为厂用电系统额定线电压,kV。

6 kV 架空线路单相接地电容电流为

$$I_C = 0.015 \text{ A/km}$$

10 kV 架空线路单相接地电容电流为

$$I_C = 0.025 \, A/km$$

为简便计算，6～10 kV 电缆线路的单相接地电容电流还可以采用表 5-1 的数值。

表 5-1　6～10 kV 电缆线路的单相接地电容电流　　　　单位：A/km

S(mm²)	6 kV	10 kV
10	0.33	0.46
16	0.37	0.52
25	0.46	0.62
35	0.52	0.69
50	0.59	0.77
70	0.71	0.9
95	0.82(0.98)	1.0
120	0.89(1.15)	1.1
150	1.1(1.33)	1.3
185	1.2(1.5)	1.4
240	1.3(1.7)	—

（3）电弧接地过电压

在中性点不接地系统中发生的单相接地有金属性接地、稳定电弧接地和断续电弧接地。从过电压的观点来看，最危险的是断续电弧接地，因为其重燃电压会由于弧隙的迅速去游离而增大。根据国内外的测试结果，这种电弧接地过电压一般不超过 3 倍额定相电压，但个别可达 3.5 倍以上。而且这种过电压一旦发生，持续时间较长。因此，它的危害性是不容忽视的。由振荡而产生的过电压可以用下式求出：

$$过电压 = 稳态值 + 振荡荡幅$$
$$= 稳态值 + （稳态值 - 起始值）$$
$$= 2 倍稳态值 - 起始值$$

分析最大过电压幅值，只要基于以下两点就可以得出最大过电压幅值。

①接地故障电流基本上为电容电流，与相电压相差 90°，电流过零，电弧熄灭，此时电压最高，易使电弧熄灭。

②系统中性点不接地，在间隙电弧内，电容上储存的电荷无处泄漏或泄漏极少。

根据上述两点和上式，估算健全相过电压公式如下：

$$U_{max} = 2(\pm 1.5 U_m) - (\mp 0.5) U_m = \pm 3.5 U_m$$

式中：U_m 为正常相电压峰值。

因此目前普遍认为，电弧接地过电压的最大值不超过 $3.5U_m$，一般在 $3.0U_m$ 以下。

2. 中性点经消弧线圈接地

高压厂用电系统的中性点也可经消弧线圈接地，这样在单相接地时，流过故障点的单相接地电容电流将被一个相位相差 180°的电感电流所补偿，使电容电流趋近于零。这时单相接地闪络所引起的接地故障容易自动消除，并迅速恢复电网的正常运行。对于间歇性电弧接地，消弧线圈可使故障相电压恢复速度减慢，这就降低了电弧重燃的可能性，也抑制了间歇性电弧接地过电压的幅值。这种接线方式在有电缆直配线的小容量发电机中采用较广。

消弧线圈接地根据消弧线圈产生的电感电流对系统电容电流的补偿程度，分欠补偿、过补偿和全补偿三种方式。

在正常运行时，由消弧线圈和电网对地电容组成的串联回路可能发生串联谐振并产生基波谐振过电压。如采用全补偿方式，系统中性点位移电压最大值可能超过允许的最大电压。因此在实际运行中，还是采用过补偿这一方式为好。

采用消弧线圈过补偿接地时，过补偿控制在 5%～10% 内较合适，电网间歇性电弧接地过电压可以限制在 2.4～2.5 倍相电压以下。

在理论上也存在欠补偿的方式，但当厂用电系统中的部分回路停运使电容电流减少时，很有可能出现全补偿现象，所以一般不采用欠补偿方式。

3. 中性点直接接地方式

380/220 V 三相四线制中性点直接接地方式的优点是：当发生单相接地故障时，中性点不发生位移，防止三相电压不对称和对地电压超过 250 V，且该方式便于管理，接线简单。其缺点是：单相接地时，保护动作立即跳闸。对于采用熔断器保护的电动机，单相熔断电动机会因两相运行而烧毁。

第三节　气体绝缘金属封闭开关设备/高压开关设备

气体绝缘金属封闭开关设备是一种以 SF_6 气体作为绝缘和灭弧介质，并将所有的高压电器元件密封在接地金属筒中的金属封闭开关设备。由断路器、母线、隔离开关、电压互感器、电流互感器、避雷器、接地开关、套管 8 种高压电器组合而成的高压配电装置，全称为 Gas Insulated Switchgear。所有设备都装在充满 SF_6 气体的封闭的金属外壳内，并保持一定压力。单元间隔的气体绝缘金属封闭开关设备结构组成如图 5-56 所示。

高压开关设备（Hybrid Gas Insulated Switchgear）是一种介于气体绝缘金属封闭开关设备和空气绝缘敞开式开关设备之间的高压开关设备。高压开关设备采用了气体绝缘金属封闭开关设备的主要设备，但不含母线，是结合敞开式开关设备特点布置的混合型气体绝缘金属封闭开关设备产品，其主要特点是将气体绝缘金属封闭开关设备形式的断路器、隔离开关、接地开关、快速接地开关、电流互感器等元件分相组合在金属壳体内，由出线套管通过软导线连接敞开式母线以及敞开式电压互感器、避雷器，布置成混合型的配电装置。其优点是母线不装于 SF_6 气室，是外露的，因而接线清晰、简洁、紧凑，安装及维护

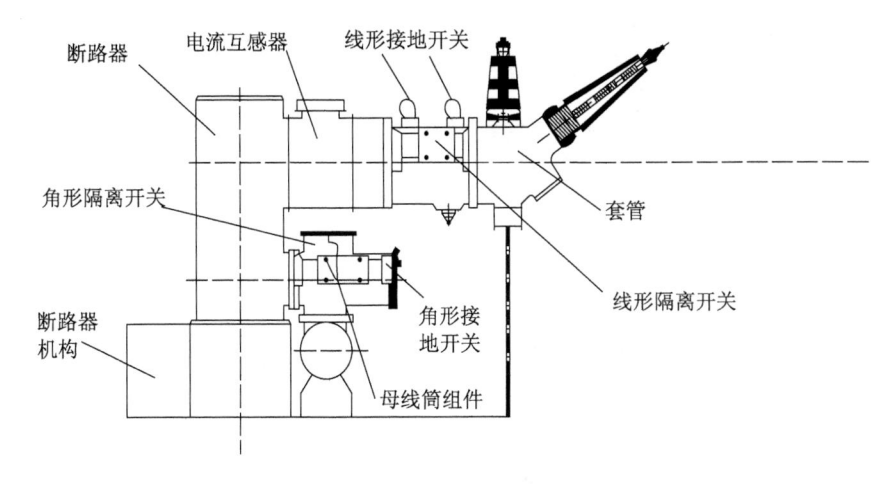

图 5-56　气体绝缘金属封闭开关设备结构组成

检修方便，运行可靠性高。图 5-57 为一组高压开关设备的结构示意图。

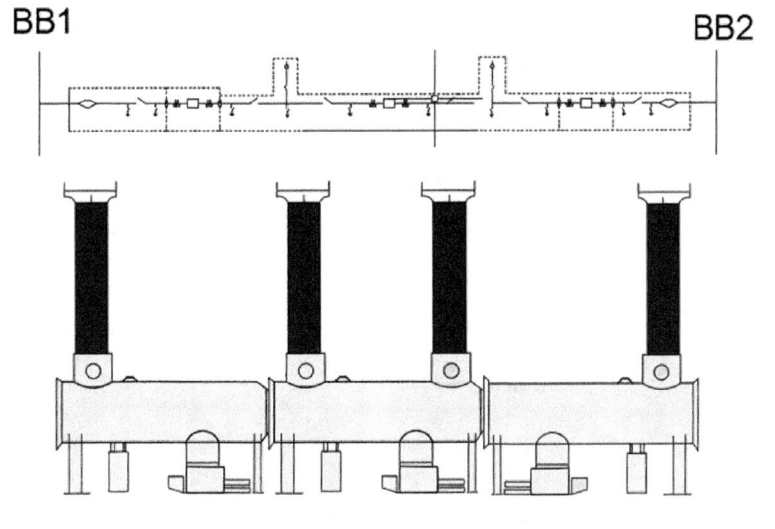

图 5-57　高压开关设备结构

一、气体绝缘金属封闭开关设备、高压开关设备组合电器特点

（1）小型化：因采用绝缘性能卓越的 SF_6 气体做绝缘和灭弧介质，所以能大幅度缩小变电站的体积，实现小型化。

（2）可靠性高：由于带电部分全部密封于惰性 SF_6 气体中，大大提高了可靠性。

（3）安全性好：带电部分密封于接地的金属壳体内，没有触电危险，SF_6 气体为不燃烧气体，所以无火灾危险。

（4）杜绝对外部的不利影响：因带电部分以金属壳体封闭，对电磁和静电实现屏蔽，噪音小，抗无线电干扰能力强。

（5）安装周期短：可在工厂内进行装配，试验合格后，以单元或间隔的形式运达现场，大大缩短现场安装工期,提高可靠性。

(6) 维护方便,检修周期长,维修工作量小。

二、气体绝缘金属封闭开关设备分类

根据安装地点可分为户外式和户内式两种,如图 5-58、图 5-59 所示。

图 5-58　户外式气体绝缘金属封闭开关设备 　　图 5-59　户内式气体绝缘金属封闭开关设备

根据结构可分为单相单筒式和三相共筒式。

110 kV 电压等级及母线可以做成三相共筒式,220 kV 及以上采用单相单筒式,如图 5-60、图 5-61 所示。

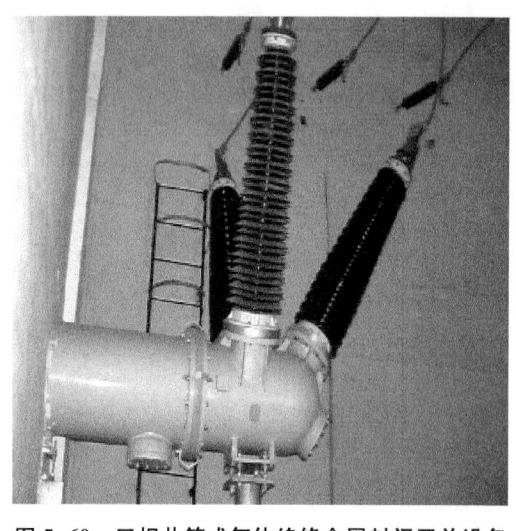

图 5-60　三相共筒式气体绝缘金属封闭开关设备 　　图 5-61　单相单筒式气体绝缘金属封闭开关设备

三、气体绝缘金属封闭开关设备辅助设备

1. 气室 SF_6 压力监视表

为了监视气体绝缘金属封闭开关设备各气室 SF_6 气体是否泄漏,根据各厂家设计不

同装有压力表或密度计,见图 5-62,密度计装有温度补偿装置,一般不受环境温度的影响。当气体绝缘金属封闭开关设备某气室 SF_6 压力低于告警值时,密度继电器动作发出告警信号。监控信息将断路器气室与其他非断路器气室的信号分开,断路器气室 SF_6 压力低可能影响断路器灭弧,与常规 SF_6 断路器相同,其告警信息按严重程度分为 SF_6 压力低告警和 SF_6 压力低闭锁;"其他气室 SF_6 压力低报警"一般为多个气室 SF_6 压力报警的合并信号,当其他气室 SF_6 压力低时,会造成气体绝缘金属封闭开关设备气室绝缘程度下降,严重时可能发生绝缘击穿短路故障。

图 5-62　气室 SF_6 压力表

2. 防爆装置

当气体绝缘金属封闭开关设备内部母线管或元件内部发生故障时,如不及时切除故障点,电弧能将外壳烧穿。如果电弧的能量使 SF_6 气体的压力上升过高,还可能造成外壳爆炸。SF_6 气体压力升高的速度与电弧能量的大小、气室体积的大小有关。SF_6 气室越大,气体压力升高的速度越慢,升高的幅度越小;SF_6 气室越小,气体压力升高的速度越快,升高的幅度越大。因此,对于气体绝缘金属封闭开关设备和 SF_6 断路器除装设完善的保护装置外,还要根据需要,装设压力释放装置。

压力释放装置是对 SF_6 断路器和气体绝缘金属封闭开关设备本体进行压力保护的重要装置,其结构比较简单。对于 SF_6 气室较小的气体绝缘金属封闭开关设备或支柱式 SF_6 断路器,由于气体压力升高的速度较快,气体压力的升高幅度也较大,压力释放装置较为敏感,可靠性较高。

为防止 SF_6 压力过高,超出设定压力,压力释放装置动作,释放 SF_6 气体。注意当防爆阀动作时,释放大量 SF_6 气体,将造成该气室 SF_6 压力降低至标准大气压,气室绝缘将被击穿,将发生短路故障,同时伴有"气室 SF_6 气压低报警"信号。图 5-63、图 5-64 为正常状态的防爆阀和防爆阀动作后的状态。

图 5-63　防爆阀正常状态　　　　　　　图 5-64　防爆阀动作后

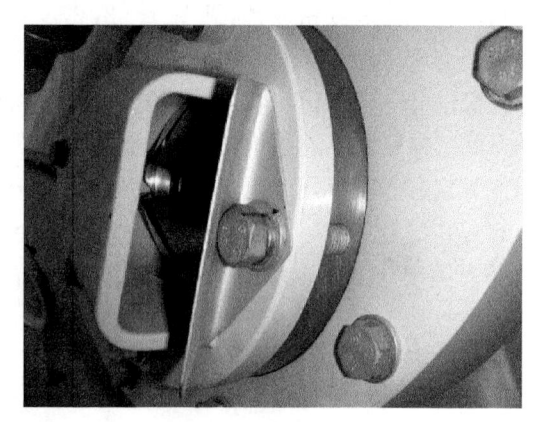

第四节　继电保护

1. 基本任务和原理

继电保护的基本任务是：当电力系统发生故障或工况异常时，在可能实现的最短时间和最小区域内，自动将故障设备从系统中切除，或发出信号由值班人员消除异常工况根源，以减轻或避免设备的损坏和对相邻地区供电的影响。

继电保护装置必须具有正确区分被保护元件是处于正常运行状态还是发生了故障，是保护区内故障还是区外故障的功能。保护装置要实现这一功能，需要以电力系统发生故障前后电气物理量变化的特征为基础。

电力系统发生故障后，工频电气量变化的主要特征如下。

（1）电流增大。短路时故障点与电源之间的电气设备和输电线路上的电流将增大并大大超过负荷电流。

（2）电压降低。当发生相间短路和接地短路故障时，系统各点的相间电压或相电压值下降，且越靠近短路点，电压越低。

（3）电流与电压之间的相位角改变。正常运行时电流与电压间的相位角是负荷的功率因数角，一般约为 20°，三相短路时，电流与电压之间的相位角是由线路的阻抗角决定的，一般为 60°～85°，而在保护反方向三相短路时，电流与电压之间的相位角则是 180°＋（60°～85°）。

（4）测量阻抗发生变化。测量阻抗即测量点（保护安装处）电压与电流之比值。正常运行时，测量阻抗为负荷阻抗；金属性短路时，测量阻抗转变为线路阻抗，故障后测量阻抗显著减小，而阻抗角增大。

不对称短路时，出现相序分量，如两相及单相接地短路时，出现负序电流和负序电压分量；单相接地时，出现负序、零序电流和电压分量。这些分量在正常运行时是不出现的。

利用短路故障时电气量的变化，便可构成各种原理的继电保护。

此外,除了上述反应工频电气量的继电保护外,还有非工频电气量的保护,如瓦斯保护。

2. 继电保护的"四性"

继电保护和安全自动装置应符合可靠性、选择性、灵敏性和速动性要求。

(1) 可靠性

可靠性是指保护该动作时应动作,不该动作时就不动作。

(2) 选择性

选择性是指首先由故障设备或线路本身的保护切除故障,当故障设备或线路本身的保护或断路器拒动时,才允许由相邻设备、线路的保护或断路器失灵保护切除故障。为保证选择性,对相邻设备和线路有配合要求的保护和同一保护内有配合要求的两元件(如启动与跳闸元件、闭锁与动作元件),其灵敏系数及动作时间应相互配合。

(3) 灵敏性

灵敏性是指在设备或线路的被保护范围内发生故障时,保护装置具有的正确动作能力的裕度,一般以灵敏系数来描述。灵敏系数应根据不利正常(含正常检修)运行方式和不利故障类型(仅考虑金属性短路和接地故障)计算。

(4) 速动性

速动性是指保护装置应能尽快地切除短路故障,其目的是提高系统稳定性,减轻故障设备和线路的损坏程度,缩小故障波及范围,提高自动重合闸和备用电源或备用设备自动投入的效果等。

第五节 泵站电流保护

当电流超过某一预定值时,继电器触点经过一定的时限动作或立即动作提供的保护叫作电流保护,这种保护接线简单,工作可靠,广泛应用于电力线路和泵站各种电气设备。按所起的作用不同,电流保护可分为相间短路保护和接地短路保护两种,前者反映短路电流的全电流,称为电流保护;后者反映短路电流的零序分量,称为零序电流保护。

一、无时限电流速断保护

无时限电流速断保护又称电流Ⅰ段保护,反映电流升高而不带时限动作的保护。对于多段线路为了获得选择性,其保护时限按阶梯原则选择,如果线路段数较多,则靠近电源端的保护动作时间将很长,为了克服这一缺点,可提高其整定值,使其动作电流躲过被保护线路外部短路时流过保护的最大短路电流。这样,其保护范围只限制在本线路的一定区间内,其动作时限可不与下一段线路相配合,做成瞬时动作保护。这种以躲过被保护线路外部短路时流过保护的最大短路电流来整定动作电流的保护称为电流速断保护。

1. 无时限电流速断保护整定

继电保护整定计算包括保护动作电流的计算、动作时限的确定及保护灵敏性校核等内容。为保证选择性，保护 P1 的动作电流应大于被保护线路 MN 末端最大的外部短路电流。

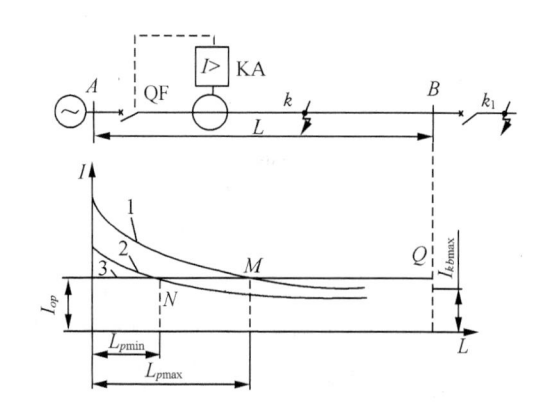

图 5-65　电流速断保护计算图

如图 5-65 所示的电流速断保护，它安装在单侧电源网络的 A 侧，在线路 AB 上任意一点 k 三相短路时，通过保护的短路电流是 I，当短路点从线路末端 B 逐渐移向首端 A 时，由于线路电抗逐渐减小，短路电流便逐渐增大，图中曲线 1 表示短路点位置沿着线路改变时，在最大运行方式下三相短路电流的变化曲线。为了保证保护的选择性，在相邻线路首端 k_1 点短路时保护不应动作，因此保护的动作电流应大于 k_1 点短路电流，由于 k_1 点短路时的短路电流与母线 B 上短路时的短路电流相等，因此，线路速断保护的动作电流可按大于线路末端(母线 B)短路时流过保护的最大短路电流来整定，即

$$I_{op} = K_{rel} I_{k\max}$$

式中：K_{rel} 为可靠系数。

可靠系数是考虑继电器整定和短路电流计算误差以及一次短路电流非周期分量影响而引入的系数，对于电磁型继电器，取 1.2～1.3；对于感应型继电器取 1.4～1.5。

2. 无时限电流速断保护特点

(1) 保护区受运行方式、故障类型影响，由下式不难计算出电流 I 段保护的最大、最小保护区 $L_{p\max}$、$L_{p\min}$，即

$$I_{opka}^{\mathrm{I}} = \frac{E_\phi}{Z_{s\max} + Z_1 L_{\min}} \times \frac{\sqrt{3}}{2} \quad I_{opka}^{\mathrm{I}} = \frac{E_\phi}{Z_{s\min} + Z_1 L_{\max}}$$

图 5-65 所示曲线为短路电流曲线，表示在一定系统运行方式下短路电流与故障点远近的关系。

(2) 电流 I 段保护不能保护本线全长，在线路末端发生短路时，短路电流小于整定，保护不动作，如图 5-65 中 QM 段，所以线路上只配有电流 I 段保护不能切除所有故障。

图 5-65 中直线 3 表示保护的动作电流整定值，可见曲线 1 与直线 3 交点 M，在交点 M 与保护安装处间一段线路上短路时，$I_k > I_{op}$，保护能够动作；在交点 M 以后的线路上短路时，$I_k < I_{op}$，保护不能动作，因此，电流速断保护只能保护线路的一部分，而不能保护线路的全长，其最大保护范围为 $L_{p\max}$。

对于系统不同的运行方式和短路类型,线路上同一地点短路时的短路电流也不相同,以最大运行方式下三相短路电流为最大,而在最小运行方式下两相短路时通过保护的短路电流 $I_k^{(2)}$ 则大大减小,它的变化规律如曲线 2 所示,曲线 2 与直线 3 的交点 N 确定了保护的最小保护范围 L_{pmin},很明显,保护范围将缩小。

电流速断保护的保护范围,通常用保护范围长度与被保护线路全长的百分比来表示,其最大保护范围应不小于线路全长的 50%。当它作为辅助保护时,在正常运行方式下(所谓正常运行方式就是根据系统正常负荷所确定的运行方式,在备用容量不足的系统正常运行方式与最大运行方式是一致的),其最小保护范围应不小于线路全长的 15%~20%。保护范围满足上述要求时,就可以认为满足灵敏性要求,在泵站 35 kV 及以下配电线路,其速断保护的灵敏性还可以按公式 $K_{sen} = \dfrac{I_{kmin}}{I_{op}}$ 校验,式中的 I_{kmin} 指的是最小运行方式下,线路首端两相短路电流,其灵敏系数应不小于 1.25~1.5。

3. 无时限电流速断保护原理接线

无时限电流速断保护原理接线如图 5-66 所示:电流继电器动作时其触点闭合,中间继电器得电,由中间继电器 KM 触点接通线路断路器跳闸回路,同时信号继电器 KS 发出保护跳闸信号。在小接地电流系统中,保护相间短路的电流速断保护,一般采用两相不完全星形接线,如图 5-66 所示,接线中采用了带延时中间继电器,其作用有两个:一是利用它的触点去接通断路器 QF 的跳闸线圈,以解决电流继电器触点容量不足问题;二是利用它增加保护的固有动作时间,以避免线路管型避雷器放电而引起保护的误动作。因为当管型避雷器放电时相当于发生暂时性接地,放电后即恢复正常,此时保护不应动作。

这种保护的优点是简单可靠、动作迅速,在结构复杂得多电源系统中能有选择地动作,因此它广泛应用于接线简单、运行方式变化不大的线路保护以及小容量发电机、变压器和电动机等元件保护中;其缺点是只能保护线路或其他元件的一部分,而且保护范围受运行方式变化的影响较大。

二、带时限电流速断保护

带时限电流速断保护(又称电流Ⅱ段保护)目的是保护本线路全长,因此Ⅱ段保护的保护区域必然会延伸至下一线路(相邻线路)。虽然无时限电流速断保护的最大优点是动作迅速,但它不能保护线路全长,为此,必须增设第二套电流速断保护,它的保护范围应包括线路全长,这样做的结果是其保护范围必然延伸到下一线路的一部分。为了保证其动作的选择性,第二套电流速断保护必须带有一定的时限以便和下一线路的保护相配合,时限的大小与保护范围延伸的程度有关,为了使时限尽量缩短,通常使第二套电流速断保护延伸至下一线路的部分不超过下一线路无时限电流速断的保护范围。它的动作时限只需比下一线路无时限电流速断保护大一个时限级差(一般 Δt 取 0.5 s)。带 0.5 s 延时的第二套电流速断保护称为带时限电流速断保护(或称限时电流速断保护)。

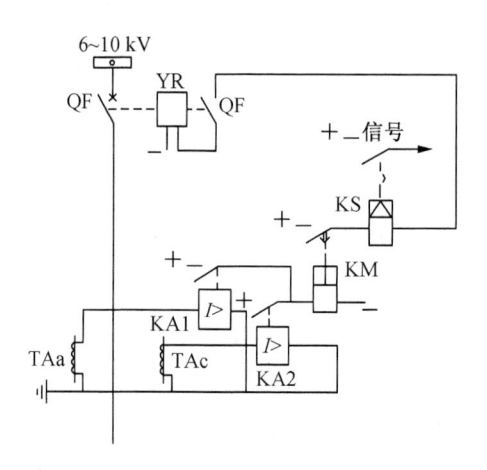

图 5-66　无时限电流速断保护两相不完全星形连接的原理图

1. 带时限电流速断保护整定

带时限电流速断保护整定原则是与下一线路Ⅰ段保护配合。

（1）动作时限配合

$$t_1^{\mathrm{II}} = t_2^{\mathrm{I}} + \Delta t$$

式中：Δt 为 0.3～0.5 s，一般取 0.5 s。

（2）保护区配合

Ⅱ段保护区不伸出下一线路Ⅰ段保护区，如图 5-67 所示。

电流Ⅱ段保护整定，线路 L1 的带时限电流速断保护的动作电流 I_{op1}^{II} 应为

$$I_{op1}^{\mathrm{II}} = K_{rel} I_{op2}^{\mathrm{I}}$$

式中：K_{rel} 为可靠系数，考虑短路电流中的非周期分量已衰减，对于带时限电流速断保护，一般取 1.1～1.2；I_{op2}^{I} 为线路 L2 无时限电流速断保护的动作电流。

按上述原则整定后，从图 5-67 中可以看到，L1 的带时限电流速断的保护范围为 L_1^{II}。L2 的无时限电流速断的保护范围为 L_2^{I}，这样就保证了线路 L1 带时限电流速断保护延伸至线路 L2 的一部分（GQ）小于线路 L2 无时限电流速断的保护范围（DN）。因此，线路 L1 带时限电流速断保护的动作时限 t_1^{II}，只需与线路 L2 的无时限电流速断保护的动作时限 t_2^{I} 配合即可，即 $t_1^{\mathrm{II}} = t_2^{\mathrm{I}} + \Delta t$。

2. 灵敏度校验

为了使带时限电流速断保护在系统最小运行方式下发生两相短路时，仍能可靠地保护本线路全长，必须以本线路末端作为灵敏度校验点，按灵敏系数公式校验其灵敏度，保护反应故障能力以灵敏度系数 K_{sen} 表示，即 $K_{sen} = \dfrac{I_{k\min}^{(2)}}{I_{op1}^{\mathrm{II}}} \geqslant 1.25$ 灵敏度合格。

当灵敏系数不能满足要求时

$$t_1^{\mathrm{II}} = t_2^{\mathrm{I}} + \Delta t = 2\Delta t$$

$$I_{op1}^{\mathrm{II}} = K_{rel} I_{op2}^{\mathrm{II}}$$

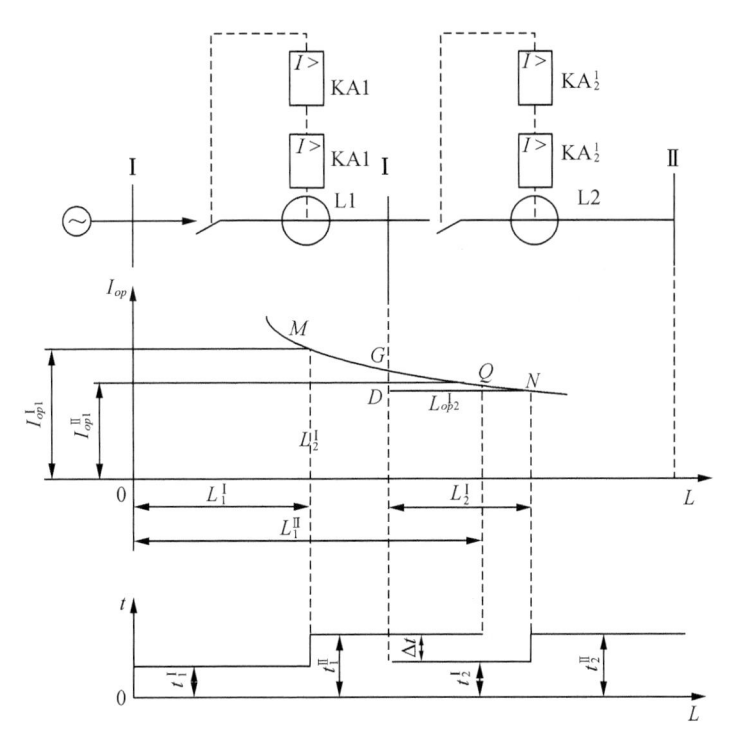

图 5-67 带时限电流速断(Ⅱ段)与无时限电流速断配合

式中：$I_{k\min}^{(2)}$ 为在 L1 末端短路时流过保护装置的最小短路电流；$I_{op1}^{Ⅱ}$ 为 L1 的带时限电流速断保护的一次动作电流。

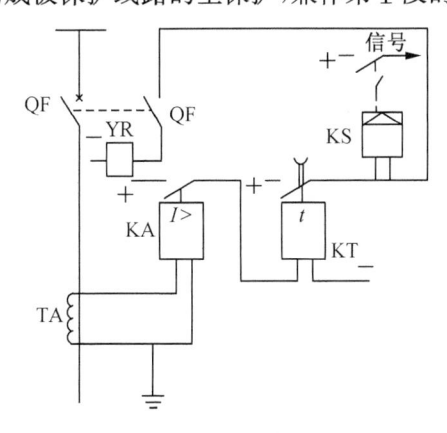

3. 带时限电流速断保护的原理接线

带时限电流速断保护的原理接线如图 5-68 所示，由电流继电器 KA、时间继电器 KT 和信号继电器 KS 所组成。带时限电流速断保护特点如下。

(1) 限时电流速断保护的保护范围大于本线路全长。

(2) 依靠动作电流值和动作时间共同保证其选择性。

(3) 与第Ⅰ段共同构成被保护线路的主保护，兼作第Ⅰ段的近后备保护。

图 5-68 带时限电流速断保护的原理接线

三、过电流保护

1. 过电流保护的时限特性

过电流保护又称Ⅲ段保护,启动电流按躲过最大负荷电流来整定,此保护不仅能保护本线路全长,且能保护相邻线路的全长,起到后备保护的作用。

过电流保护是反应电流增加而动作的保护,为了保证其动作的选择性,都带有一定的时限,动作定时限部分反时限部分使断路器跳闸。表示动作时间与流过保护的电流之间关系的曲线,称为过电流保护的时限特性,通常过电流保护的时限特性有如下两种。

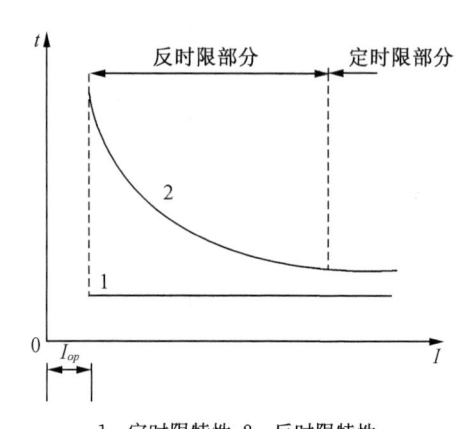

1—定时限特性;2—反时限特性。

图 5-69 过电流保护装置的时限特性

(1) 定时限特性。当通过保护装置的短路电流大于其动作电流时,保护装置就动作,保护装置的动作时限恒定,与通过保护的电流大小无关,如图 5-69 所示的直线 1。具有定时限特性的过电流保护称为定时限过电流保护。

(2) 反时限特性。具有这种时限特性的过电流保护,动作时限是随短路电流大小而改变的,动作时间与通过保护装置的电流成反比,电流越大,动作时间越短,故称为反时限特性(或称为反比延时特性),如图 5-69 所示曲线 2。该曲线实际上由反时限和定时限两部分组成,因此又称为有限的反时限特性,具有这种特性的保护称为有限反时限过电流保护。

时限特性亦可以用动作时间与短路点距保护安装处距离的关系曲线来表示。图 5-70(a)为定时限特性曲线,图 5-70(b)为反时限特性曲线。短路点离保护安装处越远,流过保护的短路电流就越小,对定时限过电流保护来说,只要流过保护的电流大于其动作电流,保护便动作,其动作时间是不变的,故图 5-70(a)是一条平行于横轴的直线,当短路点离保护安装处的距离为 L_p 时,该点的短路电流等于保护的动作电流,距离 L_p 就是保护的保护范围,超过距离 L_p 保护便不动作。对于反时限过电流保护,短路点离保护安装处越远,流过保护的短路电流就越小,保护动作时间也就越长,如图 5-70(b)所示。

2. 过电流保护选择时限的阶梯原则

对于多段供电网络,为满足过电流保护装置的选择性,可以使各段保护装置带有不同动作时限,并通过适当配合来保证,图 5-71 为单侧电源辐射形三段供电网络的过电流保

(a) 定时限特性　　　　　　　(b) 反时限特性

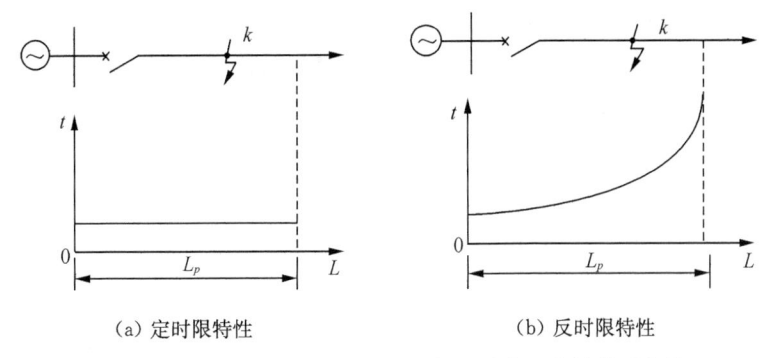

图 5-70　过电流保护的动作时间与短路点距离的关系曲线

护配置图,具有定时限特性的过电流保护 1、2、3 分别装于各段线路的(首端)电源端,每套保护装置主要保护本段线路和给该段线路直接供电的变电所母线。当在线路的 k_1 点发生短路时,短路电流将由电源侧经各段线路流到短路点 k_1,如果短路电流大于 1、2、3 三套保护的动作电流,则三套保护同时启动,但根据保护动作的选择性要求,只应切除断路器 QF1,如选择保护 1 动作时限 t_1 小于保护 2 和 3 的动作时限 t_2 和 t_3,由距离故障点最近保护 1 首先以较短的时限 t_1 动作,使断路器 QF1 跳闸,当 QF1 跳闸后,短路电流消失,保护 2 和 3 返回,断路器 QF2 和 QF3 不会跳闸。同理,当 k_2 点短路时,为了使断路器 QF2 先跳闸,选择保护 2 的动作时限 t_2 应小于保护 3 的动作时限 t_3。因此,为了保证保护动作的选择性,应满足以下条件:$t_1 < t_2 < t_3$,即 $t_2 = t_1 + \Delta t$,$t_3 = t_2 + \Delta t = t_1 + 2\Delta t$,一般 $\Delta t = 0.5 \sim 0.7$ s,这种选择保护动作时间配合的方法称为选择时限的阶梯原则。图 5-71 中对应的动作特性称为阶梯时限特性。

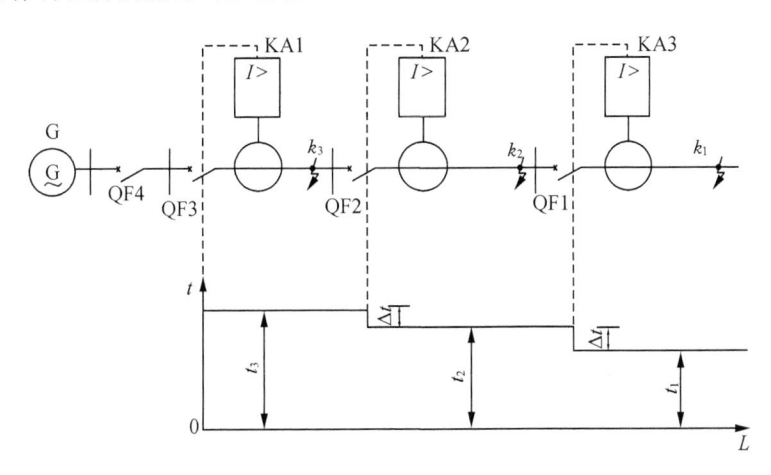

图 5-71　单侧电源定时限过电流保护的配置及其延时特性

3. 过电流保护的构成

过电流保护主要由启动元件和时间元件组成,启动元件为电流继电器,用来判断保护范围内是否发生故障,当被保护元件发生故障,短路电流达到保护的动作值时,它就动作;时间元件为时间继电器,用来获得适当的延时,以保证保护动作的选择性。

定时限过电流保护的接线如图 5-72 所示,在正常运行时,电流继电器 KA 的动合触点断开,当被保护线路发生故障时,电流继电器线圈中的电流在达到动作值后立即动作,其触点将时间继电器 KT 的线圈回路接通,时间继电器启动并经一定延时之后才闭合其触点,使信号继电器 KS 以及保护出口中间继电器 KM 启动,从而使断路器跳闸。这种保护的动作时限取决于时间继电器的动作时间,而与电流大小无关,故称为定时限过电流保护。在保护动作跳闸的同时,信号继电器 KS 动作,利用其触点去接通信号回路,发出灯光和音响信号,以引起值班人员的注意,以便及时发现、分析和处理事故。

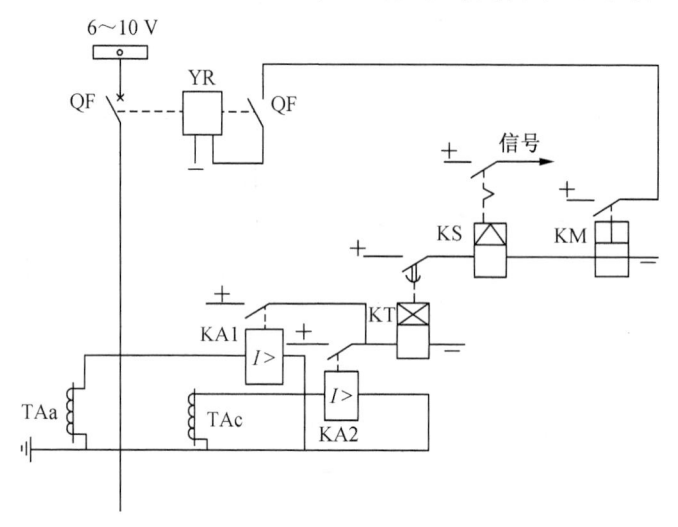

图 5-72 定时限过电流保护的接线

反时限过电流保护原理接线如图 5-73 所示,由于保护采用了感应型电流继电器,这种继电器动作时,本身就具有延时特性,同时该继电器本身带有掉牌信号装置,因此,保护只用一组感应型电流继电器,而不需要时间继电器、信号继电器和中间继电器。

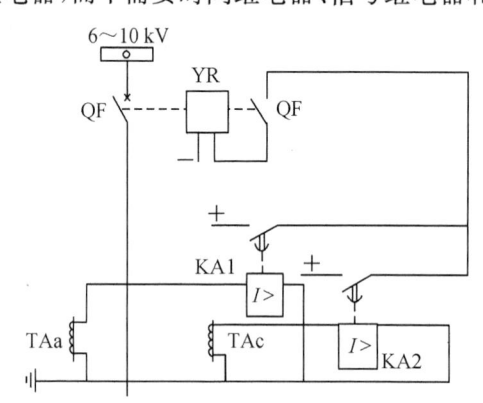

图 5-73 反时限过电流保护的接线

4. 过电流保护的接线方式

作为相间短路的过电流保护,电流继电器与电流互感器的接线方式有以下三种。

(1) 三相三继电器的完全星形接线。完全星形接线如图 5-74 所示,它不仅能保护相间短路,还能保护单相接地短路(对于单相接地短路目前广泛采用接地保护)。采用这种接线的保护,其流经电流继电器线圈的电流与流经电流互感器二次绕组的电流相等。

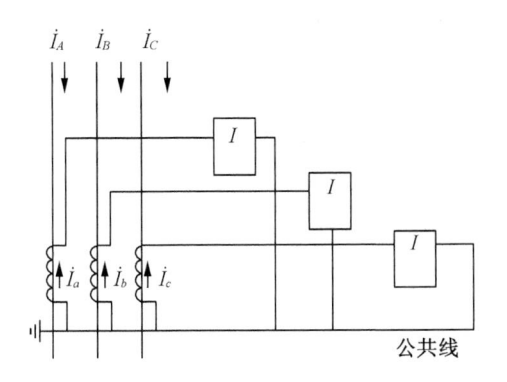

图 5-74 三相完全星形接线

由于互感器与继电器的接线方式不同,流经电流继电器线圈与流经电流互感器二次绕组的电流不一定都相等,在继电保护整定计算中,将这两个电流的比值称为接线系数 K_w,即

$$K_w = \frac{I_{ka}}{I_{TA2}}$$

式中:I_{ka} 为流经电流继电器的电流;I_{TA2} 为流经电流互感器二次绕组的电流。

可见,对于完全星形接线,$K_w = 1$。

这种接线方式主要用在大接地电流系统中作为相间短路保护和单相接地保护以及 Y-d 接线变压器的过流保护,在小接地电流系统中,当采用其他接线方式不能满足灵敏度要求时,亦可采用这种接线方式。

(2) 两相两继电器的不完全星形接线。如图 5-75 所示,该接线方式能反应各种相间短路,但当未装电流互感器的 B 相发生单相接地短路时保护不会动作。当 Y-d 接线变压器在△侧后面发生两相短路时,不完全星形与完全星形两种接线的灵敏度并不相同。

图 5-76 为 Y-d 接线变压器的原理图,设变比 $K_T = 1$(即匝数比 $N_Y/N_\Delta = 1/\sqrt{3}$)。

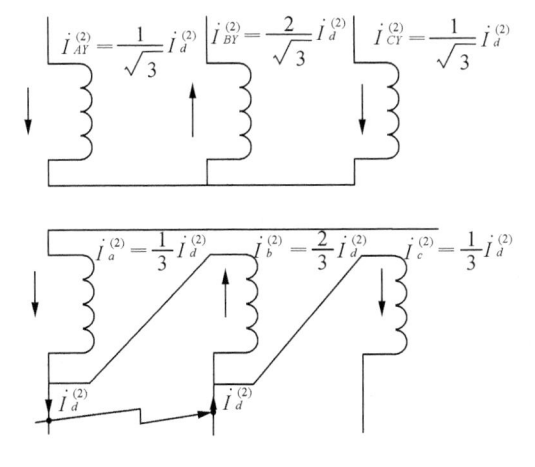

图 5-75 两相不完全星形接线

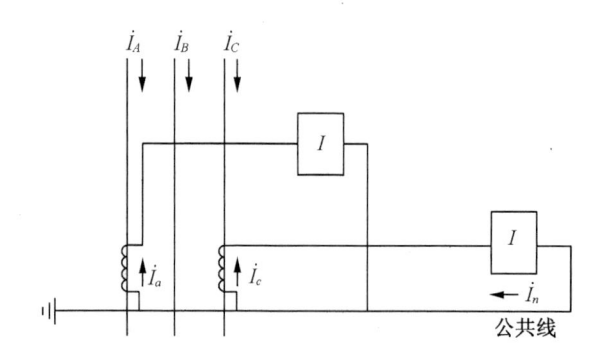

图 5-76 Y-d 接线的变压器两相短路时的分析

当变压器二次侧发生两相短路时,例如△侧的 A、B 两相短路时,在三角形内各相绕组中的电流分布应与其阻抗成反比,即

$$I_a^{(2)} = (1/3)I_d^{(2)} \\ I_b^{(2)} = (2/3)I_d^{(2)} \\ I_c^{(2)} = (1/3)I_d^{(2)}$$

式中:$I_a^{(2)}$、$I_b^{(2)}$、$I_c^{(2)}$ 分别为变压器△侧两相短路时,在△侧绕组内各相的电流。

因为变压器两侧绕组的匝数比为 $N_Y/N_\Delta = 1/\sqrt{3}$,所以 Y 侧绕组中流过的短路电流应为

$$I_{AY}^{(2)} = I_a^{(2)}(N_\Delta/N_Y) = (1/\sqrt{3})I_d^{(2)} \\ I_{BY}^{(2)} = I_b^{(2)}(N_\Delta/N_Y) = (2/\sqrt{3})I_d^{(2)} \\ I_{CY}^{(2)} = I_c^{(2)}(N_\Delta/N_Y) = (1/\sqrt{3})I_d^{(2)}$$

显然,当保护装置采用完全星形接线时,总有一个继电器通过短路全电流的 $2/\sqrt{3}$,如果采用不完全星形接线,则可能只通过短路全电流的 $1/\sqrt{3}$,其灵敏度将比完全星形接线时减小 1/2。为了提高其灵敏度可在公共线上接入第三个电流继电器(图中未画出),而构成所谓两相三继电器的接线。第三个电流继电器中的电流在没有零序电流分量的情况下,数值上等于 B 相的电流,即 $\dot{I}_N = \dot{I}_a + \dot{I}_c = -\dot{I}_b$,这种接线广泛应用于 6~10 kV 及以上小接地电流系统中。

(3) 两相一继电器的两相电流差接线。两相电流差接线如图 5-77 所示,它能反应所有形式的相间短路,但未装电流互感器的 B 相单相接地短路时,保护不会动作。这种接线中通过继电器的电流是两相电流差,即 $\dot{I}_c - \dot{I}_a$。当对称运行或发生对称三相短路时,流入继电器的电流是互感二次电流的 $\sqrt{3}$ 倍;在 A、C 两相短路时,流入继电器的电流为互感器二次电流的 2 倍;而当 A、B 两相或 B、C 两相短路时,流入继电器的电流和故障相电流互感器二次电流相等。可见,由于短路形式的不同,通过继电器的电流与电流互感器二次绕组的电流之比也不同,即接线系数有不同的数值。这种接线可用于受电元件(如电动机和 10 kV 及以下线路)的保护,当用于线路保护时,不应作 Y-d 接线变压器的后备保护,

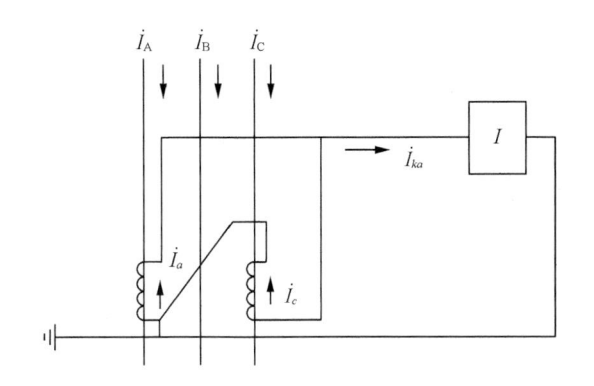

图 5-77 一个继电器接入两相电流差的接线

以图 5-76 为例,当变压器△侧发生 A、B 两相短路时,流经继电器的电流为零,故保护无法反映这种故障。

5. 几种不同接线方式的特点

(1) 完全星形与不完全星形接线的接线系数为 1。

(2) 两相电流差接线的接线系数随短路类型而变化,性能不好,一般不用于线路保护,仅用于电动机保护。

(3) 完全星形接线和不完全星形接线中流入电流继电器的电流均为相电流,两种接线都能反映各种相间短路故障。

(4) 完全星形接线还可以反映各种单相接地短路。

(5) 不完全星形接线不能反映全部的单相接地短路(如 B 相接地)。

6. 自启动运行分析

如图 5-78 所示,当故障发生在保护 1 的相邻线路 k 点时,保护 P1 和 P2 同时启动,保护动作切除故障后,变电所 B 母线电压恢复时,接于 B 母线上的处于制动状态的电动机要自启动,此时,流过保护 P1 的电流不是最大负荷电流而是自启动电流,自启动电流大于负荷电流,表示为 $K_{Ms}I_{Lmax}$。

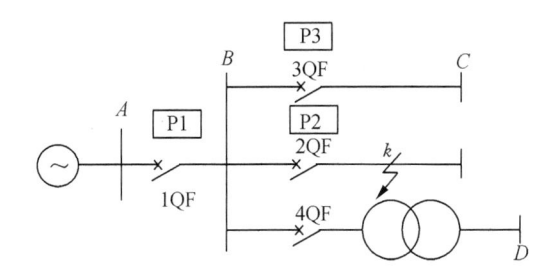

图 5-78 自启动运行分析

7. 过电流保护的整定原则

过电流保护的动作电流应满足以下三个条件。

(1) 为了使保护在线路输送最大负荷电流时不动作,其动作电流应大于最大负荷电流,即

$$I_{op}^{\text{III}} = K_{rel}^{\text{III}} I_{L\max}$$

(2) 在外部短路切除后电压恢复的过程中(引起电动机自启动),应保证保护能可靠地返回,也就是保证过电流保护在外部故障切除后可靠返回,其返回电流应大于外部短路故障切除后流过保护的最大自启动电流。

最大自启动电流 $I_{sr\max}$ 可用最大工作电流 $I_{u\max}$ 和自启动系数 K_{sr} 表示,即 $I_{sr\max} = K_{sr}I_{u\max}$。

$I_{sr\max}$ 换算到继电器线圈中的电流,应为

$$K_{sr}I_{u\max}\frac{K_w}{K_i}$$

根据返回条件,则

$$I_{re} > \frac{K_w K_{sr}}{K_i} I_{u\max}$$

而 $I_{re} = K_{re} I_{opka}$,则

$$K_{re}I_{opka} > \frac{K_w K_{sr}}{K_i} I_{u\max}$$

式中: I_{re} 为继电器的返回电流; K_w 为接线系数; K_i 为电流互感器的变化系数。

把上式用等式表示,可得过电流保护整定计算公式为

$$I_{opka} = \frac{K_{rel}K_{sr}K_w}{K_{re}K_i}I_{u\max}$$

式中: K_{rel} 为可靠系数,考虑继电器整定和负荷电流计算误差而引入的系数,取 1.25; I_{opka} 为继电器的动作电流; K_{re} 为继电器的返回系数,取 0.85~0.9。

整定电流Ⅲ段保护动作电流时取条件(1)、(2)计算结果中较大的值。

(3) 保护之间灵敏性配合。对于一段以上的保护网络,还要考虑上下级保护灵敏度的配合。以图 5-79 为例,在 k_1 点短路时,流过保护 2 的短路电流 I_k 可能接近于它的动作电流 I_{op2},而流过保护 1 的电流 I_k 与变电所Ⅱ的负荷电流 I_e 之和比保护 2 中流过电流大,可能越级动作,因此,保护 1 的动作电流 I_{op1} 还应按下式整定:

$$I_{op1} = K_{co}I_{op2}$$

式中: K_{co} 为配合系数,一般取 1.1~1.15,当有必要考虑分支负荷时,取 1.2~1.5。

上式保证了保护 1 的保护范围比保护 2 的保护范围小。

为保证过电流保护能可靠地起到后备保护作用,必须分别在本线路及相邻线路末端按式 $K_{sen} = \dfrac{I_{k\min}}{I_{op}}$ 计算出其灵敏度,即

$$K_{sen} = \frac{I_{k\min}^{(2)}}{I_{op}}$$

式中: $I_{k\min}^{(2)}$ 为系统处于最小运行方式下,被保护线路末端的两相短路电流。

过电流保护（Ⅲ段保护）作本线路后备保护时（近后备保护），要求灵敏度；在作为相邻线路后备保护时（远后备保护），要求灵敏度。过电流保护的动作时限按"阶梯原则"整定计算。

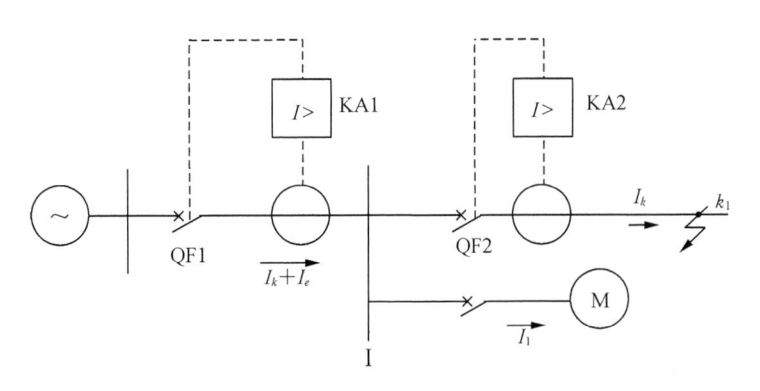

图 5-79 确定过电流保护动作电流的示意图

四、三段式保护

由于无时限电流速断保护只能保护线路全长的一部分，带时限电流速断保护虽然能保护线路的全长，但却不能作为下一段线路的后备保护，故还必须有过电流保护作为本线路和下一段线路的后备保护。为了保证迅速、可靠、有选择地切除故障线路，一般在灵敏性能满足要求的 35 kV 及以下的配电线路上，可装设无时限电流速断、带时限电流速断和过电流三种保护相配合的一整套保护装置，作为相间短路保护。这一整套保护装置称为三段式电流保护，其时限特性见图 5-80。在线路 L1，第Ⅰ段为无时限电流速断保护，它的保护范围为本线路的一部分，动作时限为 $t_1^Ⅰ$，它由继电器的固有动作时间决定，第Ⅱ段为带时限电流速断保护，它的保护范围为线路 L1 的全部并延伸至线路 L2 的一部分，其动作时限为 $t_1^Ⅱ = t_2^Ⅰ + \Delta t$。

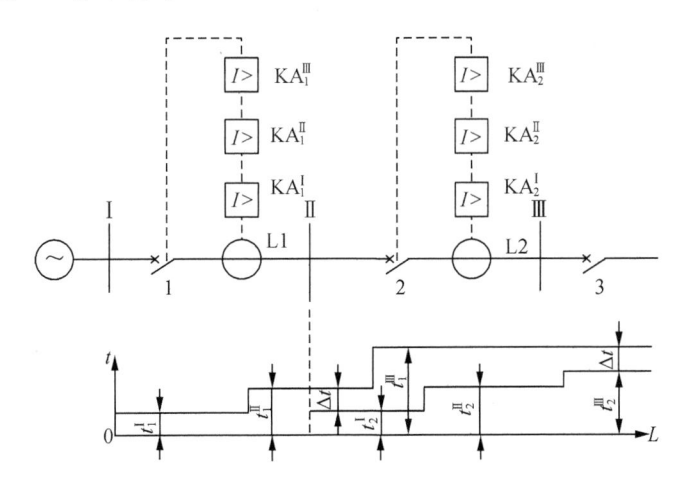

图 5-80 三段式电流保护各段的保护范围及时限配合

无时限电流速断保护和带时限电流速断保护是线路 L1 的主保护。第Ⅲ段为过电流保护,它保护范围包括 L1 和 L2 全长,其动作时限为 $t^{\mathbb{II}}$,可由阶梯原则求得,即 $t_1^{\mathbb{II}} = t_2^{\mathbb{II}} + \Delta t$, $t_2^{\mathbb{II}}$ 为线路 L2 过电流保护的动作时限。

电流保护由电流Ⅰ段、电流Ⅱ段、电流Ⅲ段组成,三段保护构成"或"逻辑出口跳闸。电流Ⅰ段、电流Ⅱ段为线路的主保护,本线路故障时切除时间为数十毫秒(电流Ⅰ段固有动作时间)至 0.5 s。电流Ⅲ段保护为后备保护,为本线路提供近后备保护,同时也为相邻线路提供远后备保护。电流保护一般采用不完全星形接线。三段式电流保护逻辑框图如图 5-81 所示。

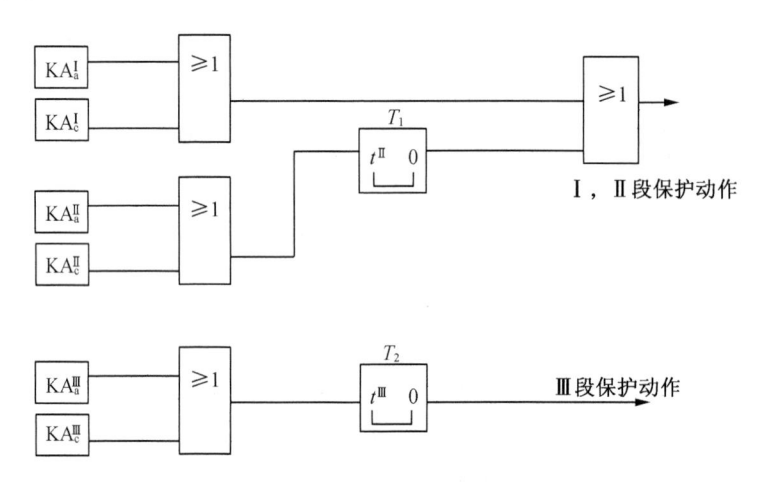

图 5-81 三段式电流保护逻辑框图

五、方向过电流保护

1. 双电源线路采用电流保护存在的问题

随着电力系统的发展和用户对供电可靠性要求的提高,为提高供电可靠性可采用双电源或单电源环形电网供电,但却给电流保护带来新问题。

(1) Ⅰ段、Ⅱ段灵敏度可能下降

如图 5-82 所示,以保护 P3 的Ⅰ段为例,整定电流应避免本线路末端短路时的短路整定电流增大,缩短Ⅰ段保护的保护区,严重时可以导致Ⅰ段保护丧失保护电流,除了避免 P 母线处短路时 A 侧电源的短路电流,还必须避免 N 母线背侧短路时 B 侧电源的短路电流。当两侧电源相差较大且 B 侧电源强于 A 侧电源时,可能使整定电流增大,缩短Ⅰ段保护的保护区,严重时可能导致Ⅰ段保护丧失保护区。

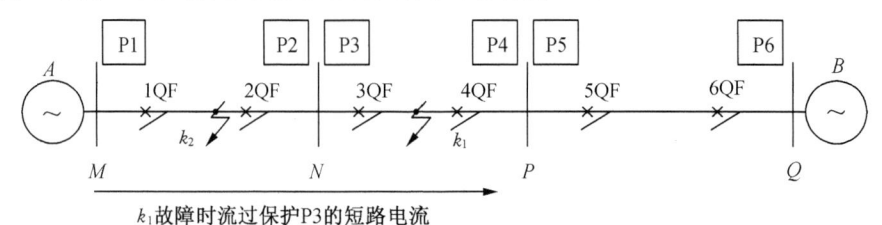

图 5-82 双回路供电网络

对Ⅱ段电流保护的整定也有类似的问题,除了与保护 P5 的Ⅰ段配合,还必须与保护 P2 的Ⅰ段配合,可能导致灵敏度下降。

(2) 无法保证Ⅲ段动作选择性

在如图 5-83 所示的双侧电源网络中,每条线路的两侧均需装设断路器和保护装置,设在线路 L1 和 L2 两侧都装有过电流保护,当 k_1 点发生短路时应由保护 1、2 动作,使断路器 1、2 跳闸,因此要求保护 2 比保护 3 先动作,即保护 2 的动作时限应比保护 3 的动作时限短;但当 k_2 点发生短路时,则应由保护 3、4 动作,使断路器 3、4 跳闸,此时要求,显然上述要求相互矛盾。

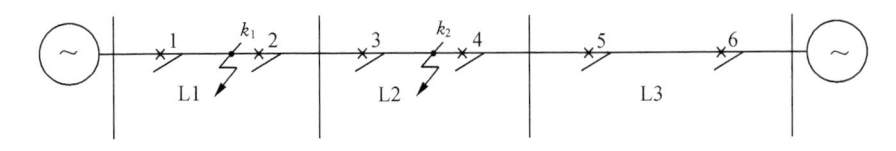

图 5-83 双侧电源网络及保护动作分析图

造成电流保护在双电源线路上应用困难的原因是需要考虑"反向故障"。以图 5-84 中保护 P3 为例,MN 段线路发生故障时 B 侧电源提供的短路电流流过保护 P3,而如果仅存在电源 A,MN 段线路发生故障时则没有短路电流流过保护 P3,不需要考虑。从保护安装处看,在"母线指向线路"方向上发生的故障称为正向故障,反之则称为反向故障。

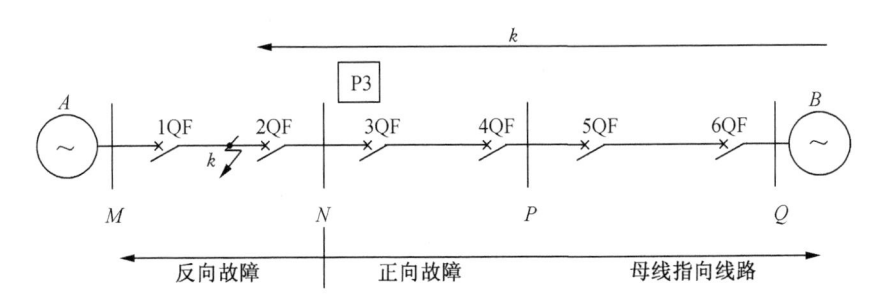

图 5-84 正向故障与反向故障

2. 方向过电流保护的工作原理

为了解决双侧电源供电保护动作时间选择性矛盾,现对图 5-85 进行分析,结果发现不同地点短路时,作用于保护装置的功率方向有差别。

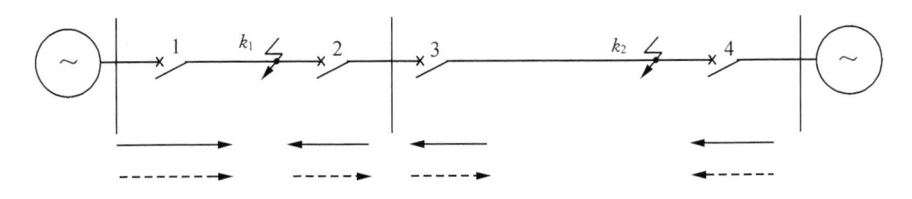

图 5-85 不同地点短路时短路功率方向分析图

当 k_1 点短路时,流经保护 2 短路功率的方向是由母线指向线路,而流经保护 3 短路功率的方向是由线路指向母线,图中用实线表示,当 k_2 点短路时,流经保护 3 短路功率的方向是由母线指向线路,而流经保护2短路功率的方向是由线路指向母线,图中用虚线表示。很明显在前后两个不同地点短路时,流经保护装置短路功率的方向不同。

方向元件的作用是判别故障方向,如图5-86所示:由母线电压、线路电流判别故障方向。图中母线电压参考方向为"母线指向大地",电流参考方向为"母线指向线路",依据电压与电流相位关系可以判别故障方向,即用功率的正负来判断故障的方向,依此原理构成的方向元件也称为功率方向继电器。

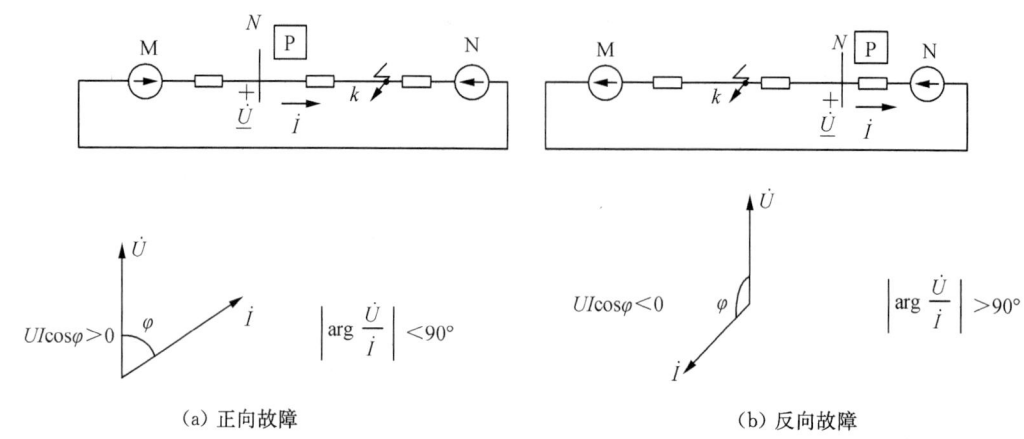

图 5-86 故障时电压、电流相位关系

方向过电流保护的动作原则是:凡是流过保护装置的短路功率是由母线指向线路,保护装置就启动;反之,短路功率由线路指向母线时,保护装置就不启动。如图5-82所示,当 k_1 点短路时只有1、2、4、6启动,根据阶梯时限原则,$t_2 < t_4 < t_6$,只有保护1、2动作,断路器1、2跳闸,保护4、6返回,从而保证了有选择地切除故障线路L1;当 k_2 点短路时,保护1、3、4、6启动,按阶梯时限原则,$t_1 > t_3$,$t_6 > t_4$ 保护3、4动作,断路器3、4跳闸,切除故障线路L2,保护1和6返回。各保护动作时限的配合只需关注同一方向的有关保护(如1、3、5是一个方向,2、4、6是另一个方向)。在图5-82中,只要求 $t_1 > t_3 > t_5$ 及 $t_6 > t_4 > t_2$,而不要求不同方向保护之间的配合。

功率方向问题实质上是保护安装处电压和电流之间相位关系的问题。方向过电流保护中的一个重要元件,称为功率方向元件,由它判别保护安装处电压和电流之间相位关系。以图5-87为例,分析保护安装处电压和电流之间相位关系,当 k_2 点短路时,流过保护装置的电流 I_{k2} 是指向线路,电流 I_{k2} 滞后母线电压 U 一个相位角 $\varphi_2 = \varphi_{k2}$(φ_{k2} 为由母线至短路点 k_2 间的线路阻抗角),$0° < \varphi_2 < 90°$;当 k_1 点短路时,流过保护装置的电流 I_{k1} 则从线路指向母线,电流 I_{k1} 滞后母线电压 U 一个相位角 φ_1,$\varphi_1 = 180° \varphi_{k1}$($\varphi_{k1}$ 为母线至短路点 k_1 间的线路阻抗角),$180° < \varphi_{k1} < 270°$,上述两种情况下的相量图和波形图如图5-87(b)、(c)所示。

3. 方向过电流保护的原理图

正常运行时的功率方向可能是从母线指向线路,有可能造成方向元件误动作,所以还必须有电流继电器和它配合。根据以上分析,方向过电流保护装置一般由三组元件组成:电流测量元件、功率方向元件和时间元件,图5-88为其原理图。

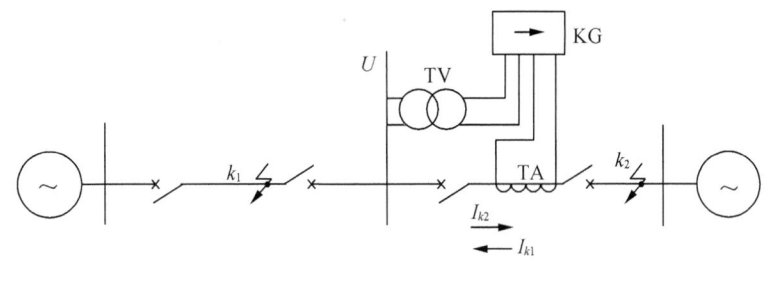

(a) 网络图

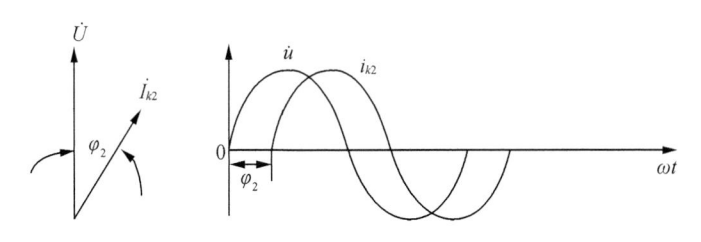

(b) k_2 点短路时电流电压相量图和波形图

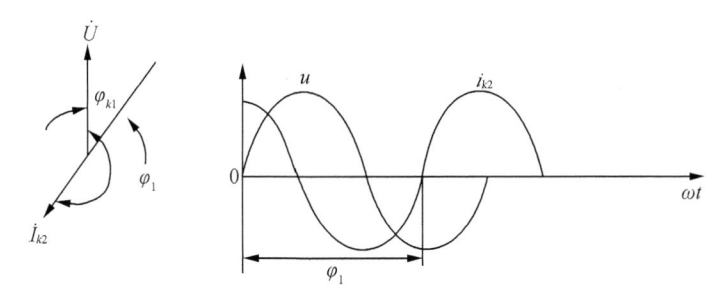

(c) k_1 点短路时电流电压相量图和波形图

图 5-87 短路功率的判断

电流测量元件的作用是判断是否发生故障,方向元件的作用是判断短路功率是否从母线指向线路,以保证动作方向的选择性,时间元件以一定的延时获得在同一动作方向上的选择性。可见,方向过电流保护就是在一般过电流保护的基础上增加一组功率方向元件,一般选用功率方向继电器。对功率方向继电器的要求是:正确地判断方向,动作快和灵敏度高。

4. 感应型功率方向继电器的工作原理

感应型功率方向继电器由四极铁芯、铝制的圆筒形转子、两组线圈和一对触点构成,见图 5-89。电压线圈分成四部分,分别绕在铁芯的磁轭上,电流线圈分两个部分绕在水平方向的两个磁极上,继电器的动触点通过接触杆与圆筒形转子连接,当继电器动作时,圆筒形转子转动,使动、静触点接通。当继电器工作时,电压线圈与电压互感器二次绕组并联,取得电压 $\dot{U}_{kg}$,电流线圈与电流互感器二次绕组串联,取得电流 $\dot{I}_{kg}$。以电压 $\dot{U}_{kg}$ 为参考坐标(图 5-90),电流 $\dot{I}_{kg}$ 滞后于 $\dot{U}_{kg}$ 的相位角为 φ_{kg},φ_{kg} 决定于电网的参数。

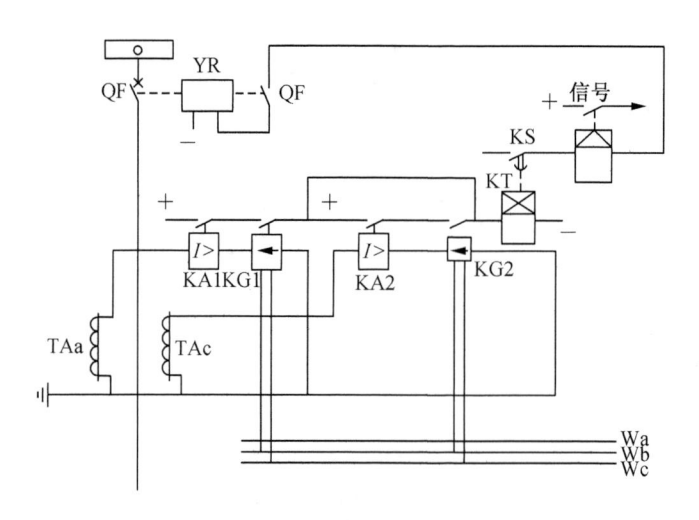

图 5-88　方向过电流保护原理图

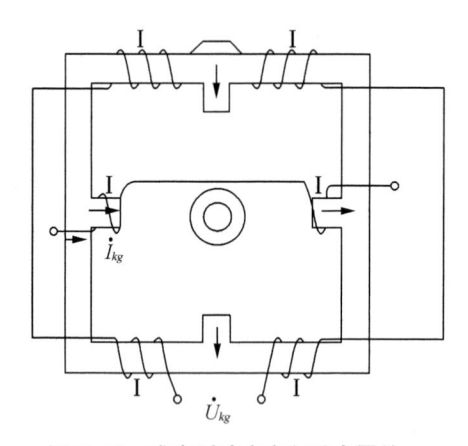

图 5-89　感应型功率方向继电器的原理结构图

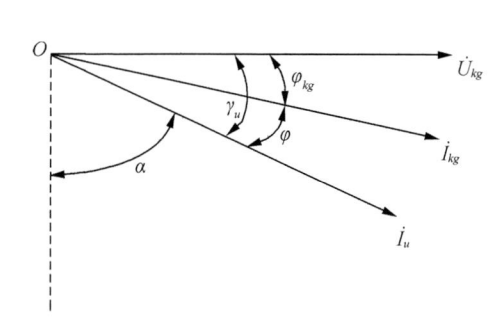

图 5-90　感应型功率方向继电器相量图

感应型功率方向继电器的总转矩为

$$T_\Sigma = K_1 \dot{\Phi}_i \dot{\Phi}_u \cos(\varphi_{kg} + \alpha)$$

式中：K_1 为计算常数。

从图 5-90 中可以看到：继电器电压线圈阻抗角 γ_u 的余角用 α 表示，称为继电器内角，由于磁路中存在着空气隙，可以认为磁通 $\dot{\Phi}_i$ 和 $\dot{\Phi}_u$ 与其相对应的 $\dot{I}_{kg}$ 和 $\dot{U}_{kg}$ 的成正比，于是可将上式化为

$$T_\Sigma = K_1 \dot{I}_{kg} \dot{U}_{kg} \cos(\varphi_{kg} + \alpha)$$

这公式就是感应型功率方向继电器常用的转矩公式。

从上式可以看出，继电器的电磁转矩 T_Σ 的方向决定于相角 φ_{kg} 的大小（因为内角 α 是不变的），当 $\varphi_{kg} + \alpha$ 在 $\pm 90°$ 范围之内时，T_Σ 为正；当 $\varphi_{kg} + \alpha$ 在 $\pm 90°$ 范围之外时，T_Σ 是负

的,所以这种继电器动作带有方向性。

5. 方向电流保护的整定

方向电流保护的整定包含两方面内容:电流部分的整定,即动作电流、动作时间与灵敏度的校验;方向元件是否需要装设(投入)。

(1) 电流部分的整定

对于其中电流部分的整定,其原则与前述的三段式电流保护整定原则基本相同。不同的是与相邻保护的定值配合时,只需要与相邻的同方向保护的定值进行配合。

在两端供电或单电源环形网络中,Ⅰ段、Ⅱ段电流部分的整定计算可按照一般的不带方向的电流Ⅰ段、Ⅱ段整定计算原则进行,而Ⅲ段整定原则如下。

① Ⅲ段保护动作电流。Ⅲ段动作电流需躲过被保护线路的最大负荷电流,即

$$I_{opka1}^{\mathrm{III}} = \frac{K_{rel}}{K_{re}} I_{Lmax}$$

式中:I_{Lmax} 为考虑故障切除后电动机自启动的最大负荷电流。

Ⅲ段动作电流还需要躲过非故障相的电流 I_{wf},即

$$I_{opka1}^{\mathrm{III}} = K_{rel} I_{wf}$$

在小接地电流电网中,非故障相电流为负荷电流,只需按照上式进行整定。

对于大电流接地系统,非故障相电流除了负荷电流 I_L 外,还包括零序电流 I_0,则按照下式整定动作电流,即

$$I_{opka1}^{\mathrm{III}} = K_{rel}(I_L + K \times 3I_0)$$

式中:K 为非故障相中零序电流与故障相电流的比例系数。

显然,对于单相接地故障 K 为 1/3。

② Ⅲ段保护动作时间。方向电流保护Ⅲ段动作时间按照同方向阶梯原则整定,即前一段线路保护的保护动作时间比同方向后一段线路的保护动作时间长。

③ 保护的灵敏度配合。方向电流保护的灵敏度,主要由电流元件决定,其电流元件的灵敏度校验方法与不带方向性的电流保护相同。对于方向元件,一般因为其灵敏度较高,故不需要校验灵敏度。

如图 5-91 所示电网为例来说明方向过流保护的整定。在图中标明了各个保护的动作方向,其中 1、3、5、7 为动作方向相同的一组保护,即同方向保护,2、4、6、8 为同方向保护,于是它们的动作电流、动作时间的配合关系应为

$$I_{opka1}^{\mathrm{III}} > I_{opka3}^{\mathrm{III}} > I_{opka5}^{\mathrm{III}} > I_{opka7}^{\mathrm{III}}, t_1^{\mathrm{III}} > t_3^{\mathrm{III}} > t_5^{\mathrm{III}} > t_7^{\mathrm{III}}$$
$$t_8^{\mathrm{III}} > t_6^{\mathrm{III}} > t_4^{\mathrm{III}} > t_2^{\mathrm{III}}, I_{opka8}^{\mathrm{III}} > I_{opka6}^{\mathrm{III}} > I_{opka4}^{\mathrm{III}} > I_{opka2}^{\mathrm{III}}$$

(2) 方向元件的装设

Ⅰ段动作电流大于其反方向母线短路时的电流,不需要装设方向元件;Ⅱ段动作电流大于其同一母线反方向保护的Ⅱ段动作电流时,不需要装设方向元件;对装设在同一母线两侧的Ⅲ段来说,动作时间最长的,不需要装设方向元件;除此以外反向故障时有故障电

流流过的保护必须装设方向元件。

例如在图 5-91 中,若保护 P3 的Ⅰ段动作电流大于其反方向母线 N 处短路时流过保护 P3 的电流,则该Ⅰ段不需经方向元件闭锁,反之则应当经方向元件闭锁;保护 P3 的Ⅱ段动作电流大于其反方向保护 P2 的Ⅱ段动作电流,则该Ⅱ段不需经方向元件闭锁,反之则应当经方向元件闭锁。对于母线 N 处保护 P3 与 P2,当线路 MN 上发生故障时,保护 P2 先于 P3 动作,将故障线路切除,即动作时间的配合已能保证保护 P3 不会非选择性动作,故保护 P3 的Ⅲ段可以不装设方向元件。

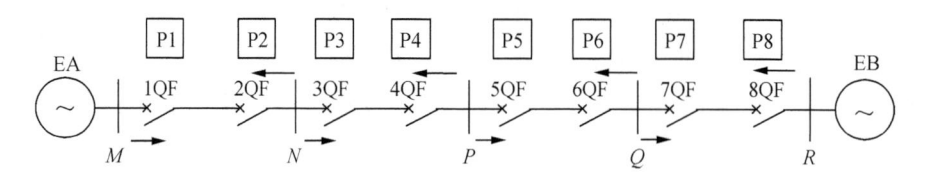

图 5-91 方向过电流保护鉴定图

第六节 泵站电压保护

电压保护是反应电压量变化的一种保护,如果保护动作不带时限,则称为电压速断保护。电压保护有低电压保护和过电压保护两种,前者反应电压降低而动作,后者则反应电压升高而动作。

一、低电压保护

电压速断保护是一种低电压保护。由母线电压构成判据,整定方法如图 5-92 所示。

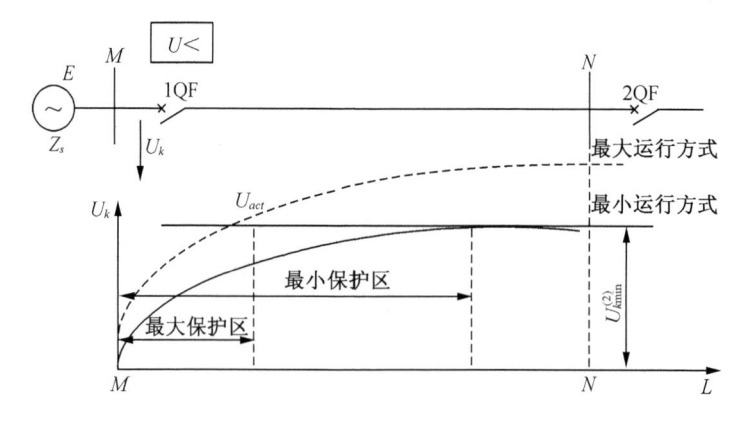

图 5-92 低电压保护整定计算方法

当发生短路时,保护安装处电压(称为残余电压)的变化量通常要比短路电流的变化量大。因此,当电流速断保护的灵敏度不能满足要求时,可以考虑采用电压速断保护。由于在最小运行方式下线路发生短路时,保护安装处的残余电压最低,电压保护的保护范围延伸最长,因此,保护应按最小运行方式下躲过被保护线路末端短路时保护安装处的残余电压来整定,如图 5-93 所示。线路电压速断保护的动作电压为

$$U_{op} = \frac{U_{remmin}}{K_{rel}}$$

式中:U_{remmin} 为最小运行方式下母线 B 引出线出口处 k_2 点短路时,母线 A 上的残电压;K_{rel} 为可靠系数,取 1.2~1.3。

图 5-93 中曲线 1 和曲线 2 分别表示在最大运行方式和最小运行方式下线路各点短路时母线 A 上的残余电压,直线 3 为保护动作电压的整定值,由直线 3 与曲线 1、2 的交点可求得该保护在最大运行方式和最小运行方式下的保护范围。由此可见,电压速断的保护范围仍受运行方式变化的影响,但电压速断保护在最小运行方式下保护范围最大,而在最大运行方式下保护范围最小,它虽不能保护线路的全长,但其保护范围不会减小到零。低电压保护特点如下。

(1) 故障点距离电源越近母线电压越低;母线电压水平越低,保护区越长。
(2) 最大运行方式下短路电流较大,母线电压水平高,电压保护的保护区缩短。
(3) 仅由母线电压不能判别是母线上哪一条线路故障,电压保护无法单独用于线路保护。

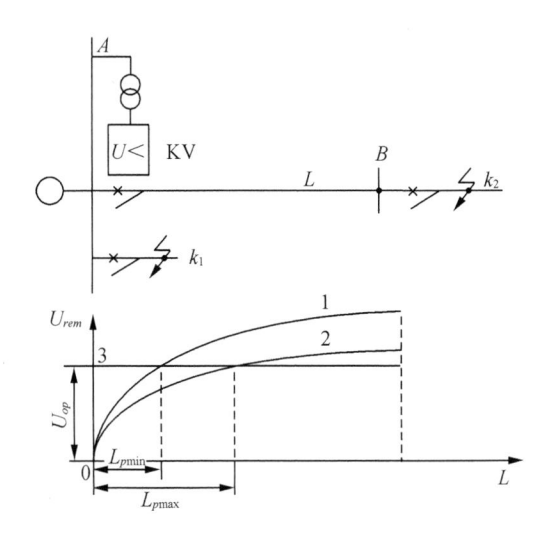

图 5-93 电压速断保护的整定计算图

二、电流电压连锁速断保护

电压保护与电流保护一起构成电流电压连锁速断保护,电流继电器与电压继电器触点串联出口。保护图如图 5-94 所示,电流电压连锁速断保护是按系统最常见的运行方式整定,当系统运行方式不是最常见运行方式时,其保护区缩短,但不会丧失选择性。

当同一母线上的任一引出线短路时(如图 5-93 所示中 k_1 点),或电压互感器二次侧熔断器的熔件熔断时,接在这段母线上所有引出线的电压速断保护中的低电压继电器都要启动。如果各保护装置的启动元件都只用一组低电压继电器,保护将会误动作,因此,

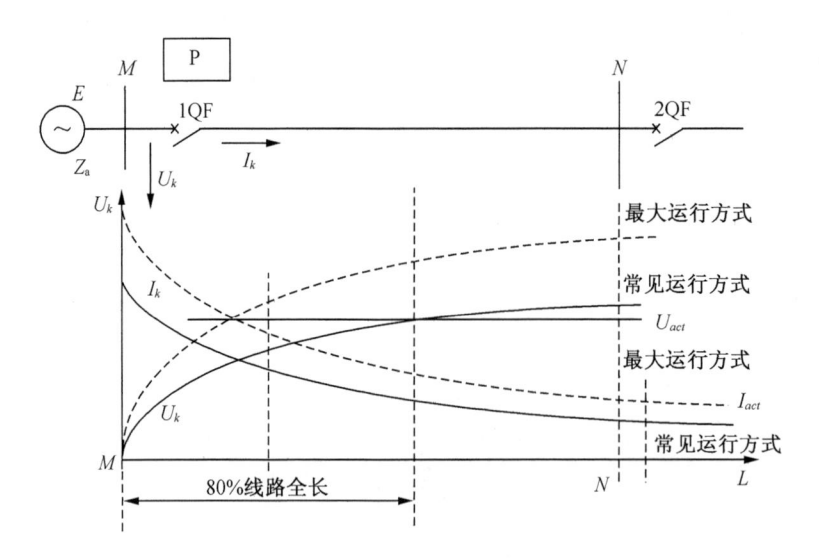

图 5-94 电流电压连锁速断保护

必须在一组低电压继电器之外另加闭锁元件。采用电流闭锁的电压速断保护，其接线如图 5-95 所示，图中低电压继电器为启动元件，电流继电器为闭锁元件，电流继电器的动作电流按躲过被保护线路的最大负荷电流整定，既防止上述的误动作，又能在被保护线路末端短路时可靠动作。电压继电器应装在线电压上，而且须采用三相式接线以保证在同一地点发生三相和两相短路时，它们的灵敏系数相等。与电流速断保护相比，这种保护的接线复杂，因此只有在采用电流速断保护而灵敏性达不到要求的情况下，考虑采用此种保护。电流电压连锁速断保护原理框图如图 5-96 所示。

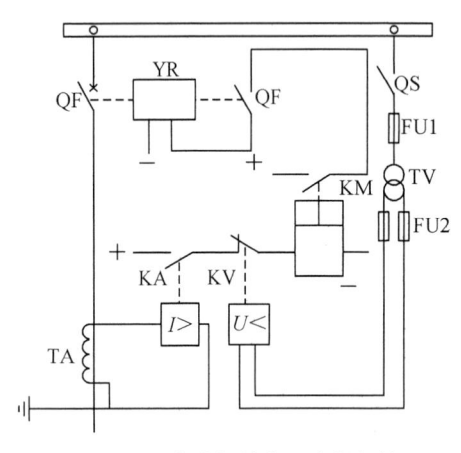

图 5-95 电流闭锁电压速断保护 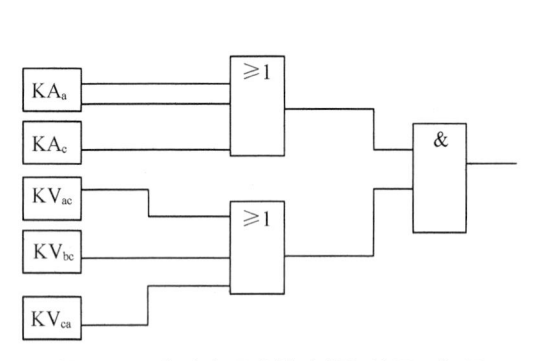　　**图 5-96 电流电压连锁速断保护原理框图**

第七节　泵站微机保护基本原理

一、微机保护装置硬件配置

微机保护装置是一种依靠微处理器,智能地实现保护功能的工业控制装置,保护装置的硬件结构通常由五个部分构成,即信号输入电路、微机系统、人机接口部分、输出通道回路及电源部分,如图 5-97 所示。

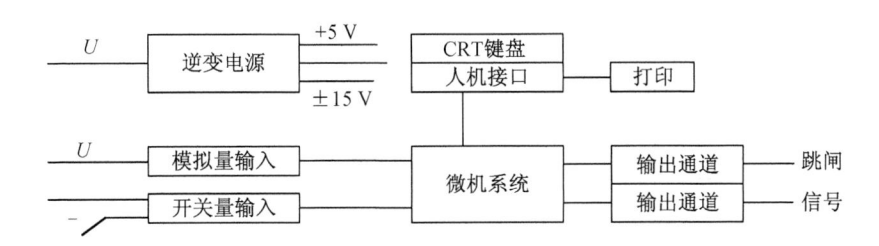

图 5-97　典型的微机保护系统硬件框图

1. 信号输入电路

微机保护装置输入信号主要有两类,即开关量和模拟量信号。微机所采集的信号是弱电信号,在电流互感器、电压互感器与电子电路之间要求设置一些转变环节,称为信息预处理环节,需要隔离屏蔽、变换电平。由于计算机只能接收数字脉冲信号,需要将输入的电压和电流这类模拟信号,转换为计算机能接收的数字脉冲信号。完成模拟量至数字脉冲的变换过程称为模数(A/D)变换,图 5-98(a)为典型数字信号输入回路。

2. 微机系统

微机保护装置的核心是微机系统,它是由微处理器和扩展芯片构成的一台小型工业控制微机系统,包括 CPU、存储器、定时器、计数器等,主要是完成数值测量、计算、逻辑运算、逻辑控制和记录等智能化任务。

3. 人机接口部分

在很多情况下,微机系统必须接受操作人员的干预,例如整定值的输入、工作方式的变更、执行各种操作功能、对微机系统状态的检查等都需要人机对话。这部分工作在 CPU 控制之下完成,通常可以通过键盘、汉化液晶显示、打印、信号灯、音响或语言告警等来实现人机对话。

4. 输出通道部分

输出通道部分是对控制对象(例如断路器)实现控制操作的出口通道。这种通道的主要任务是将小信号转换为大功率输出,满足驱动输出的功率要求。

通常情况下,为了避免外部干扰信号经过输出回路串入微机系统内部,一般均在输出回路中采用光电隔离芯片。数字信号输出回路如图 5-98(b)、图 5-98(c)所示。

5. 电源部分

微机保护系统对电源要求较高，通常采用逆变电源，即将直流电逆变为交流电，再把交流电整流为微机系统所需的直流电压。将变电所强电系统的直流电源与微机的弱电系统电源完全隔离开，逆变后的直流电源具有极强的抗干扰能力，可以将来自变电所中因断路器跳合闸等原因产生的强干扰完全消除掉。

微机保护装置均按模块化设计，也就是说，对于各种线路和元件的保护都是用上述五个部分的模块电路组成的。所不同的是软件系统及硬件模块化的组合方式与数量不同。不同的保护用不同的软件来实现，不同的使用场合按不同的模块化组合方式构成。

(a) 典型数字信号输入回路

(b) 典型数字信号输出回路

(c) 采用逻辑编码的数字信号输出回路

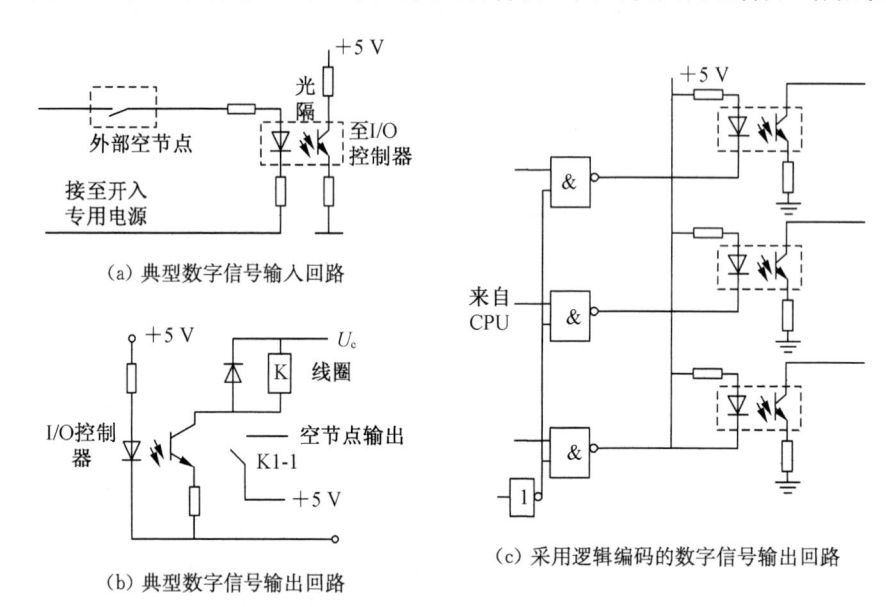

图 5-98　数字信号输入输出回路图

二、微机保护装置的硬件配置举例

目前，微机保护装置的硬件采用了超大规模集成电路技术的最新成果，具备了避免总线引出芯片的不扩展单片机高抗干扰的特性，采用了高分辨率的 VFC 模数变换技术，提高了保护的精度和速度，具有直接联网的高速数据通信接口，大大提高了保护的通信速度和可靠性，并可以方便地利用 PC 机对保护调试及离线分析系统故障的录波记录。下面以 CST 系列保护装置为代表进行介绍，其结构框图如图 5-99 所示。

1. 模拟量输入部分

该部分由交流插件 AC 和模数变换插件 VFC 构成，分辨率高达 14 位，提高了保护的速度。

2. 微机系统

CST 系列变压器保护的微机系统包括信号锁存、开关量输入和输出、主保护 CPU1、高压侧后备保护 CPU2、低压侧后备保护 CPU3 等（图 5-99 中未画出 CPU2 和 CPU3，其框图与 CPU1 相同）。在 CPU 芯片内集成了微处理器、RAM、EPROM 等。采用串行可避免总线引出芯片,因此它仅需要两根 I/O 线与 CPU 芯片相连,一根作串行数据线(SD),另一根作串行时钟线(SC)。另外,CPU 插件上设置了锁存器,在 CPU 的控制下锁存经 VFC 插件来的信号,可以使外部异步脉冲信号变成同步脉冲信号,对抗干扰有利,同时还起到了脉冲整形的作用。开关量输入和输出的光隔电路均安装在 CPU 插件上,以便进一步提高抗干扰能力。

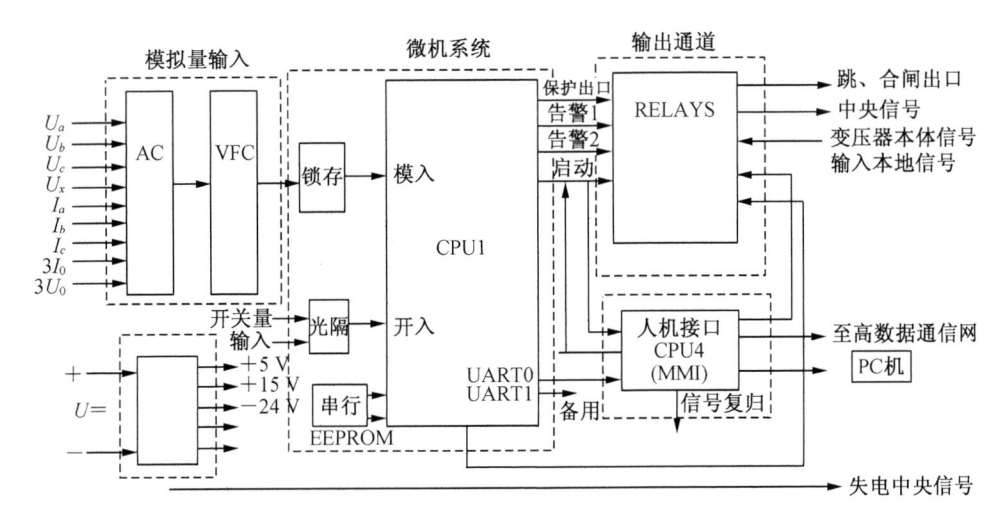

图 5-99 某变压器保护插件硬件框图

3. 输出通道

开关量输出通道有启动、闭锁、跳闸及信号继电器等,此外,还有告警和复位继电器。

4. 人机接口部分

人机接口部分硬件包括单片机(CPU4)、键盘、液晶显示器、串行硬件时钟及保护 CPU 和 PC 机的串行通信等,该单片机芯片内集成了很强的计算机网络功能,可以通过片外的网络驱动器直接连接高速数据通信网,与变电所内监控网络相连。人机接口的串行通信口,可以与 PC 机及保护 CPU 的 UART0 串口通信,当保护 CPU 发信时,PC 机和 MMI 都能收到,通过键盘命令,可切换 PC 机或 MMI 对保护 CPU 发信,MMI 还设有开入及开出量,开入量用于监视启动继电器的状态,开出量用于驱动告警、复位、启动等。启动继电器动作时发绿色闪光信号并控制液晶显示背景光。

MMI 还设置了一个时钟芯片,并带有充电干电池,保证装置停电时时钟不停。

三、微机保护的数据采集系统

1. 模拟量输入电路概述

模拟量输入电路是微机保护装置中很重要的电路,保护装置的动作速度和测量精度等性能都与该电路密切相关。模拟量输入电路的主要作用是隔离、规范输入电压及完成模数变换,以便与 CPU 接口,完成数据采集任务。

微机保护的模数变换方式主要有两种,即 ADC 和 VFC 方式。VFC 是将模拟量电压先转变为频率脉冲,再将其通过脉冲计数变换为数字量的一种变换方式;ADC 是直接将模拟量转变为数字量的变换方式。对于要求动作速度快、测量精度较高的高压或超高压保护装置,目前多采用 VFC 模数变换方式。

2. ADC 式数据采集系统

目前有许多保护装置采用 8031 单片微机芯片,而 8031 芯片内不带模数变换器,需扩展模数变换功能。这种 ADC 变换模式包括电压形成回路、模拟低通滤波器(ALF)、采样保持电路(S/H)、模数变换器及模拟量多路转换开关(MPX)等五个部分,如图 5-100 所示。

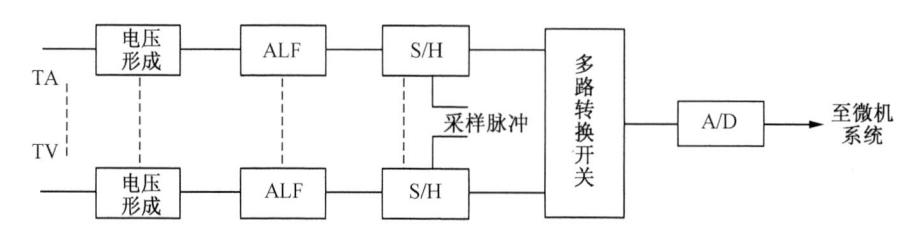

图 5-100　ADC 数据采集系统框图

3. 电压形成回路

微机保护从电流互感器和电压互感器取得的二次电流或电压量不能适应模数变换器的输入范围要求,故一般采用各种中间变换器来实现变换。根据模数变换器要求输入信号电压为 ±5 V 或 ±10 V,由此可以决定各种中间变换器的变比。

交流电流的变换一般采用电流变换器,并在其二次侧并联电阻取得所需的电压,该变换器只要铁芯不饱和,其二次电流及并联电阻上电压的波形可基本保持与一次电流波形相同且同相,即可做到不失真变换。但是电流变换器在非周期分量的作用下容易饱和,线性度差,动态范围也小。

电抗变换器铁芯带有气隙而不易饱和,线性范围大,且具有移相作用。但它会抑制直流分量,放大高频分量,因此二次侧的电压波形在系统暂态过程时将发生畸变。为此,在微机保护中电抗变换器的使用并不多,但有时在暂态时需变换输入波形,就要利用电抗变换器的特性。

电压形成回路除了进行电量变换外,还起隔离作用,以减弱来自高压系统的电磁干扰,其变换器的原理接线如图 5-101 所示。

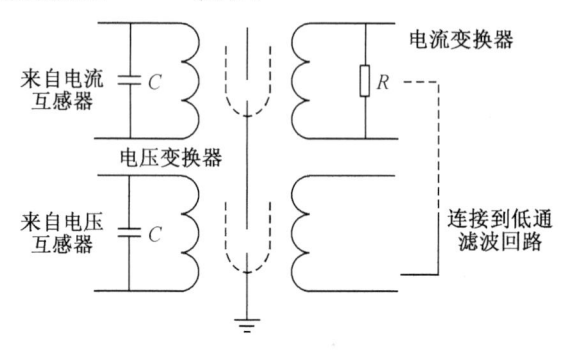

图 5-101　变换器原理接线图

4. 采样保持和低通滤波回路

(1) 采样保持电路(S/H)

经过电流、电压变换器变换后的电压信号必须经过采样后,才能被微机系统利用。采样就是将一个在时间上连续变化的模拟信号,转换为在时间上离散的模拟量,采样的过程相当于一个受控理想开关的快速开闭过程,如图 5-102 所示。

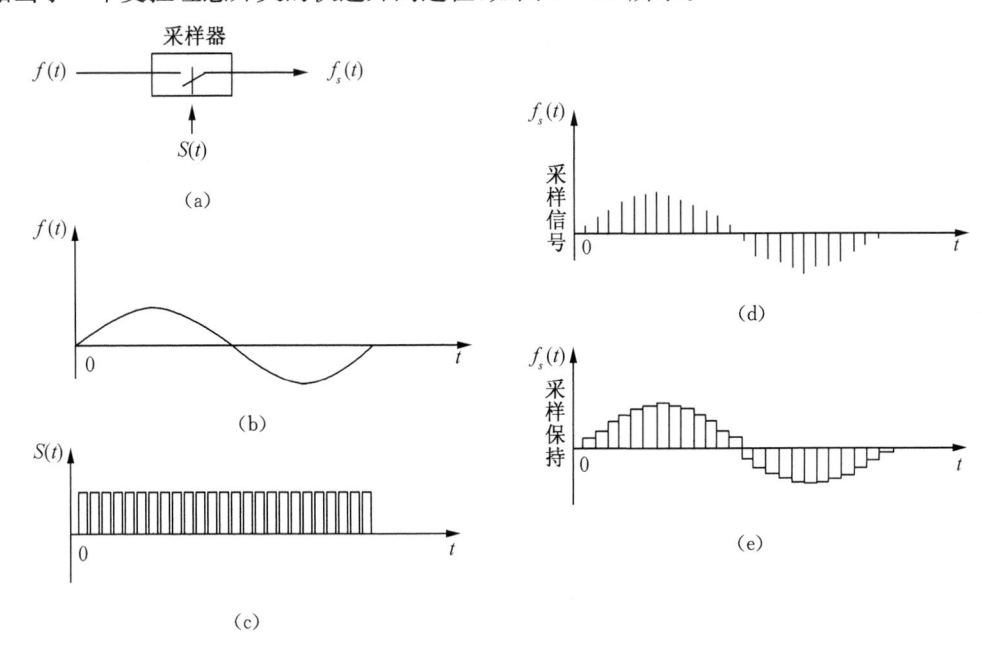

图 5-102 采样保持过程示意图

采样控制信号 $S(t)$ 可表示为一个以 T_s 为周期的脉冲序列信号,其中脉冲的宽度为 τ (即理想开关每隔 T_s,短暂闭合时间 τ); $f(t)$ 为输入连续信号; $f_s(t)$ 为采样输出的信号,当 $S(t)=1$ 时,开关闭合,此时 $f_s(t)=f(t)$; 当 $S(t)=0$ 时,开关断开,此时 $f_s(t)=0$。从图中可以看出,当 $S(t)=1$ 时,输出 $f_s(t)$ 跟踪输入 $f(t)$ 的变化,采样脉冲的宽度 τ 越小,采样输出脉冲的幅度就越准确地反映了输入信号在该离散时刻上的瞬时值。

为了保证 A/D 转换的正确进行,这些信号必须在 A/D 转换过程中保持恒定,保持电路就是来实现这一功能的。通常情况下,把采样和保持电路结合在一起,即为采样保持电路,其图形如图 5-103 所示。

它由 MOS 管采样开关 T,保持电容 C_h 和作为跟随器的运算放大器构成。当 $S(t)=1$ 时,采样开关 T 导通,输入信号 U_i 向 C_h 充电,U_0 和 U_c 跟随 U_i 而变化,即对 U_i 采样,当 $S(t)=0$ 时,T 截止,在 C_h 的漏电电阻、跟随器的输入电阻以及 MOS 管开关 T 的截止电阻都足够大,C_h 的放电电流可以被忽略的情况下,U_0 将保持 T 截止前一刻的电流基本不变,直至下一次采样开关导通,新一轮采样重新开始,如图

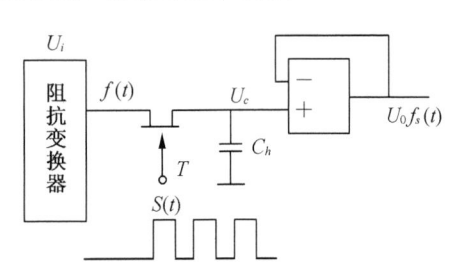

图 5-103 采样保持电路原理

5-102(e)所示。

(2) 采样频率与采样定理

为了反映输入的信号,需要正确选择采样频率 $\left(f_s=\dfrac{1}{T_s}\right)$,微机保护所反映的电力系统参数是经过采样离散化的数字量,如图 5-104 所示。

设被采样信号 $f(t)$ 的频率为 $f(0)$,若每周期采 1 点,即 $f_s=f_0$,由图 5-104(b)可见采样所得为一个直流量;若每周期采 1.5 点,即 $f_s=1.5f_0$,采样得到一个小于频率 f_0 的低频信号,如图 5-104(c)所示;当 $f_s=2f_0$ 时,采样所得波形的频率为被采样信号的频率 f_0。因此,若要不丢失信息,完好地采集输入信号,必须满足 $f_s>2f_0$,这就是 Nyquist 采样定理。实际应用中所取倍数往往大于 5,才有利于改善采样精度。

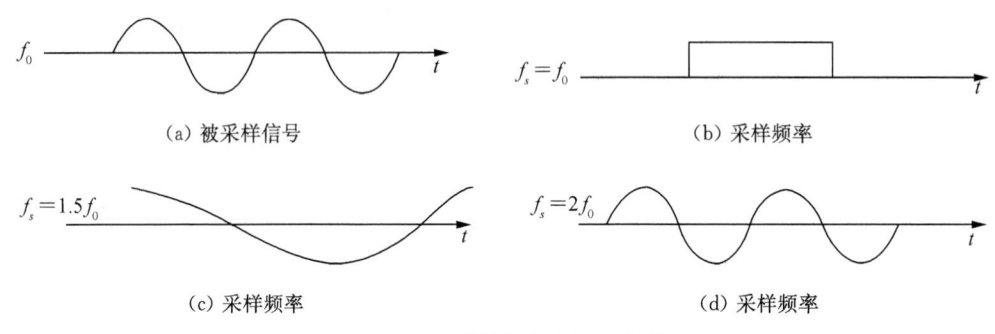

(a) 被采样信号

(b) 采样频率

(c) 采样频率

(d) 采样频率

图 5-104 采样频率选择示意图

(3) 低通滤波器(ALF)

电力系统在发生故障的暂态期间,电压和电流含有较高频率成分,如果要对所有的高次谐波成分均不失真地采样,那么其采样频率就要取得很高,这就对硬件速度提出很高的要求,使成本增加。实际上,目前大多数微机保护原理都是反映工频分量,或者是反映某种高次谐波,故可以在采样之前加上 ALF 回路,限制输入信号的最高频率,以降低 f_s,这样既降低了对硬件的速度要求,又对所需的最高频率信号的采样不至于失真。

理想低通滤波器的频率响应特性曲线,如图 5-105 所示的曲线 a。信号频率低于理想低通滤波器的截止频率的部分无任何衰减,而高于截止频率的信号被完全滤除,实际低通滤波器的特性曲线如图 5-105 所示的曲线 b。

利用基频分量原理的微机保护常采用如图 5-106 所示的 RC 无源低通滤波器,这种滤波器接线简单,但对于利用高次谐波的非基频分量的保护,由于该滤波器对谐波分量衰减比较大,故不宜采用。

5. 多路转换器

由于模数变换器接口复杂且价格昂贵,通常不宜对各路电压、电流模拟量同时采用模数转换,而是多数 S/H 共用一个模数变换器,多路转换器是一种通过控制逻辑,从多路输入模拟信号中选一路作为输出的器件。

对于反映两个量以上的继电保护,要求对各个模拟量同时采样,以准确地获得各个量之间的相位关系,为此,把所有采样保持器输入并联后由一个定时器同时供给采样脉冲,

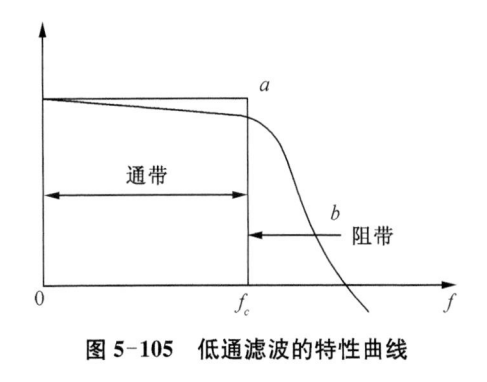

图 5-105　低通滤波的特性曲线 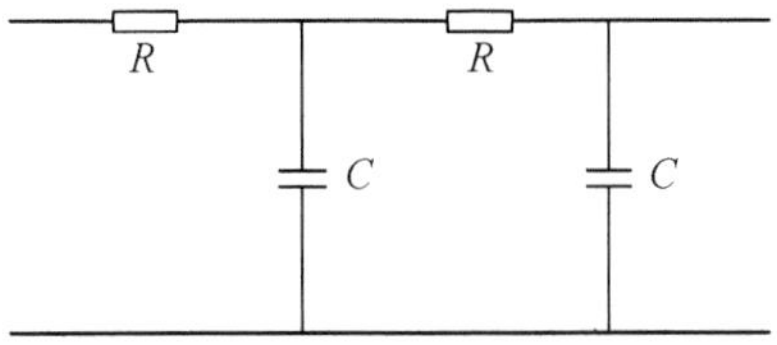　　图 5-106　RC 无源低通滤波器

从而保证了同时采样和依次模数变换的要求。

多路开关的方程原理图如图 5-107 所示。这里多路开关 1—n 号是电子型的,受微机控制,它把多个模拟量通道按顺序赋予不同的二进制地址,在微机输出地址信号后,多路转换开关通过译码电路选通,n 号通道开关也就接通,此时输出电压 $U_0=U_{in}$。

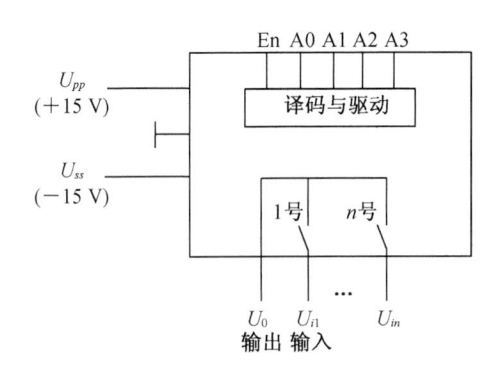

图 5-107　多路转换开关方程原理图

6. 模数转换电路

(1) 模数转换(A/D)的基本原理

由于微机系统只能对数字量进行计算,微机保护所取到的模拟量必须对其进行量化和编码,转换成数字量。所谓量化,是指把时间上离散而数值上连续的模拟信号以一定的准确精度变为时间上和数字上都离散化或量级化的等效数值,编码就是把已经量化的模拟数值用二进制数、BCD 码或其他码来表示,经过量化和编码,就完成了 A/D 转换的全过程,将各采样点的模拟信号转换成与之一一对应的数字量。

(2) 逐次逼近式 A/D

微机保护用的模数变换器绝大多数是利用逐次逼近式 A/D 的工作原理,如图 5-108 所示。其基本原理是转换开始时,控制器首先在数码设定器中设置一个最高位数码"1" (例如 100000),该数码经 A/D 模数变换为模拟电压 U,反馈到输入侧比较器一端,与输入电压 U_i 相比较。如果设定值 $U_0<U_i$,则保留该位原设置的数码"1";然后由控制器在数码设定器中附加次高位设置数码"1",形成新的数码(如 110000),经 A/D 模数变换再反馈到输入侧比较器与 U_i 比较。若设定值 $U_0>U_i$,则原设定次高位数码"1"改为"0";然后附加下一高位设置数码"1"(如 101000)。重复上述的比较与设置,直到所设定的数码总值转换成反馈电压 U_0 尽可能地接近 U_i 值。若其误差小于所设定的数码中可改变的最小值(最小量化单位),则此时数码设定器中的数码总值即为转换结果。

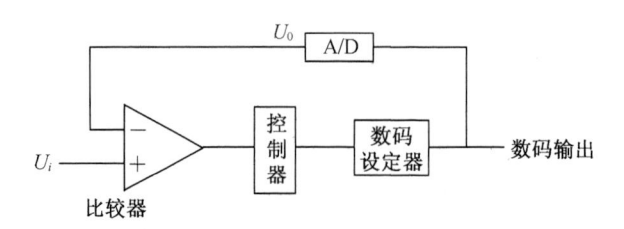

图 5-108 逐次逼近式 A/D 转换原理图

A/D 转换分辨率,主要取决于设定数码的最小量化单位,A/D 转换输出的数字量位数越多,最小量化单位越小,分辨率越高,转换出的数字量舍入误差越小,A/D 转换的精度就越高,这是 A/D 转换的一个重要指标;另一指标是 A/D 转换速度,分辨率越高,其转换速度就越低,通常每次转换时间不低于 25 μs,而数字量位数为 10~12 位。

7. VFC 式数据采集系统

VFC 变换的基本原理是将输入的电压信号转换为相应频率的脉冲信号,然后在固定时间间隔内对此脉冲信号进行计数,VFC 变换的方式有很多,下面介绍一种应用广泛的电荷平衡式 V/F 变换的原理。

如图 5-109 所示为电荷平衡式 V/F 变换的电路原理图和工作过程波形图,其中 A1 和 R、C 组成积分器,A2 为零电压比较器。当积分器的输出 U_w 下降到零时,零电压比较器发生跳变触发单稳态定时器产生一个 t_0 宽度的脉冲,使 S 导通 t_0 时间。由于恒流源 I_R 在设计时就考虑使 $I_R > U_{i(max)}/R$,故在 t_0 这段时间里,I_R 使积分器反充电,使 U_{int} 线性上升到某一正电压,到 t_0 结束的时候,只有正的输入电压 U_i 作用于积分器,使其充电,此时,输出电压 U_{int} 沿斜线下降,当 U_{int} 下降到 0 时,零电压比较器翻转,又使单稳定时器产生一个 t_0 宽的脉冲,再次反充电,如此反复。简而言之,整个电路可以看成一个振荡器。

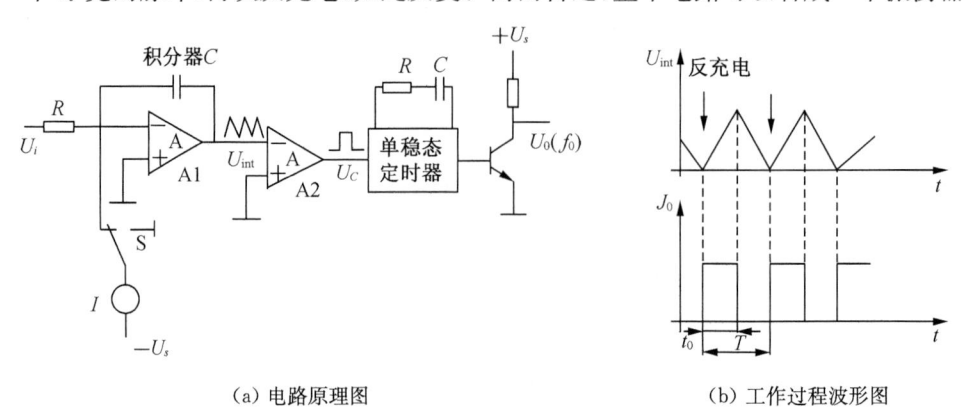

(a) 电路原理图 (b) 工作过程波形图

图 5-109 电荷平衡式 V/F 变换电路原理图和工作过程波形图

根据电荷平衡原理,即充电和放电的电荷量相等,可以得到

$$(I_R - U_i/R)t_0 = (U_i/R)(T-t_0)$$

所以,输出的振荡频率为

$$f = 1/T = U_i/I_R R t_0 = K_f U_i$$

即输出电压频率 f 与输入电压信号 U_i 成正比。所以,计数器的计算结果即为与 U_i 对应的数字量。

然而,这种方法很难满足微机保护对精度的要求,故在实用中常采用如图 5-110 所示的方法构成 VFC 式模数转换电路,其中保护 CPU 定时读取计数器在若干个采样周期内的计数值。模数转换的结果 R_t 相当于输出电压 U_{int} 的频率在某一时段内对时间的积分,即 $R_t = \int_{i-n_{T_s}}^{i} f(t)dt$。其中 R_t 相当于从 $t_{i-n_{T_s}}$ 时刻到 t_i 时刻所读的计数器的计数值。

图 5-110 典型 VFC 式模数转换原理图

第八节 微机保护的软件原理

一、微机保护软件系统配置

1. 接口软件

人机接口部分的软件,可作为监控程序和运行程序,执行哪一部分程序由接口面板的工作方式或显示器上显示的菜单选择来决定。

监控程序主要就是键盘命令处理程序,是为接口插件(或电路)及各 CPU 保护插件(或采样电路)进行调试和整定而设置的程序。

接口的运行程序由主程序和定时中断服务程序构成,主程序主要完成巡检(各 CPU 保护插件)、键盘扫描和处理及故障信息的排列和打印任务,定时中断服务程序包括以下几个部分:软件时钟程序,由硬件时钟控制并同步各 CPU 插件的软件时钟,检测各 CPU 插件启动元件是否动作的检测启动程序等,所谓程序时钟就是每经 1.66 ms 产生一次定时中断,在中断服务程序中软件计数器加 1,当软件计数器加到 600 时,秒计数器加 1。

2. 保护软件的配置

保护 CPU 插件的保护软件配置为主程序和两个中断服务程序。主程序通常都有三个基本模块:初始化和自检循环模块、保护逻辑判断模块和跳闸(及后加速)处理模块。通常把保护逻辑判断和跳闸(及后加速)处理总称为故障处理模块。一般情况下前后两个模块,在不同的保护装置中基本上是相同的,而保护逻辑判断模块就相差甚远。

中断服务程序有定时采样中断服务程序和串行口通信中断服务程序。在不同的保护装置中,采样算法是不同的,不同保护的通信规约不同,这些会造成程序差异很大。

二、中断服务程序及其配置

1. 实时性与中断工作方式概述

实时性是指在限定的时间内,对外来事件能够及时做出迅速反应的特性。保护系统要对外来事件做出及时反应,就要求保护系统中断自己正在执行的程序,而去执行服务于外来事件的操作任务和程序,由于外部事件是随机发生的,凡需要 CPU 立即响应并及时处理的事件,必须用中断的方式才可实现。

2. 中断服务程序的概念

对保护装置而言,其外部事件主要指电力系统状态、人机对话、系统机的串行通信要求。保护装置必须每时每刻掌握保护对象的系统状态。因此,一般采用定时器中断方式每经 1.66 ms 中断源程序的运行,转去执行采样计算的服务程序,采样结束后通过存储器中的特定存储单元将采样计算结果传送给源程序,然后再回去执行原被中断了的程序。这种采用定时中断方式的采样服务程序称为定时采样中断服务程序。

保护装置还应随机接受工作人员的干预,改变保护装置工作状态、查询系统运行参数、调试保护装置,即利用人机对话方式来干预保护工作,这种人机对话是通过键盘进行的,常用键盘中断服务程序来完成。

系统机对保护的通信要求,实际上是属于高一层对保护的干预。常用主从式串行口通信来实现,当系统主机对保护装置有通信要求时,或接口 CPU 对保护 CPU 提出巡检要求时,保护的串行通信口就提出中断请求,在中断响应时,就转去执行串行口通信的中断服务程序,串行通信是按一定的通信规约进行的,其通信数据帧常有地址帧和命令帧两种,系统机或接口 CPU(主机)通过地址帧呼唤通信对象,被呼唤的通信对象(从机)就执行命令帧中的操作任务,从机中的串口中断服务程序就是按照一定的通信规约,鉴别通信地址和执行主机的操作命令的程序。

3. 保护中断服务程序配置

根据中断服务程序基本概念的分析,一般保护装置要配有定时采样中断服务程序和串行通信中断服务程序,对于单 CPU 保护,CPU 除保护任务外,还有人机接口任务,因此还需配置键盘中断服务程序。

三、微机保护主程序框图原理

1. 初始化

初始化是指保护装置在上电或按下复位键时,首先执行的程序。它主要是对微机(CPU)及可编程扩展芯片的工作方式、参数进行预设,以便在后面程序中按预定方案工作。

(1)初始化一:对微机及其扩展芯片进行初始化,使保护输出的开关量在出口初始化,赋予其正常值,以保证出口继电器均不动作,是运行与监控程序都需要用到的初始化程序。

(2)初始化二:包括采样定时器的初始化,控制采样间隔时间,对 RAM 区中所有运行时要使用的软件计数器及各种标志位清零等程序。

(3) 数据采集系统的初始化：数据采集系统的初始化主要指采样值存放地址指针初始化,如果是 VFC 式变换,则还要对可编程计数器初始化。完成采样系统初始化后,开放采样定时器中断和串行口中断,等待中断发生后转入中断服务程序。

2. 自检内容和方式

(1) RAM 的读写检查。在 RAM 的某一单元写入一个数,再从中读出,并比较两者是否相等,若发现两者不一致,说明随机存储器 RAM 存在问题,则驱动显示器显示故障信号和故障时间。同时开放串行口中断并等待管理单元 CPU 查询。

(2) 定值检查。每套定值在存入时,都自动固化若干个校验码。若发现只读存储器定值求和码与事先存放的定值和不一致,说明有故障,则驱动显示故障字符代码和故障时间。

(3) EPROM 求和自检。EPROM 求和自检时,将 EPROM 中存放的程序代码从第一个字节加到最后一个字节,将求和结果与固化在程序末尾的和数进行比较。若发现不一致,则显示相应故障字符、代码和故障时间、类型,说明"EPROM 故障"。

(4) 开出自检。开出自检主要检测开出通道是否正常,它是通过硬件开出的反馈来检测的。

3. 开放中断与等待中断

在初始化时,采样中断和串行口中断仍被 CPU 的软开关关断,这时 A/D 转换和串行口通信均处于禁止状态,初始化后,进入运行之前应开始模数变换,并进行一系列采样计算。所以要开放采样中断,使采样定时器计时,并每隔 T 时间发出一次采样中断请求信号。同样,进入运行之前应开放串行口中断,以保证接口 CPU 与保护 CPU 的正常通信。

4. 自检循环

在中断开放后,所有准备工作就绪,主程序进入自检循环阶段。故障处理程序结束返回主程序,也是在这里进入自检循环的。

在循环过程中不断地等待采样定时器的采样中断和串行口通信的中断请求信号,当 CPU 收到请求中断信号,在允许中断后,程序就进入中断服务程序,每当中断服务程序结束后又回到自检环,并继续等待中断请求信号。主程序如此反复自检,中断进入不断循环阶段,这是保护运行的重要程序部分。

通用自检一般是定值监视和开入量监视,主程序典型框图如图 5-111 所示。

四、采样中断服务程序原理

1. 采样计算概述

采样中断服务程序如图 5-112 所示,进入采样中断服务程序,分别对三相电流、零序电流、三相电压、零序电压及线路电压的瞬时值同时采样,如每周采样 12 点,采样频率为 12×50＝600(Hz),采样后计算其瞬时值,然后将各瞬时值存入随机存储器 RAM 对应地址单元内。在计算各电流、电压交流有效值时,取某个计算的模拟量的同一周期的一组瞬时值,采用某种算法来计算。无论是运行还是采样通道调试都要进入采样中断服务程序,都要进行采样计算。因此,在采样中断服务程序中,完成采样计算后,需查询现在处于哪种工作方式。

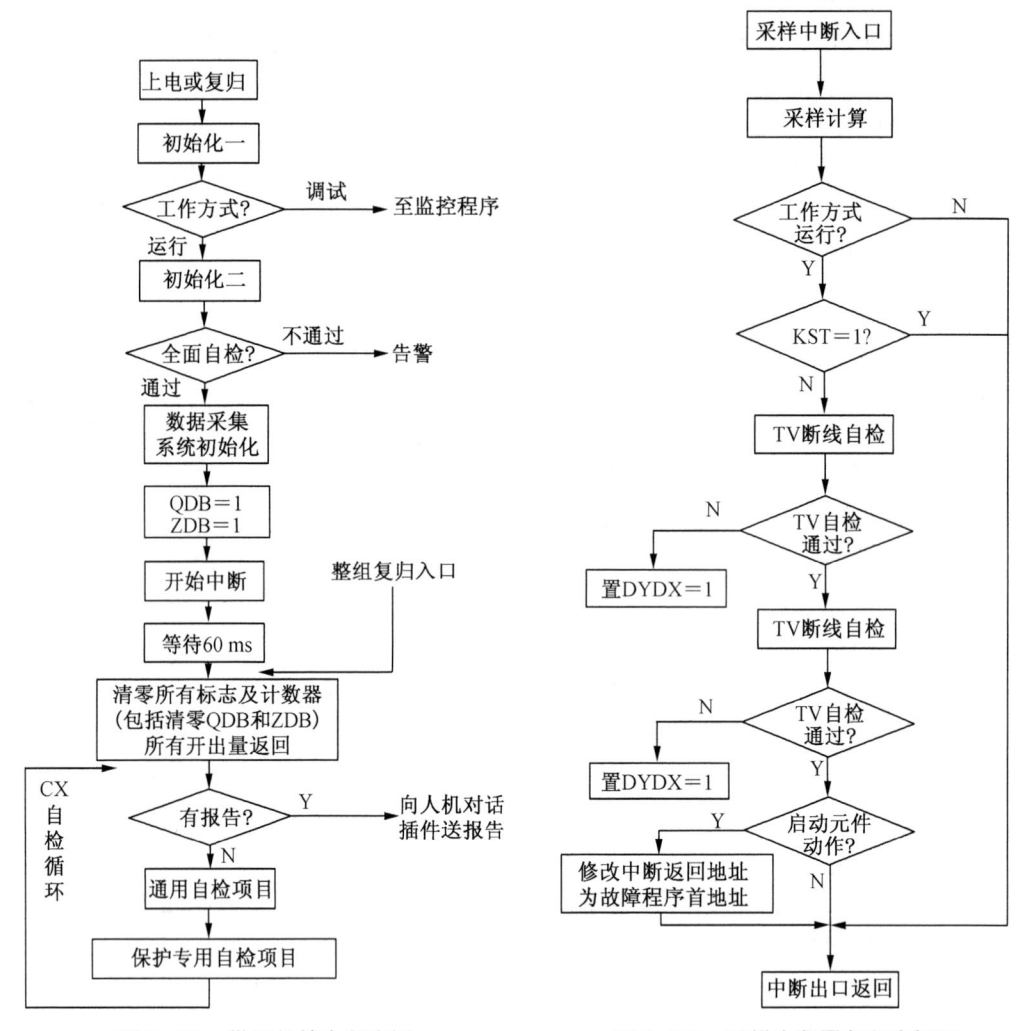

图 5-111 微机保护主程序图

图 5-112 采样中断服务程序框图

2. TV 断线自检

在小接地电流系统中，可依据如下判据检查 TV 断线。

(1) 正序电压小于 30 V，而任一相电流大于 0.1 A。

(2) 负序电压大于 8 V。

当满足上述任一条件后必须延时 10 s 才能确定母线 TV 断线，在 TV 断线期间，标志位 DYDX=1，并通过程序闭锁自动重合闸。这时保护系统将根据整定的控制字决定是否退出与电压有关的保护。

3. TA 断线自检

大接地电流系统可用以下判据检查 TA 断线：

$$|\dot{I}_A+\dot{I}_B+\dot{I}_C|-|3\dot{I}_0|>I_{d1}$$

$$|3\dot{I}_0|<I_{d2}$$

式中：I_{d1}、I_{d2} 分别为 TA 断线的两个电流定值。

4. 启动元件框图原理

为了提高保护动作的可靠性，用软件实现启动元件闭锁保护装置的启动，启动元件启动后，标志位"KST"置 1，解除保护装置出口闭锁。

启动元件采用相电流突变量的启动方式，求出每一个采样点的相电流瞬时值与前一个工频周期相同相位的瞬时采样值之差值，若大于整定值就启动，即

$$|I_K - I_{K-N}| \geq I_{set}$$

为克服频率偏移额定值时产生的不平衡电流，方程改为两两相邻周期的突变量之差，即

$$\Delta I_A = ||I_K - I_{K-N}| - |I_{K-N} - I_{K-2N}|| \geq I_{set}$$

为提高抗干扰能力，采用相电流差突变量启动方式，启动方程可表示为

$$|\Delta I_A - \Delta I_B| \geq I_{set}, |\Delta I_B - \Delta I_C| \geq I_{set}, |\Delta I_C - \Delta I_A| \geq I_{set}$$

启动元件框图如图 5-113 所示，图中 $|\Delta I_A|$ 为按上式计算得到的当前采样值的 A 相电流差突变量。KA 则为 RAM 区内某一字节，用作软件计数器，它在初始化和整组复归时被清零。为提高抗干扰能力，当任一相的相电流差突变量大于整定值 4 次时，保护装置即启动。

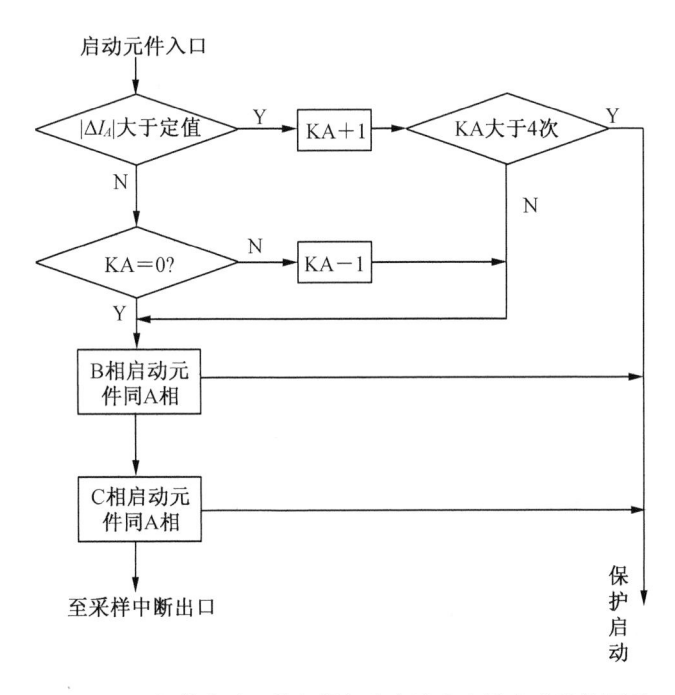

图 5-113 保护启动元件逻辑相中电流突变量启动元件框图

当采样中断服务程序的启动元件判别保护启动时，程序转入故障处理程序。在进入故障处理程序后，CPU 的定时采样仍不断进行，因此，在执行故障处理程序过程中，每隔采样周期 T，程序将重新转入采样中断服务程序。在采样计算完成后，检测保护是否启动

过，如 KST=1，直接转到采样中断服务程序出口，然后再回到故障处理程序，如图 5-112 所示。

五、故障处理程序框图原理

故障处理程序包括保护软压板的投切检查、保护定值比较、保护逻辑判断、跳闸处理和后加速部分等，其框图如图 5-114 所示。

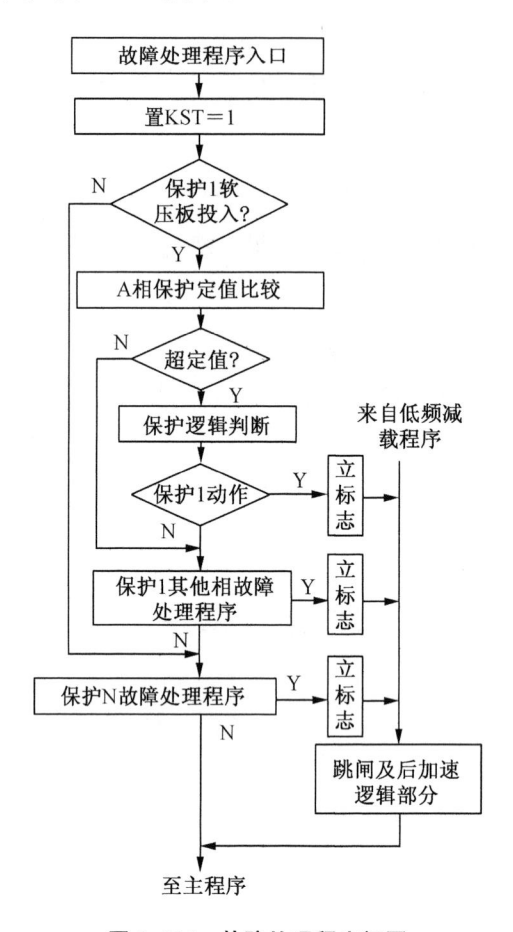

图 5-114 故障处理程序框图

进入故障处理程序入口，首先置标志位 KST 为 1，驱动启动继电器开放保护，通常微机保护系统总是多种功能的成套保护装置，一个 CPU 有时要分别处理多个保护功能。需先查询保护"软压板"（即开关量定值）是否投入？其数值型定值有否超限？若软压板未投入，则转入其他保护功能的处理程序；若软压板已投入并超定值，则进入该保护的逻辑判断程序。若逻辑判断保护动作，则先置该保护动作标志"1"，发出保护动作信号，然后进入跳合闸、重合闸及后加速的故障处理程序。在各保护逻辑判断中，若 A 相的数值型定值未超或逻辑判断程序未判保护动作，则进入 B 相及 C 相的逻辑判断和故障处理程序。

六、中断服务程序与主程序各基本模块间的关系

中断服务程序与主程序各模块之间的关系如图 5-115 所示。

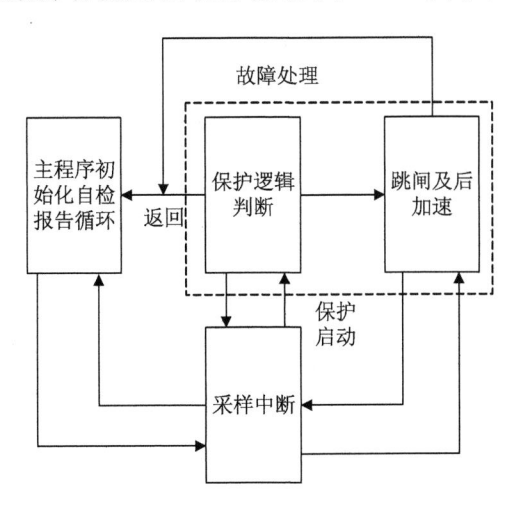

图 5-115 中断服务程序与主程序各模块之间的关系图

保护 CPU 芯片内有四个定时器，定时时间可由初始化决定。正常运行时，采样中断服务程序结束后，就自动转回执行主程序中被中断的指令，但在采样计算后，若发现被保护的线路、设备有故障，就会启动保护，随即修改中断返回地址，强迫中断服务程序结束后进入故障处理程序，而不再回到原被中断的主程序。在执行故障处理程序时，自然要定时进入采样中断服务程序，只是因这时启动标志位 KST=1，中断结束后就不再修改中断返回地址了（见图 5-112），在中断结束后自动回到原被中断了的故障处理程序。即使是在执行跳闸后加速程序时，也要定时进入中断服务程序可使得保护系统任何时候都获得实时的采样数据，保证了保护系统的实时性及动作的正确性。

在进入故障处理程序后，首先是保护逻辑判断，若保护逻辑判断应跳闸即进入跳闸后加速处理自理程序，处理结束后程序返回到主程序的自检循环部分。若保护逻辑判断不动作，也返回到主程序的自检循环部分。

七、数字滤波器

在模拟式滤波器中，模拟量输入信号首先经过滤波器进行滤波处理，然后对滤波后的连续型信号进行采样、量化和计算，其基本流程如图 5-116 所示；数字滤波器是直接对输入信号的离散采样值进行滤波计算，形成一组新的采样值序列，然后根据新采样值序列进行参数计算，其流程如图 5-117 所示。

所谓数字滤波器是指一种算法，在微机保护中，数字滤波器的运算过程可用下述常系数线性差分方程来表述：

$$y(n) = \sum_{i=0}^{m} a_i x(n-i) + \sum_{j=0}^{m} b_j y(n-j)$$

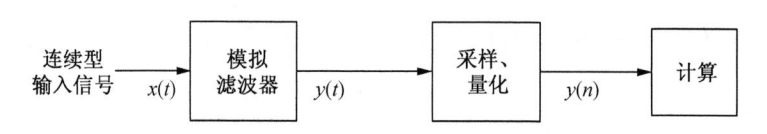

图 5-116　模拟滤波器滤波基本流程图

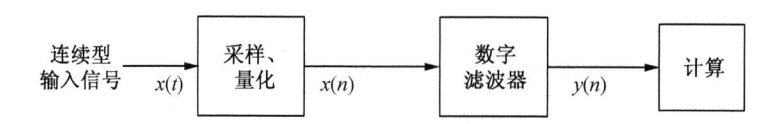

图 5-117　数字式滤波基本流程图

式中：$x(n)$、$y(n)$ 为滤波器输入值和输出值序列；a_i、b_j 为滤波器参数。

通过选择滤波器参数 a_i 和 b_j 可滤除输入信号序列 $x(n)$ 中的某些无用频率成分，使滤波器的输出序列 $y(n)$ 能更明确地反映有效信号的变化特征，就数字滤波器的运算结构而言，主要包括递归型和非递归型两种基本型式。

第六章　主水泵

第一节　叶片式泵的定义与分类

叶片式泵也叫动力式泵,能够连续地给液体施加能量,如离心泵、混流泵、轴流泵。

表 6-1　叶片式泵的分类

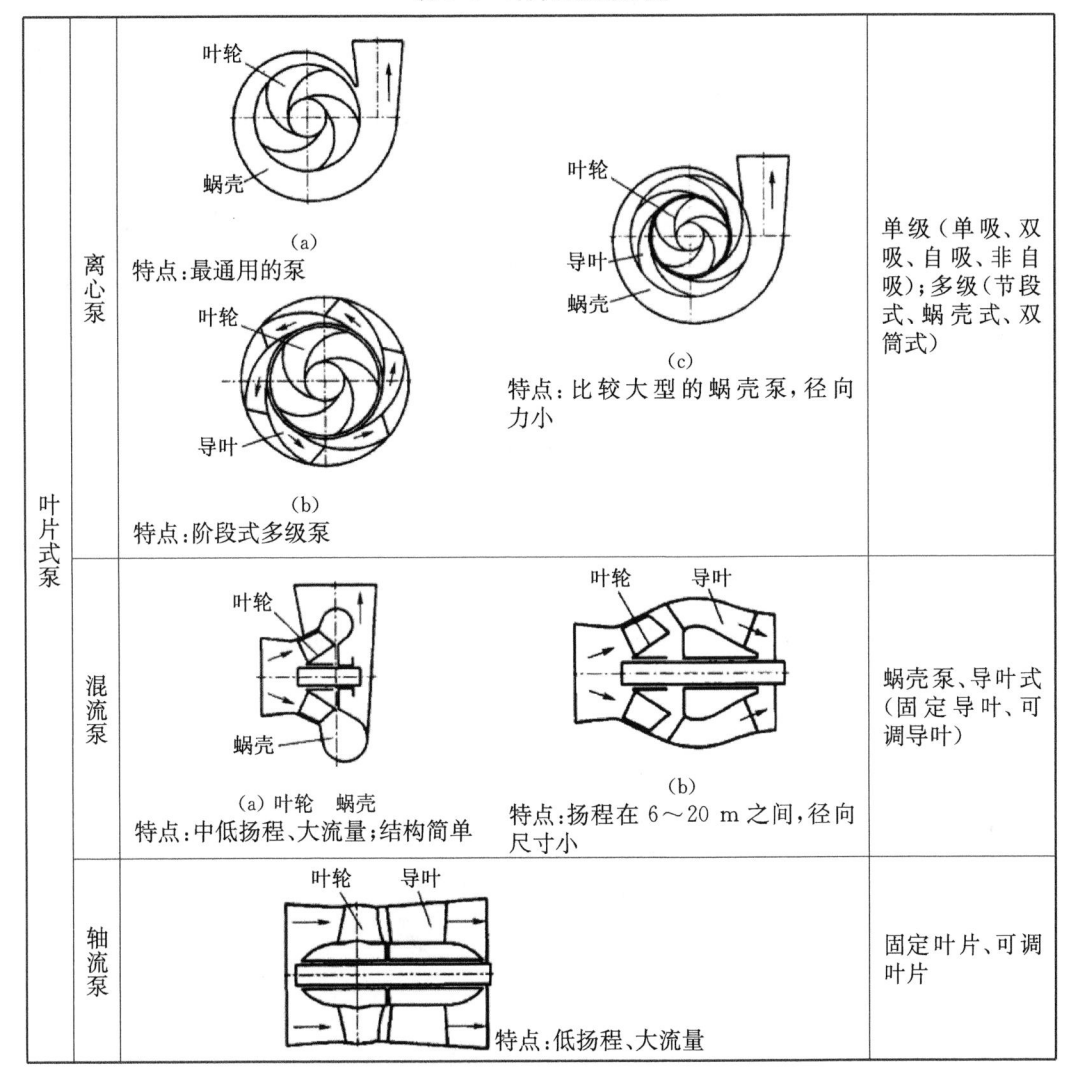

叶片式泵	类型	图示与特点	分类
	离心泵	(a) 叶轮、蜗壳　特点:最通用的泵 (b) 叶轮、导叶　特点:阶段式多级泵 (c) 叶轮、导叶、蜗壳　特点:比较大型的蜗壳泵,径向力小	单级(单吸、双吸、自吸、非自吸);多级(节段式、蜗壳式、双筒式)
	混流泵	(a) 叶轮、蜗壳　特点:中低扬程、大流量;结构简单 (b) 叶轮、导叶　特点:扬程在 6~20 m 之间,径向尺寸小	蜗壳泵、导叶式(固定导叶、可调导叶)
	轴流泵	叶轮、导叶　特点:低扬程、大流量	固定叶片、可调叶片

叶片泵的主要过流部件有吸水室、叶轮和压水室(包括导叶)。

吸水室位于叶轮前面,其作用是把液体引向叶轮,有直锥形、弯管形和螺旋形3种形式,如图6-1所示。

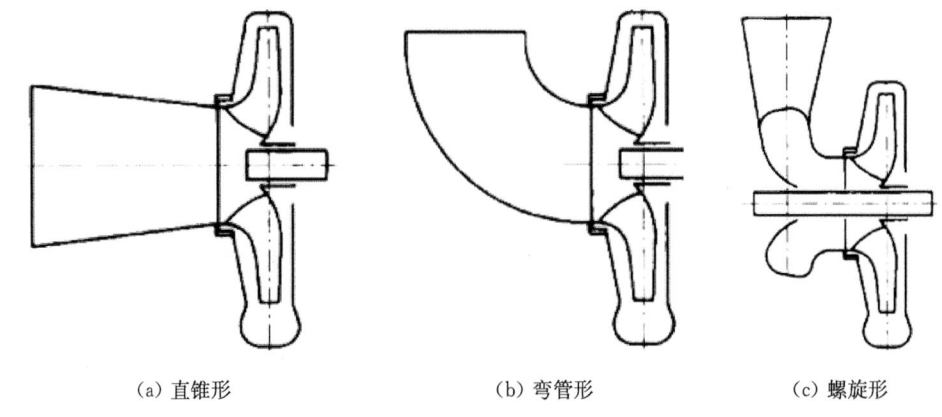

(a) 直锥形　　　　　　　(b) 弯管形　　　　　　　(c) 螺旋形

图 6-1　吸水室的类型

压水室位于叶轮外围,其作用是收集从叶轮流出的液体,送入排出管。压水室主要有螺旋形(蜗壳)、径向导叶、空间导叶和轴流泵导叶等形式,如图6-2所示。

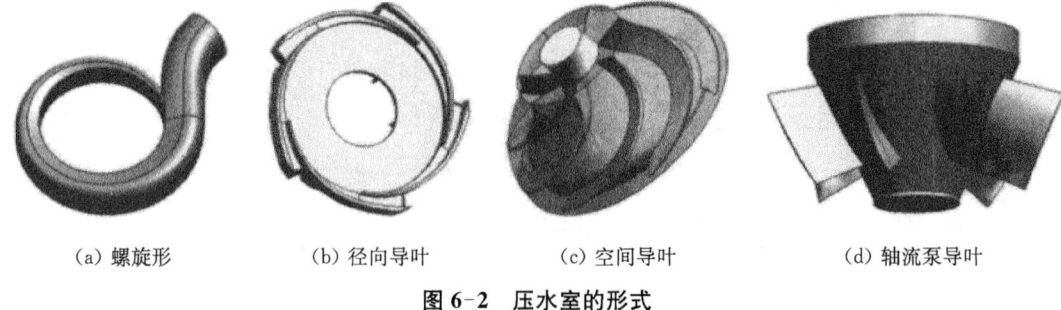

(a) 螺旋形　　　　(b) 径向导叶　　　　(c) 空间导叶　　　　(d) 轴流泵导叶

图 6-2　压水室的形式

叶轮是泵最重要的工作元件,是过流部件的核心,叶轮由盖板和中间的叶片组成。根据液体从叶轮流出的方向不同,叶轮分为离心式(径流式)、混流式(斜流式)和轴流式3种,如图6-3所示。

(1) 离心式(径流式)叶轮中,液体流出叶轮的方向垂直于轴线,即沿半径方向流出。

(2) 混流式(斜流式)叶轮中,液体流出叶轮的方向倾斜于轴线。

(3) 轴流式叶轮中,液体流出叶轮的方向平行于轴线,即沿轴线方向流出。

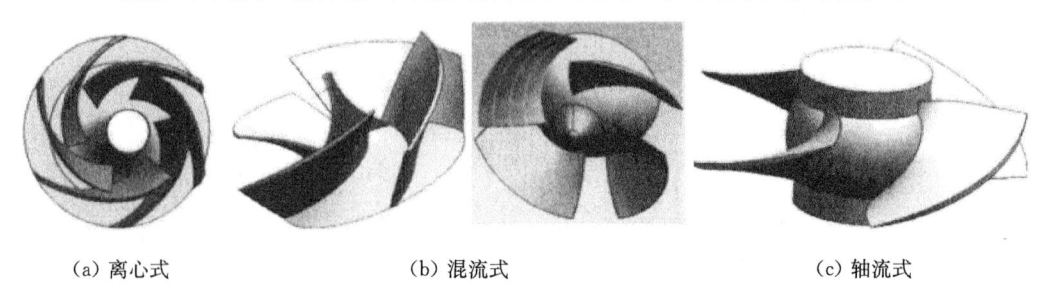

(a) 离心式　　　　　　　(b) 混流式　　　　　　　(c) 轴流式

图 6-3　叶轮的形式

一、离心泵

离心泵是叶片式泵的一种。由于这种泵主要是靠叶轮旋转时,叶片拨动液体旋转,使液体产生的惯性离心力而工作的,所以叫作离心泵。

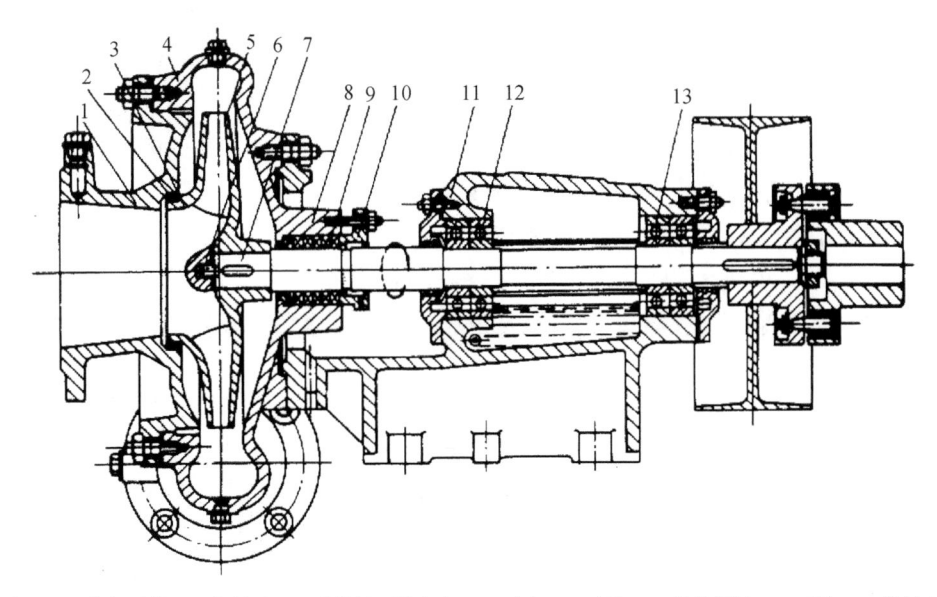

1—带吸入短管的泵盖;2—密封环;3—叶轮的环状突起;4—泵壳;5—叶轮;6—锁紧螺母;7—泵轴;8—填料套筒;9—填料;10—压紧套筒;11—支承架;12、13—轴承。

图 6-4 离心泵结构

离心泵在工作前,吸入管路和泵内首先要充满所输送的液体,离心泵开始工作后,当叶轮旋转时,充满叶轮的液体由许多弯曲的叶片带动旋转,在离心力的作用下,沿叶片间流道由叶轮中心甩向边缘,再通过螺形泵壳(简称蜗壳)流向排出管。随着液体的不断排出,在泵的叶轮中心形成真空,吸入池中液体在大气压力作用下,通过吸入管源源不断地流入叶轮中心,再由叶轮甩出。因为叶轮是连续而均匀旋转的,所以液体连续而均匀地被甩出和吸入。

叶轮的作用是把泵轴的机械能传给液体,变成液体的压能和动能;蜗壳的作用则是收集从叶轮甩出的液体,并导向排出口的扩散管。由于扩散管的断面是逐渐增大的,使得液体的流速平缓下降,把部分动能转化为压能。在有些泵上,叶轮外缘装有导叶,其作用也是导流及能量转换。在吸入管上及排出口的扩散管后分别装有真空表和压力表,用以测量泵进口处的真空度及出口压力,从而了解泵的工作状况。离心泵的结构如图 6-4 所示。

从上述工作原理可知,离心泵工作时,最怕泵内有气。因为气体的重度小,旋转时产生的离心力就很小,叶轮中不能造成必要的真空度,也就无法将重度较大的液体吸入泵中。因此在开泵前必须使泵和吸入系统充满液体,工作中吸入系统也不能漏气,这是离心泵正常工作必须具备的条件。

二、轴流泵

轴流泵广泛应用于灌溉、给排水、内河航道疏浚、动力工程以及其他需要输送大量液体而扬程要求不高的领域,在核电工程、船舶推进领域也有应用。

轴流泵是叶片泵的一种,它的叶片单元为一系列翼型,围绕轮毂构成圆柱叶栅。由于流过叶轮的流体微团的迹线理论上位于与转轴同心的圆柱面上,经过导叶消旋之后认为出流沿着轴向,所以这种泵称为轴流泵,也称为卡普兰(Kaplan)泵。轴流泵的流量较大,可达 60 m³/s,单级扬程较低,通常为 1～25 m。因此,轴流泵的比转速较高,其常用范围在 500～1 600之间。轴流泵的结构如图 6-5 所示。

轴流泵的优点如下。

(1) 结构简单,在给定工作参数条件下,横截面积(垂直于转轴的平面)和重量较其他类型的叶片泵小。

(2) 不管是在停机状态还是运行状态,都可以通过改变叶片安放角来改变流量。

(3) 轴流泵通常是立式结构,其占地面积小,可以露天安装。

轴流泵的缺点如下。

(1) 自吸能力有限。

(2) 单级扬程低。

(3) 效率曲线陡,高效率区比较窄,如果没有叶轮叶片安放角的调节装置,偏离设计工况运行时经济性差。

1—吸入喇叭管;2—进口导叶;3—叶轮;4—轮毂;5—轴承;6—出口导叶;7—出水弯管;8—轴;9—推力轴承;10—联轴器。

图 6-5 轴流泵的结构简图

(一) 工作原理

液体在轴流泵叶轮内的流动,是一种复杂的空间运动。任何一种空间运动都可以认为是三个互相垂直的运动的合成。

1. 圆柱层无关性假设

液体质点在以泵轴线为中心线的圆柱面流动,且相邻各圆柱面上的液体质点的运动互不相关。即在叶轮的流域中,不存在径向分速度。显然,圆柱面即是流面。

圆柱面沿母线割开后,可以展开在平面上,圆柱面和各叶片相交,其截面(翼型剖面或翼型)在平面上构成一组轴流泵叶栅。

(1) 可以展开在平面上,即属于平面叶栅。

(2) 平面上叶栅列线(叶栅中翼型各相应点的连线)为直线,即属于直列叶栅。

(3) 叶栅中各翼型的间距相等,液体绕流时每个翼型的作用均相同,分不出边界翼

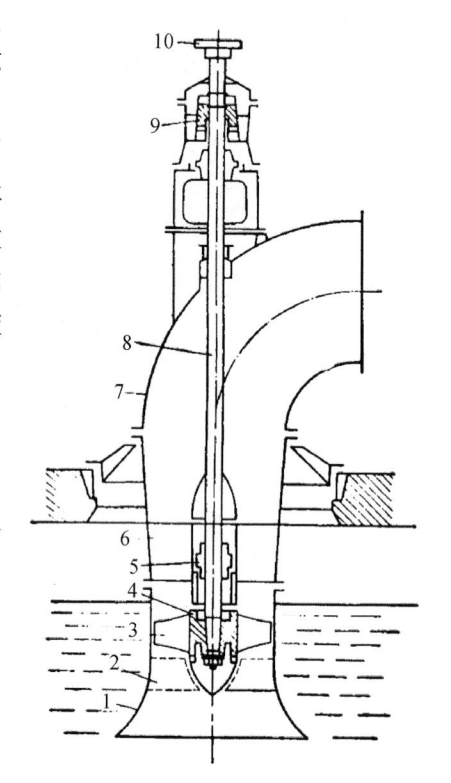

型,即属于无限叶栅。

综上所述,这组叶栅是无限平面直列叶栅。只要研究绕流叶栅中一个翼型的流动就可代表整个叶栅的流动。于是研究轴流泵叶轮内的流动,就简化为研究对应几个圆柱流面的叶栅中翼型的流动。几个圆柱流面上的翼型组合起来,便得到轴流泵叶片。

叶轮叶片栅的主要几何参数如下。

叶轮直径 D,翼型弦长 l,叶轮轮毂直径 d_h,叶片安放角 β_L,叶片数 Z,栅距 $t\left(t=\dfrac{2\pi R}{Z}\right)$,圆柱层流面半径 R,冲角(无穷远来流方向与叶片间的夹角)$\triangle$。

2. 速度三角形

液体在轴流泵叶轮中圆柱面上的流动是一种复合运动,v、w、u 三个速度均与圆柱流面相切,也就是速度三角形组成的平面和圆柱面相切。圆周速度 u 沿着旋转的圆周方向,w 的方向和叶片翼型表面方向有关,如果假设叶片数无穷多,则 w 的方向和叶片翼型表面相切,绝对速度 v 按平行四边形法则确定。

为了研究方便,将绝对速度 v 分解为两个互相垂直的分量 v_u 和 v_m。

v_u 是圆周方向的分量,称为绝对速度的圆周分量,其值和泵的扬程有关。

v_m 是轴面上的分量,称为轴面速度,其值和泵的流量有关。

v_m 是 v 的分量,也必然和圆柱流面相切,同时又在轴面上,所以 v_m 的方向沿着轴面和圆柱面交线方向,即轴向,又称为轴向速度,并用 v_z 表示。

(a)出口速度三角形　　　　　　(b)进口速度三角形

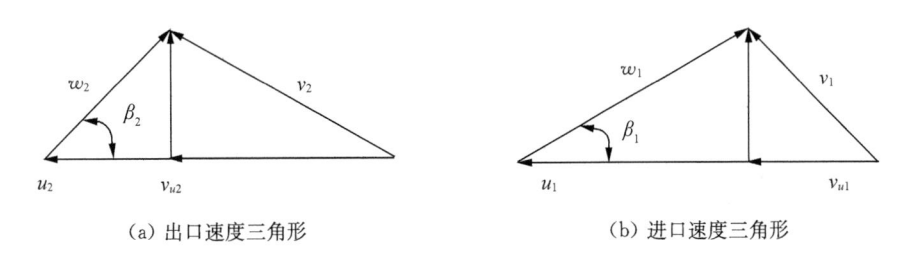

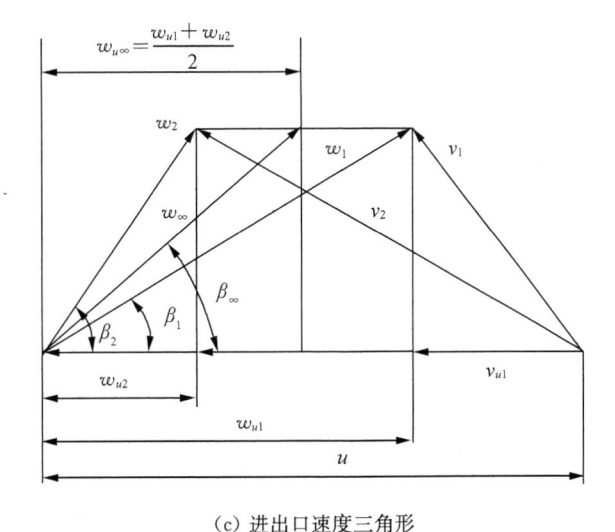

(c)进出口速度三角形

图 6-6　轴流泵进出口速度三角形

(1) 进口速度三角形

圆周速度 $u_1 = \dfrac{D_1 \pi n}{60}$，进口前轴面速度 $v_{m0} = \dfrac{4Q}{\pi(D^2 - d_h^2)\eta_v}$。

式中：D_1 为研究圆柱流面的直径；η_v 为容积效率，其值为 0.96～0.99。

圆周分速度 v_{u1} 由吸入条件决定，通常 $v_{u1} = 0$。

(2) 出口速度三角形

通常 $u_2 = u_1 = u$，$v_{m1} = v_{m2} = v_m$，$v_{u2} = \dfrac{gH_t + uv_{u1}}{u}$。

由于轴流式叶轮叶栅的进、出口圆周速度相等，可以把栅前和栅后的速度三角形重合在一起。栅前和栅后的相对速度的几何平均速度称为无穷远来流速度，或相对速度的平均值，用 w_∞ 表示。由速度三角形可知：

$$w_\infty = \sqrt{v_m^2 + \left(\dfrac{w_{u2} + w_{u1}}{2}\right)^2} = \sqrt{v_m^2 + \left(u - \dfrac{v_{u2} + v_{u1}}{2}\right)^2}$$

当 $v_{u1} = 0$ 时，

$$w_\infty = \sqrt{v_m^2 + \left(u - \dfrac{v_{u2}}{2}\right)^2}$$

w_∞ 的方向：$\tan\beta_\infty = \dfrac{v_m}{u - \dfrac{v_{u2}}{2}}$，若考虑叶片的排挤，则轴面速度 v_m' 为

$$v_m' = \dfrac{v_m}{\psi}, \quad \psi = \dfrac{F-f}{F} = \dfrac{tl\sin\beta_L - f}{tl\sin\beta_L}$$

式中：ψ 为叶片排挤系数；f 为翼型面积，近似取 $f = \dfrac{2}{3}\delta_{\max}l$；$\delta_{\max}$ 为翼型最大厚度。

因此，

$$\psi = 1 - \dfrac{2}{3}\left(\dfrac{\delta_{\max}}{t\sin\beta_L}\right)$$

考虑 $\delta_{\max}$ 和 β_L 的变化，应对每个流面不同直径处的 ψ 单独计算，ψ 的取值范围一般为 0.85～0.95，从外缘到轮毂依次减小。

(二) 几何参数的选择

1. 叶轮直径 D

依据流量相似公式，设 $nD = K$，则

$$\dfrac{Q}{Q_M} = \dfrac{n}{n_M}\left(\dfrac{D}{D_M}\right)^3 = \dfrac{n}{n_M}\dfrac{D}{D_M}\left(\dfrac{D}{D_M}\right)^2 = \dfrac{K}{n_M D_M}\left(\dfrac{D}{D_M}\right)^2$$

式中：M 为模型泵。

由上式得，$D = D_M\sqrt{\dfrac{n_M D_M Q}{K Q_M}}$。

通常模型泵的 $D_M=0.3$ m，$n_M=1\,450$ r/min，$Q_M=0.35\sim0.38$ m³/s，则可近似写成

$$D = 10.5\sqrt{\frac{Q}{K}}$$

式中：$K=nD$，一般取 $350\sim415$。

由给定 K 算出叶轮直径后，再选择合适的电机转速，调整叶轮直径。

2. 轮毂比 $\bar{d}=\dfrac{d_h}{D}$

轮毂是用来固定叶片的，在结构和强度上应保证满足安装叶片和调节叶片的要求。从水力性能上讲，减小轮毂比，可以减少水力摩擦损失，增加过流面积，有利于抗汽蚀性能的改善。但是过分地减少轮毂比，会增加叶片的扭曲度，当偏离设计工况时，会造成液体流动紊乱，在叶轮出口形成二次回流，使泵的效率下降，高效范围变窄。

3. 叶栅稠密度

叶栅稠密度 l/t 是轴流泵叶轮的重要几何参数，它直接影响泵的效率，也是决定汽蚀性能的重要参数。l/t 减小，表示叶轮叶片总面积减小，叶片两面的压差增加，将使汽蚀性能变差。但另一方面，摩擦面积减小，可以提高效率。因为叶轮内的水力损失与 W_∞ 成正比，外缘上的 W_∞ 增大，过流量大，对泵的效率影响较大。另外，相对速度最大的外缘处，也是最容易发生汽蚀的部位。所以，对于轴流泵而言，重点是确定外缘的 l/t，在选取时应考虑以下三点。

（1）从能量转换和汽蚀性能考虑，不论叶片数多少，叶片都应当有一定的长度，用以形成理想的通道，所以选择 l/t 还应当考虑叶片数的多少。根据试验研究，推荐以下几组外缘处的 l/t 值，供设计时参考：

$z=3$，$\dfrac{l}{t}=0.65\sim0.75$；$z=4$，$\dfrac{l}{t}=0.75\sim0.85$；$z=5$，$\dfrac{l}{t}=0.84\sim0.94$。

（2）适当减小外缘侧的 l/t，增加轮毂侧的 l/t，以减小内外侧翼型的长度差，均衡叶片出口扬程。

因为只有确保叶片出口 $v_u R$ 等于常数，才能消除径向流动，减少损失，提高效率。但是，通常的轴流泵叶片根部很短，外缘长，相差大约 1.7 倍。一般文献推荐的轮毂翼型叶栅稠密度和轮缘叶栅稠密度的关系是 $\left(\dfrac{l}{t}\right)_h=(1.2\sim1.25)\left(\dfrac{l}{t}\right)_0$。叶片根部翼型本来工作条件不佳，加之很短，实际上保证不了和外缘翼型相同程度的能量转换，造成叶片出口扬程 $v_u R$ 不均，从而引起径向流动。因而推荐轮毂与轮缘之间各截面的 l/t 按直线规律变化，其值为 $\left(\dfrac{l}{t}\right)_h=(1.3\sim1.4)\left(\dfrac{l}{t}\right)_0$。

（3）修圆叶片进口外缘部分，以提高叶片的抗汽蚀性能。

叶片外缘进口部分修圆以后，流进叶轮的液体，先与根部叶片接触，然后获得能量的液体的一部分向外缘流动，使外缘处正待流入叶片的液体旋转分量增加，压力增加，从而避免外缘汽泡的过早发生，提高叶片的抗汽蚀性能。

4. 叶片数和翼型厚度

(1) 叶片数

叶片数通常按比转速选取,表 6-2 是模型使用的叶片数,供设计时参考。

表 6-2 叶片数 z 和比转速的关系

n_s	500	600	700	850	1 000	1 250	1 500
z	5	5	4	4	3	3	3

(2) 翼型厚度

轮毂处的翼型厚度按强度条件确定,通常按下式粗略估算:

$$\delta_{\max} = (0.012 \sim 0.015) D \sqrt{H}$$

式中:D 为叶轮直径,m;H 为泵扬程,m。

厚度与弦长 l 有关,通常轮毂截面的相对厚度 $\bar{\delta}_h = \dfrac{\delta}{l} = 10\% \sim 15\%$。

轮毂截面的厚度按工艺条件确定,通常轮缘截面的相对厚度 $\bar{\delta}_0 = \dfrac{\delta}{l} = 2\% \sim 5\%$。

三、混流泵

混流泵是介于离心泵与轴流泵之间的一种叶片式泵,其比转速通常为 $n_s = 300 \sim 600$,水从叶轮中斜向流出,叶片对水流产生离心力和升力使水得到提升。其结构形式可分为蜗壳式与导叶式两种。从外形和结构上看蜗壳式混流泵与单吸离心泵相似,导叶式混流泵与立式轴流泵相似,不同的仅是叶轮的形状和泵体的支承方式。混流泵主要用于农业灌排水、市政给排水、电厂供循环水、区域性调水等,近年来在核电、舰船喷水推进领域也见应用。

1. 转子安装拆卸方式

(1) 转子不可抽出式见图 6-7(a)。

(2) 转子大抽出式——除部分出水管,泵整体抽出,见图 6-7(c)。

(3) 导叶固定抽出式——导叶不拆,见图 6-7(d)。

(4) 转子小抽出式——出水弯管上盖和导叶、叶轮可抽出,导叶外筒不拆,见图 6-7(e)。

2. 叶片的调节方式

(1) 固定叶片——不可调节。

(2) 半调节——停机、拆卸、调整叶片。

(3) 全调节——泵运行时可调节。

(4) 前导叶可调节。

叶片调节方式的比较见表 6-3。

(a) 转子不可抽出式　　(b) 可动前导叶　　(c) 转子大抽出式

(d) 导叶固定抽出式　　(e) 转子小抽出式

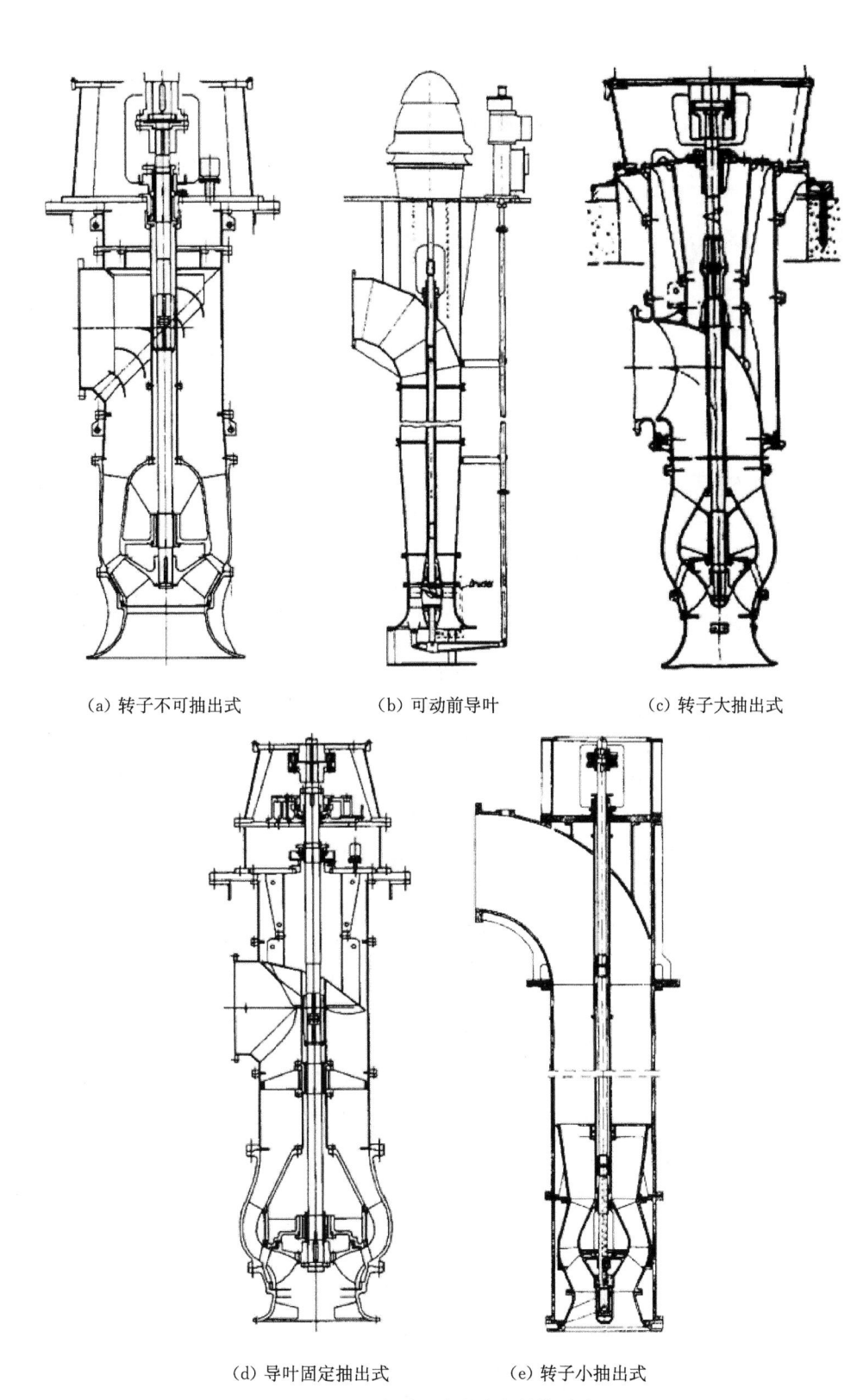

图 6-7　大型立式混流泵结构形式

表 6-3　叶片调节方式的比较

固定叶片	结构简单、维修方便、造价低;装置扬程(水位)变化时,泵在偏离最优工况
半调节	结构较简单、维修较方便、造价较低;可在高效点附近运行,调节时需要停机,比较麻烦,适用于季节性调节
全调节	结构复杂、造价高;可在流量扬程变化范围较大的场合使泵保持在高效率下运行,节约能源
前导叶可调节	结构较简单、调节范围比叶片调节小

四、贯流泵

贯流泵是卧式轴流泵的一种,由电动机、减速装置和水泵组成一整体,装设在水下堤坝内部的机坑内,其进出水流道位于一条直线上,近似直圆筒形,水力损失少,提水效率高,且结构紧凑,安装、检修方便,泵站工程施工简单。贯流泵是一种低扬程轴流泵,除叶轮及其外围的泵壳用金属材料制成以外,进水流道和出水流道均采用砖石或混凝土结构,其扬程在 2 m 以下,流量大、结构简单、造价低、效率高,适用于低洼地区的排涝和灌溉。图 6-8 为灯泡贯流泵机组总图。

贯流泵有竖井式、轴伸式与潜水式等几种。其特点分述如下。

竖井贯流式机组是将电动机和齿轮箱布置在流线型的竖井中,与安装在流道中的水泵相连接,竖井的尺寸根据电机和齿轮箱的尺寸确定,机组结构简单,密封止水要求不高,运行维护方便,电机可采用风冷或水冷却。

潜水贯流式机组的水泵转轮、后导叶、齿轮箱、电机连为一体直接布置在流道中,机组段采用全金属壳体,整体吊装,安装方便。电机、齿轮箱在水中,设备外壳利用流动的水流冷却,潜水电机设有渗漏、过载、过流、温度等检测、保护装置。潜水贯流式机组利用了潜水电泵的技术,保持了灯泡贯流泵水力性能好、效率高的特点,具有土建结构简单、机组结构紧凑、流道水力损失小等优点,但设备可靠性要求高,密封止水要求高。

轴伸贯流式包括平面轴伸贯流式和立面轴伸贯流式两种,分别采用平面 S 形流道和立面 S 形流道,电机和齿轮箱布置在流道外侧,水泵轴伸出流道外与电机、齿轮箱连接,具有结构简单,通风防潮条件良好,运行维护方便,密封止水要求不高等优点。但轴伸贯流式机组直径不宜过大,否则会造成机组主轴太长,而且中间没有任何支承,将导致机组运行不稳定。

潜水贯流泵流道的水力性能类似于灯泡贯流泵,流道为平直管,水流轴向通过流道,这种结构形式水力性能较佳,流道损失相对较小,装置效率高;轴伸贯流泵流道为 S 形,弯曲的流道使水力损失增大,泵装置效率相对较低;竖井贯流泵的装置效率介于潜水贯流泵和轴伸贯流泵之间,流道为平直管式,水流从竖井的两侧通过流道。根据水利部南水北调同台测试对比试验成果,将比转速为 900 m·kW 的轴流式模型叶轮配不同形式的贯流式流道进行同台对比测试,试验成果表明灯泡贯流式机组效率高于轴伸贯流式,在 $H=2.5\sim3.5$ m,$Q=350\sim400$ L/s 时,效率高 2%～3%。

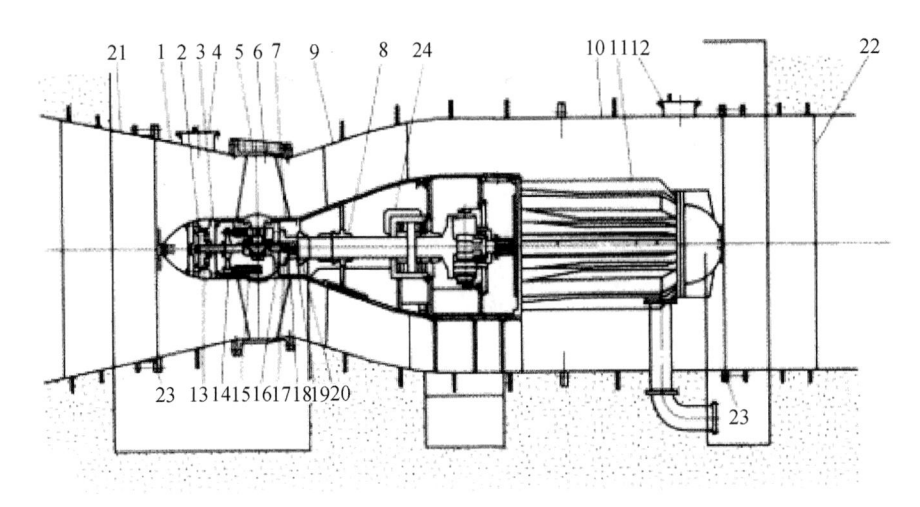

1—引水管；2—叶轮毂盖；3—油缸；4—人孔盖；5—转轮室；6—叶片；7—叶轮毂；8—径向轴承；9—配水环；10—出水室；11—电动机；12—人孔盖；13—活塞；14—十字架；15—连杆；16—轴承；17—轴；18、19—压力管；20—轴封；21—吸水管；22—排水管；23—法兰；24—推力及向心轴承。

图6-8 灯泡贯流泵机组总图

第二节 泵的性能参数

一、流量

泵的流量有体积流量和质量流量之分。

体积流量：泵在单位时间内所抽送的液体体积，即从泵的出口截面所排出的液体体积。体积流量一般用 Q 表示，常用单位为：m^3/s，L/s，m^3/h。

质量流量：泵在单位时间内所抽送的液体质量。质量流量一般用 Q_m 表示，常用单位为：kg/s，t/h。

通常所说的泵的流量是指体积流量，仅在极少数情况下才用质量流量。它们之间的换算关系为

$$Q_m = \rho Q$$

式中：ρ 为液体的密度，kg/m^3，常温清水 $\rho = 1\,000\ kg/m^3$。

二、扬程

泵的扬程是指单位重量的液体流过泵后其能量的增值，即泵出口处单位重量液体的机械能减去泵进口处单位重量液体的机械能。扬程用 H 表示，单位是 $Nm/N = m$，即抽送液体的液柱高度，习惯简称米。

$$H = E_d - E_s$$

单位重量液体的能量在水力学中称为水头,通常由三部分组成,即压力水头 $\dfrac{p}{\rho g}$,速度水头 $\dfrac{v^2}{2g}$ 和位置水头 z。

泵出口处单位重量液体的能量为

$$E_d = \frac{p_d}{\rho g} + \frac{v_d^2}{2g} + z_d$$

泵出口处单位重量液体的能量为

$$E_s = \frac{p_s}{\rho g} + \frac{v_s^2}{2g} + z_s$$

泵的扬程为

$$H = \frac{p_d - p_s}{\rho g} + \frac{v_d^2 - v_s^2}{2g} + (z_d - z_s)$$

式中:p_d,p_s 分别为泵出口、进口处液体的静压力;v_d,v_s 分别为泵出口、进口处液体的流速;z_d,z_s 分别为泵出口、进口到任选测量基准面的距离。

泵的扬程表征泵的本身性能,只与泵进、出口处液体的能量有关,而与泵装置没有直接关系,应用能量方程,可将泵装置中液体能量表示为泵的扬程。

三、转速

泵的转速是指泵转子在单位时间内的转数。泵的转速用 n 表示,其单位为 r/min 或 r/s,转速也可用转子回转角速度来表示,它的单位为 rad/s。

转速 n 与角速度 ω 的关系为

$$\omega = \frac{2\pi n}{60}$$

四、汽蚀余量

泵在工作时液体在叶轮的进口处因局部压力过低产生气体,汽化的气泡在液体质点的撞击运动下,对叶轮等金属表面产生剥蚀,从而破坏叶轮等金属,此时的真空压力叫汽化压力,汽蚀余量是指在泵吸入口处单位重量液体所具有的超过汽化压力的富余能量。关于汽蚀余量我们将在第四节中加以详细介绍。

五、功率与效率

泵的功率通常是指泵的输入功率,即原动机传递给泵的功率,由于是通过泵轴传递给泵的,故我们又称之为轴功率,用 P 表示。

除输入功率外,还有输出功率,输出功率是指液体通过泵时由泵传递给它的有效功率,即单位时间内从泵中输送出去的液体在泵中获得的有效能量,也称为水功率,用 P_e 表示。

因为扬程是泵输出的单位重量液体从泵中获得的有效能量,所以扬程和质量流量及重力加速度的乘积,就是单位时间内从泵中输出液体获得的有效功率,即

$$P_e = HQ_m g = \rho g Q H \text{ (W)}$$

$$\text{或 } P_e = \rho g Q H / 1\,000 \text{ (kW)}$$

式中:ρ 为液体的密度,kg/m³;g 为重力加速度,m/s²;Q 为泵的流量,m³/s;H 为泵的扬程,m。

输入功率和输出功率是不相等的,因为泵内有功率损失,损失的大小常用泵的效率来衡量。效率用 η 表示,水泵的效率是泵的输出功率与输入功率之比,即

$$\eta = \frac{P_e}{P}$$

六、泵的基本方程式

泵把机械能变成液体的能量是在叶轮内进行的。叶轮带着液体旋转把力矩传给液体,使液体的运动状态发生变化,完成能量的转换。

泵的基本方程式就是定量地表示液体流经叶轮前后运动状态的变化与叶轮传递给单位重量液体的能量(即理论扬程)之间的关系式,故称为能量方程,即泵理论扬程的计算公式,又称欧拉方程。

根据动量矩定理,单位时间内通过叶轮进出口间的液体从叶轮中获得的能量等于叶轮通过叶片传递给液体的力矩。泵的基本方程如下。

$$H_t = \frac{\omega}{g}(v_{u2} R_2 - v_{u1} R_1)$$

式中:v_{u2} 为叶片出口绝对速度的圆周分量,m/s;v_{u1} 为叶片进口绝对速度的圆周分量,m/s;R_2 为叶片出口半径,m;R_1 为叶片进口半径,m。

第三节 比转速

一、比转速

泵的相似定律建立了几何相似的泵在相似工况下,性能参数之间的关系。但是用相似定律来判断泵是否几何相似和运动相似既不直观,也不方便。因此在相似定律的基础上,希望有一个判别数,它是表征一系列几何相似泵性能的综合数据。如果各个泵的这个数据相等,则这些泵是几何相似和运动相似的,为此可用相似定律来推求各泵性能之间的关系。这个判别数就是比转速,有时也称为比速。比转速既然是相似判别数,则从比转速的大小可以知道泵的一般几何形状。

根据相似准则,可得到单位流量 Q_I 和单位扬程 H_I,对几何相似的泵,在相似工况下

工作，Q_I、H_I 为常数，故可以将其作为相似判据使用，但其中包括叶轮尺寸，用起来还不甚方便。故将 Q_I、H_I 联立并消除尺寸因数，得

$$\frac{Q_I^{1/2}}{H_I^{3/4}} = \frac{\sqrt{Q}/\sqrt{n}D^{3/2}}{\frac{H^{3/4}}{n^{6/4}D^{6/4}}} = \frac{n\sqrt{Q}}{H^{3/4}}$$

解得综合数据的性能参数，而且此公式是从相似定律推得，所以它可表征泵的相似准则，用 n_s 表示，称之为比转速。为使泵的比转速与水轮机的比转速一致，将上面数据乘以常数 3.65，表示为

$$n_s = \frac{3.65n\sqrt{Q}}{H^{3/4}}$$

式中：n 为转速，r/min；H 为扬程，m，对多级泵取单级扬程；Q 为流量，m³/s，对双吸泵取 $Q/2$。

另外各国所用的比转速有的无常数，且流量 Q、扬程 H 的单位也不相同，因此对同一相似泵算得的 n_s 的数值不同。在比较时，应换算为相同单位下的数值，其换算关系如表 6-4 所示。

表 6-4　各国比转速换算表

国别	中国与苏联	美国	英国	日本	德国
公式	$\frac{3.65n\sqrt{m^3/s}}{m^{3/4}}$	$\frac{n\sqrt{U.Sgal/min}}{(ft)^{3/4}}$	$\frac{n\sqrt{Imp.gal/min}}{(ft)^{3/4}}$	$\frac{n\sqrt{m^3/min}}{m^{3/4}}$	$\frac{n\sqrt{m^3/s}}{m^{3/4}}$
换算系数	1	14.16	12.89	2.12	1/3.65
	0.0706	1	0.91	0.15	0.26
	0.0776	1.1	1	0.165	0.28
	0.4709	6.68	6.079	1	1.72
	0.2740	3.88	3.53	0.58	1

注：各国比转速换算式为 $n_{s中} = \frac{n_{s美}}{14.16} = \frac{n_{s英}}{12.89} = \frac{n_{s日}}{2.12} = n_{s德} \times 3.65$。

二、关于比转速的说明

(1) 同一台泵在不同的工况下具有不同的比转速值。作为相似准则的比转速，是指对应最高效率点工况下的比转速值。

(2) 比转速是根据相似理论推导而得的，可作为相似判断依据。对几何相似的泵，在相似工况下，比转速相等。但是不能说比转速相等的泵就一定几何形状相似，因为构成泵几何形状的参数很多。例如：对 $n_s=500$ 的泵，可以做成轴流式的，也可以做成斜流式的；对 $n_s=400$ 的混流泵，可以做成导叶式的，也可以做成蜗壳式的。这样虽然比转速相同，但几何形状却不同，故谈不上工况相似。但对于同一种形式的泵而言，比转速相等时，要想使泵的性能好，就必须使其几何形状符合流动规律，这样泵的几何形状相差就不大，因

此通常是几何相似的。

(3) 比转速是有因次数的,其量纲是$(L/T^2)^{\frac{3}{4}}$,但不影响其作为相似判别的依据。对几何相似的泵,在相似工况下,比转速相等。在有些情况下,使用无因次的比转速,又称为形式数,其表达式为

$$K = \frac{2\pi n \sqrt{Q}}{60 (gH)^{3/4}}$$

式中各参数的单位同比转速,比转速和形式数间的关系为

$$\frac{K}{n_s} = \frac{\frac{2\pi n \sqrt{Q}}{60 (gH)^{3/4}}}{\frac{3.65n \sqrt{Q}}{H^{3/4}}} = \frac{2\pi}{60 g^{3/4} \times 3.65} = 0.005\,175\,9$$

即 $K = 0.005\,175\,9 n_s$。

(4) 因为比转速是由泵参数组成的一个综合参数,是泵相似的准则,其与泵的几何形状密切相关,所以可按比转速对泵进行分类。另外,泵的特性曲线是泵内液体运动参数的外部表现形式,而泵内的运动与泵的几何形状有关,所以泵的特性曲线与泵的几何形状也有密切的关系,见表 6-5。

表 6-5 各种不同比转速泵的典型特点

泵类型	离心泵			混流泵	轴流泵
比转速	低比转速	中比转速	高比转速		
	$30<n_s<80$	$80<n_s<150$	$150<n_s<300$	$300<n_s<500$	$500<n_s<1500$
$\frac{D_2}{D_j} \approx$	3	2.3	1.8~1.4	1.2~1.1	1
扬程-流量曲线特点	关死扬程为设计工况的 1.1~1.3 倍。扬程随着流量减少而增加,变化缓慢			关死扬程为设计工况的 1.5~1.8 倍,扬程随流量减少而增加,变化较急	关死扬程为设计工况的 2 倍左右,在小流量处出现马鞍形
功率-流量曲线特点	关死功率较小,轴功率随流量增加而上升			流量变化时,轴功率变化较小	关死点功率最大,设计工况附近变化比较小,以后轴功率随流量增大而下降
效率-流量曲线特点	比较平坦			比轴流泵平坦	急速上升后又急速下降

①按比转速从小到大可分为离心泵、混流泵、轴流泵。

②低比转速泵因流量小,扬程高,故低比转速泵叶轮窄而长,常用圆柱形叶片,有时为了提高泵效率,目前也有采用扭曲叶片的;高比转速泵因流量大,扬程低,故高比转速泵叶

轮宽而短，常用扭曲叶片；叶轮出口直径与进口直径的比值 $\dfrac{D_2}{D_j}$ 随 n_s 增加而减小。

③低比转速泵的扬程曲线容易出现驼峰；高比转速的混流泵、轴流泵关死扬程高，且曲线上有拐点。

④低比转速泵零流量时功率小，故低比转速泵采用关阀启动；高比转速泵零流量时功率大，故高比转速泵采用开阀启动。

第四节　泵空化

一、泵内空化的发生过程

泵在运转中，若其过流部件中的局部区域（通常是叶轮叶片进口稍后的某处）因某种原因，输送液体的绝对压力下降到当时温度下的汽化压力时，液体就会发生汽化形成空泡，这些空泡形成和发展的状态称为汽化（也称为空化）。在流动的液体中，受升高压力的作用，空泡的增长就会受到抑制而停止，进而破裂、消失。空泡破裂的剧烈过程大约在纳秒级的极短时间内发生，产生大量的激波。空泡破裂发生在固体壁面时，会对固体边界形成高速微射流。当压力冲击的强度大于材料机械强度的极限时，就会在固体边界上形成几微米大小的小坑，如果这种小坑不断堆积，将累积成海绵状塑性变形并发生脱落，则称为空化（也称为空蚀）。也就是说，空化并不在汽化发生的位置发生，而是在汽化空泡溃灭的位置发生。

空化在以水轮机、水泵等为代表的水力机械内部发生和存在。特别是为了减小泵尺寸从而降低材料和加工成本，泵向小型化发展，这样就要求泵的设计转速越来越高，从而导致泵的吸入性能变差。另一方面，随着经济的快速增长、泵市场需求多样化，以及泵用户选型的不合理会使泵在非设计工况下运行。而转速过高和在非设计工况下运行正是泵容易发生汽化的两个因素。

二、泵内发生空化的危害

（1）产生噪声和振动

液体汽化后空泡在高压区连续发生破裂并伴随着强烈水击，产生噪声和振动，可以听到像爆豆似的噼噼啪啪的响声，据此可以粗略地判断是否发生汽化。这种情况下注入少量空气可以减轻噪声振动以及对金属的破坏，这种方法在水轮机中已被广泛采用，但在水泵中很少使用。

（2）过流部件空化

泵长时间在汽化条件下工作，过流部件的某些地方会遭到汽化破坏，也就是空化。汽化在金属表面发生时，会使金属表面受到像利刃似的强烈冲击，导致金属出现麻点以致穿孔，有时金属颗粒松动并剥落而使金属表面呈现蜂窝状。空化除产生机械力作用外，还伴有电解、化学腐蚀等多种复杂的作用。

实践证明,受空化的部位正是空泡破裂之处,所以常在叶轮进口稍后处和压水室进口部位发现空化痕迹。汽化产生于叶轮进口处,欲根治空化必须防止在叶轮进口处产生空泡。

(3) 性能下降

汽化时叶轮和液体的能量交换受到干扰和破坏,在外特性上的表现是扬程-流量曲线、轴功率-流量曲线、效率-流量曲线下降。严重时会使泵中的液流中断,致使泵不能工作。但在泵发生汽化初期性能曲线并无明显变化,当性能曲线发生变化时,汽化已发展到了一定的程度。

不同比转速泵的性能曲线受汽化影响的形式不同,对于低比转速泵,由于叶片流道窄而长,故一旦发生汽化,空泡易于充满整个流道,因而性能曲线呈急剧下降趋势。随着比转速的增加,叶片流道向宽而短的趋势变化,故空泡从初生、发展到充满整个流道有一个过渡过程,相应的泵性能曲线开始是缓慢下降,到某一流量时才表现为急剧下降。

三、空化基本方程式

一台泵在运转中发生空化,但在完全相同的条件下,换另外一台泵可能不发生空化,可见泵是否发生空化与泵本身的抗空化性能有关。另外,同一台泵在某一条件(如吸上高度为 6 m)下使用发生空化,改变使用条件(吸上高度为 4 m)可能不空化,可见泵是否空化还与使用条件有关。因此,泵是否发生空化是由泵本身和吸入装置共同决定。故研究泵空化发生条件应从泵本身和吸入装置两方面来考虑。泵本身和吸入装置是既有区别又有联系的两部分。从结构上看,吸入装置是指吸入液面到泵进口(泵进口法兰处)前的部分,泵进口之后为泵本身,因此泵吸入法兰是两者联系的桥梁;从流动方面看,液体从吸入装置流入泵内,但液体在二者中的流动情况又各不相同。下面就从两方面着手推导泵空化发生条件的理论关系。因为二者有区别,故引出泵空化余量(也叫作净正吸头)和装置空化余量两个参数。所谓联系,就是指泵空化余量和装置空化余量的关系,即空化基本方程式。

泵是增加液体压力的机器,液体从叶轮进口到出口压力逐渐增加。但是由于叶片进口绕流影响,泵内的最低压力点通常出现在叶片进口稍后的背面,如图 6-9 中的 K 点。若 K 点的压力 p_K 低于饱和蒸汽压力 p_{va},则泵内发生空化,故 $p_K = p_{va}$ 是泵发生空化的界限,即

(1) $p_K < p_{va}$,泵发生空化;

(2) $p_K > p_{va}$,泵无空化;

(3) $p_K = p_{va}$,空化临界状态。

现以图 6-9 所示的吸入装置为例推导空化基本方程式。定义泵进口法兰处点为 S,叶轮叶片进口处并且与 K 点在同一条流线上的点为 L,假设吸入液面为 O—O,取其高程 $z_O = 0$,速度 $v_O = 0$,列 O 和 S 两点的伯努利方程,有

$$z_O + \frac{p_O}{\rho g} + \frac{v_O^2}{2g} = z_S + \frac{p_S}{\rho g} + \frac{v_S^2}{2g} + \Delta h_{O-S} \qquad (6-1)$$

同时,对泵进口 S 点和叶片稍前 L 点列绝对运动伯努利方程,有

$$z_S + \frac{p_S}{\rho g} + \frac{v_S^2}{2g} = z_L + \frac{p_L}{\rho g} + \frac{v_L^2}{2g} + \Delta h_{S-L} \tag{6-2}$$

由式(6-2)可得

$$\frac{p_L}{\rho g} = z_S + \frac{p_S}{\rho g} + \frac{v_S^2}{2g} - \frac{v_L^2}{2g} - z_L - \Delta h_{S-L} \tag{6-3}$$

将式(6-1)代入式(6-3),得

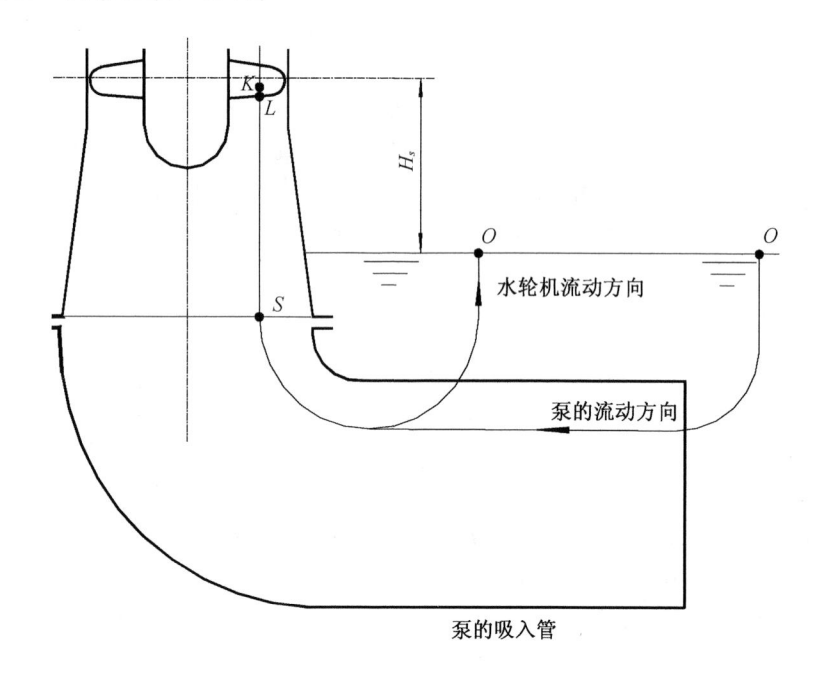

图 6-9 泵吸入装置

$$\frac{p_L}{\rho g} = \frac{p_O}{\rho g} - \frac{v_L^2}{2g} - z_L - \Delta h_{S-L} - \Delta h_{O-S} \tag{6-4}$$

再次,列 L 到 K 的相对运动伯努利方程,有

$$z_L + \frac{p_L}{\rho g} + \frac{w_L^2 - u_L^2}{2g} = z_K + \frac{p_K}{\rho g} + \frac{w_K^2 - u_K^2}{2g} + \Delta h_{L-K} \tag{6-5}$$

由式(6-5)可得

$$\frac{p_K}{\rho g} = \frac{p_L}{\rho g} + \frac{w_L^2 - w_K^2}{2g} - \frac{u_L^2 - u_K^2}{2g} + (z_L - z_K) - \Delta h_{L-K} \tag{6-6}$$

式(6-6)中,由于 L 和 K 在圆周方向上距离很近,有 $u_L^2 \approx u_K^2$,$\Delta h_{L-K} \approx 0$,并将式(6-4)代入式(6-6)可得

$$\frac{p_K}{\rho g} = \frac{p_O}{\rho g} - \frac{v_L^2}{2g} - \Delta h_{O-S} - \Delta h_{S-L} + \frac{w_L^2 - w_K^2}{2g} - z_K \tag{6-7}$$

将式(6-7)改写为

$$\frac{p_K}{\rho g} = \frac{p_O}{\rho g} - z_K - \left(\frac{v_L^2}{2g} + \Delta h_{O-L}\right) - \frac{w_L^2}{2g}\left(\frac{w_K^2}{w_L^2} - 1\right)$$

$$= \frac{p_O}{\rho g} - z_K - \lambda_1 \frac{v_L^2}{2g} - \lambda_2 \frac{w_L^2}{2g} \tag{6-8}$$

$$\text{或}\ \frac{p_K}{\rho g} = \frac{p_O}{\rho g} - z_K - \Delta h_{O-L} - \left(\frac{v_L^2}{2g} + \lambda_2 \frac{w_L^2}{2g}\right)$$

式中：λ_1、λ_2 为叶片进口绕流压降系数。

将上式中最低压力 K 点处压力减去饱和汽化压力，H_s 为基准面到下游自由水面 $O\text{—}O$ 的高度差，即吸出高度，则用 H_s 取代 z_K 可得

$$\frac{p_O - p_{va}}{\rho g} - H_s - \left(\lambda_1 \frac{v_L^2}{2g} + \lambda_2 \frac{w_L^2}{2g}\right) = \frac{p_K - p_{va}}{\rho g}$$

$$\text{或}\ \frac{p_O - p_{va}}{\rho g} - H_s - \Delta h_{O-L} - \left(\frac{v_L^2}{2g} + \lambda_2 \frac{w_L^2}{2g}\right) = \frac{p_K - p_{va}}{\rho g} \tag{6-9}$$

设 K 点的液体开始发生空化，即 $p_K = p_{va}$，则式(6-9)变为

$$\frac{p_O - p_{va}}{\rho g} - H_s = \lambda_1 \frac{v_L^2}{2g} + \lambda_2 \frac{w_L^2}{2g}$$

$$\text{或}\ \frac{p_O - p_{va}}{\rho g} - H_s - \Delta h_{O-L} = \frac{v_L^2}{2g} + \lambda_2 \frac{w_L^2}{2g} \tag{6-10}$$

式(6-10)中，左边项 $\frac{p_O - p_{va}}{\rho g} - H_s - \Delta h_{O-L}$ 由吸入装置决定，是单位重量液体在泵进口处能量超过汽化压力水头的剩余能量，称为装置空化余量，也称为有效空化余量，用 $NPSHA$(Net Positive Suction Head Available)表示，指泵进口液体具有的总水头减去汽化压力水头所净剩的值。所谓有效即装置可供泵有效利用，净是指去掉了汽化压力水头，说明该值应永为正值，若是负值，液体在泵进口的压力就小于汽化压力了，这样在泵进口法兰处就汽化了。

$$NPSHA = \frac{p_O - p_{va}}{\rho g} - H_s - \Delta h_{O-L} \tag{6-11}$$

$NPSHA$ 的大小与装置参数（p_O、H_s、p_{va}、Δh_{O-L}、ρ）有关，与泵本身无关。因吸入损失 Δh_{O-L} 与流量平方成正比，所以 $NPSHA$ 随流量增加而减小，故 $NPSHA\text{-}Q$ 的关系曲线是下降的曲线。

式(6-10)的右边项 $\lambda_1 \frac{v_L^2}{2g} + \lambda_2 \frac{w_L^2}{2g}$ 是由泵内的流动速度决定的，用 $NPSHR$(Net Positive Suction Head Required)表示，表征泵进口部分的压力降。为了保证泵不发生空化，要求在泵进口处单位重量液体具有超过汽化压力水头的富余能量，即要求装置提供最小空化余量，必需的空化余量，也称为泵空化余量，其物理意义是指要求装置必须提供这么大的空化余量，方能满足泵压力降的需要，保证泵不发生空化，有

$$NPSHR = \lambda_1 \frac{v_L^2}{2g} + \lambda_2 \frac{w_L^2}{2g} \tag{6-12}$$

$NPSHR$ 与装置参数无关,只与泵进口运动参数绝对速度 v_L 和相对速度 w_L 有关。运动参数在一定转速及流量下和几何形状有关,也就是说 $NPSHR$ 是由泵本身(吸入室和叶轮进口的几何参数)决定的。对既定的泵,不论何种液体,在一定流量和转速下流过泵进口,因速度大小相同,故均有相同的压力降,$NPSHR$ 值相同,所以 $NPSHR$ 与液体性质无关。$NPSHR$ 越小,说明压力降越小,要求装置必须提供的装置空化余量小,因而泵的抗空化性能越好。

因泵进口运动参数绝对速度 v_L 和相对速度 w_L 随流量增加而增大,故 $NPSHR\text{-}Q$ 的关系曲线是上升的曲线。

由式(6-10)、式(6-11)和式(6-12)得到

$$NPSHA - NPSHR = \frac{p_K - p_{va}}{\rho g} \tag{6-13}$$

式(6-13)为泵发生空化条件的物理表达式,又称泵空化基本方程式,也就是装置空化余量和泵空化余量之间的关系。

由泵的基本方程式可知:

(1) $NPSHA = NPSHR$,对应 $p_K = p_{va}$,空化临界状态;

(2) $NPSHA < NPSHR$,对应 $p_K < p_{va}$,泵发生空化;

(3) $NPSHA > NPSHR$,对应 $p_K > p_{va}$,泵无空化。

在实际工程应用中,由于很难精确确定 L 点,通常用叶轮进口处的平均绝对速度 v_1 和相对速度 w_1 分别代替式(6-13)中的 v_L 和 w_L,并分别加上速度不均匀系数 K_1 和 λ_3 进行修正,式(6-13)可改写为

$$NPSHR = K_1\lambda_1 \frac{v_1^2}{2g} + \lambda_2\lambda_3 \frac{w_1^2}{2g} \tag{6-14}$$

定义上式中 $K_1\lambda_1 = K_2$,$\lambda_2\lambda_3 = \lambda$,则式(6-14)可改写为

$$NPSHR = K_2 \frac{v_1^2}{2g} + \lambda \frac{w_1^2}{2g} \tag{6-15}$$

式中:$K_2 = 1.0 \sim 1.2$,$\lambda = 0.15 \sim 0.4$。

综上,泵的基本方程式可改写为

$$\left(\frac{p_o - p_{va}}{\rho g} - H_s - \Delta h_{O-L}\right) - \left(\frac{p_K - p_{va}}{\rho g}\right) = K_2 \frac{v_1^2}{2g} + \lambda \frac{w_1^2}{2g} \tag{6-16}$$

四、空化余量计算方法

对于泵的设计、试验和使用空化余量是十分重要的空化基本参数。应根据用户对空化性能的要求来设计泵,如用户给定了具体的使用条件,则所设计泵的空化余量 $NPSHR$ 必须小于使用条件确定的装置空化余量 $NPSHA$。空化试验是目前确定 $NPSHR$ 的唯一可靠方法。另外考虑一个空化安全余量 K(通常 $K=0.3$ m),可得到许用空化余量,作为用户确定几何安装高度的依据。

1. 基本公式

泵空化的基本方程式即式(6-13)，值为叶片进口压降系数，其与叶片进口前、后的速度比值有关，即与泵进口处的几何形状(叶片数、冲角、叶片厚度及其分布等)有关。对进口几何相似的泵，在相似工况下，因速度比值相同，故值为常数。值越小，泵的抗空化性能越好。设计流量下的值最小，随着与设计流量偏离，因冲角增大，脱流严重，值增加，尤其是大于设计流量时值增幅很大。

泵设计完成后按式(6-15)可估算泵的 NPSHR 值，暂且不考虑叶片的排挤。

2. 空化相似定律

由于 NPSHR 表示一台既定泵的空化性能，在此基础上可以找出一系列几何相似的泵，在相似工况下空化性能之间的关系称为空化相似定律。空化相似定律用来解决相似泵之间空化余量 NPSHR 的换算关系问题。

对于几何相似的泵，在相似工况下工作的模型泵(用下标 M 表示)和试验泵对应点的速度比值相等，λ 值相同，根据公式

$$NPSHR = K_2 \frac{v_1^2}{2g} + \lambda \frac{w_1^2}{2g}$$

存在

$$\frac{(NPSHR)_M}{NPSHR} = \frac{\left(K_2 \frac{v_1^2}{2g} + \lambda \frac{w_1^2}{2g}\right)_M}{\left(K_2 \frac{v_1^2}{2g} + \lambda \frac{w_1^2}{2g}\right)} = \frac{u_M^2}{u^2} = \frac{(nD_2)_M^2}{(nD_2)^2}$$

即空化相似定律的表达式为

$$\frac{(NPSHR)_M}{NPSHR} = \frac{n_M^2 D_{2M}^2}{n^2 D_2^2} \tag{6-17}$$

上式指几何相似的泵，在相似工况下，模型泵和试验泵空化余量之比等于模型泵和试验泵转速与尺寸乘积的平方比。

空化实践证明，相似定律只有在泵的转速和尺寸相差不大时才较为准确，当转速和尺寸相差比较大时，用相似定律换算所得的空化余量与实际值相比误差较大。

五、空化比转速 C

与比转速类似可以推出泵空化相似准则数——空化比转速 C。对几何相似的泵，在相似工况下，由空化相似定律式(6-17)得到

$$\frac{NPSHR}{(nD_2)^2} = 常数$$

另一方面由泵相似定律

$$\frac{Q}{n(D_2)^3} = 常数$$

将上述两式加以适当变化,去掉几何参数 D_2,得

$$\frac{5.62n\sqrt{Q}}{(NPSHR)^{3/4}} = 常数$$

令上式中常数为 C,并称 C 为空化比转速(也称吸入比转速),则

$$C = \frac{5.62n\sqrt{Q}}{(NPSHR)^{3/4}} \tag{6-18}$$

对于双吸泵

$$C = \frac{5.62n\sqrt{Q/2}}{(NPSHR)^{3/4}} \tag{6-19}$$

式中:n 为转速,r/min;Q 为流量,m³/s。

空化比转速 C 可作为空化相似准则数,并标志空化性能的好坏,C 值越大,相应的 $NPSHR$ 值越小,泵的抗空化性能越好。不同的流量,对应不同的 C 值,所以 C 值和 n_s 一样,通常指最高效率点工况下的值。C 值大致范围如下。

对于抗空化性能要求高的泵,$C = 1000 \sim 1600$。

对于兼顾效率且抗空化性能要求高的泵,$C = 800 \sim 1000$。

对于抗空化性能不做要求,主要考虑提高效率的泵,$C = 600 \sim 800$。

然而,国外常用空化比转速 S 和托马空化系数 σ_{TH} 作为空化准则数来表示空化性能。

(1) 空化比转速 S

空化比转速 S 和空化比转速 C 只差一个常数,其物理意义相同,表达式如下。

$$S = \frac{n\sqrt{Q}}{(NPSHR)^{3/4}} \tag{6-20}$$

对于 S 值,不同国家采用不同的单位,得出的 S 值也各不相同,C 值与不同量纲的 S 值换算关系见表 6-6,即

$$C = \frac{S_{日}}{1.38} = \frac{S_{美}}{9.21} = \frac{S_{英}}{8.4}。$$

(2) 托马空化系数 σ_{TH}

由空化相似定律 $\frac{NPSHR}{D_2^2 n^2} = 常数$,及 $D_2^2 n^2 \propto u^2 \propto 2gH$,得 $\frac{NPSHR}{H} = 常数$,用 σ_{TH} 表示该常数,并称 σ_{TH} 为托马空化系数,即

$$\sigma_{TH} = \frac{NPSHR}{H} \tag{6-21}$$

表 6-6 C 值和不同量纲 S 值的换算

	$C=\dfrac{5.62n\sqrt{Q}}{(NPSHR)^{3/4}}$	\multicolumn{3}{c}{$S=\dfrac{n\sqrt{Q}}{(NPSHR)^{3/4}}$}	
	中国	日本	英国	美国
Q	m³/s	m³/min	Imp. gal/min	U. Sgal/min
n	r/min	r/min	r/min	r/min
NPSHR	m	m	ft	ft
换算关系	1	1.38	8.4	9.21

六、提高泵抗空化性能的措施

泵发生空化的临界条件是临界空化余量,因此,若要求泵不发生空化,那么应增加装置空化余量(与泵应用有关),或者减小泵空化余量(与泵设计有关)。现分别加以讨论。

1. 考虑抗空化性能的泵的设计要点

减小 $NPSHR = K_2\dfrac{v_1^2}{2g}+\lambda\dfrac{w_1^2}{2g}$,必须通过减小其中的 v_1、w_1、λ 来实现。

(1) 叶轮进口直径 D_j

增加叶轮进口直径 D_j,过流面积增大,可以减小 v_1,从而减小 $NPSHR$,改善泵的空化特性。但另一方面 D_j 取得过大,液流在进口处的扩散严重,破坏了流动的平滑性和稳定性,形成旋涡区并使水力效率下降,同时口环泄漏量增加,容积效率也下降。因此,D_j 的选取要兼顾效率和空化性能。

(2) 叶轮叶片进口宽度 b_1

增加叶轮叶片进口宽度能增加进口过流面积,减小 v_1 和 w_1(由进口速度三角形可知),从而减小 $NPSHR$,但 b_1 增至很大时会增加轴向尺寸和降低效率。

(3) 叶轮盖板进口部分曲率半径

由于叶轮进口部分的液流受流道转弯离心力的影响,靠前盖板的液体压力小,速度大,造成叶轮进口的速度分布不均匀。适当增加盖板的曲率半径,有利于减小前盖板处的 v_1 和提高速度分布的均匀性,减小进口部分的压力降,从而使 $NPSHR$ 减小,提高泵的抗空化性能。

(4) 叶片进口边的位置和叶片进口部分形状

叶片进口边应当向吸入口延伸,可使液体提早接受叶片作用,且能增加叶片表面积和减小背面的压差。

叶片进口边倾斜,其上各点的半径不同,因而周围速度不同,w_1 也就各不相同。当然前盖板处的半径最大,w_1 也最大,这样就可以把空化控制在前盖板附近的局部,从而推迟空化对泵性能的影响。

(5) 叶片进口角

叶片进口角 β_1 通常都大于相对液流角 β_1',即 $\beta_1>\beta_1'$,其正冲角正常为 $\Delta\beta=\beta_1-\beta_1'$,其值范围为 $\Delta\beta=3°\sim 10°$,个别情况可到 $15°$。采用正冲角能提高抗空化性能,且对效率

的影响不大。其原因如下。

①当叶片进口角 β_1 增加,减小了叶片的弯曲度,同时减小叶片进口的排挤,增加进口过流面积,从而减小了 v_1 和 w_1。

②采用正冲角,在设计流量下,液体在叶片进口背面产生脱流,因背面是流道的低压侧,该脱流引起的旋涡不易向高压侧扩散,因而旋涡是稳定的,对空化的影响较小。反之,负冲角时液体在叶片工作面产生旋涡,该旋涡易于向低压侧扩散,对空化影响较大。

③因泵流量增加,相对液流角 β_1' 增加,采用正冲角可以避免泵在大流量下运转时出现负冲角。

(6) 叶片进口厚度

叶片进口厚度越薄,越接近流线型,泵的抗空化性能越好。

(7) 平衡孔

叶轮上的平衡孔,对叶轮进口主液流起着破坏和干扰作用,平衡孔的面积应不小于密封间隙面积的 5 倍,以减小泄漏流速,从而减小对主液流的影响,提高泵的抗空化性能。

2. 防止空化的措施

欲防止发生空化必须提高 NPSHA,使 NPSHA > NPSHR,根据

$$NPSHA = \frac{p_O - p_{va}}{\rho g} - H_s - \Delta h_{O-L}$$

可得提高 NPSHA 的措施如下。

(1) 减小几何吸出高度 H_s(或增加几何倒灌高度)。

(2) 减小吸入液流的水力损失 Δh_{O-L}。

(3) 泵在大流量下运转时 NPSHR 增加,NPSHA 减小,所以应考虑 NPSHA 有足够的余量,否则应防止泵在大流量下长期运转。有时因泵的扬程选得过高,导致泵处在大流量下运转,易发生空化。这点在选泵时应加以注意。

(4) 同样转速和流量下,双吸泵不易发生空化。

(5) 泵发生空化时,应把流量调小或降速运行。

(6) 使用抗空化的材料。

第五节 水泵性能的调节

一、泵的性能曲线

泵内运动参数之间存在着一定的联系。由叶轮内液体的速度三角形可知,对既定的泵在一定转速 n 下,H(表示扬程)随着 Q(表示流量)增加而减小。因此,运动参数的外部表示形式——性能参数,其间也必然存在着相应的联系。如果用曲线的形式表示泵性能参数之间的关系,称为泵的性能曲线(也叫特性曲线)。

泵的性能曲线通常包括三条:包括在泵的转速 n 为常量时作出的扬程与流量的关系

曲线 $H=f_1(Q)$、轴功率与流量的关系曲线 $P=f_2(Q)$，以及效率与流量的关系曲线 $\eta=f_3(Q)$。泵的特性曲线中横坐标表示流量 Q，纵坐标分别表示扬程 H、轴功率 P、效率 η。此外，泵的特性曲线还包括汽蚀余量 $NPSH$ 与流量 Q 的关系曲线，如图 6-10 所示。

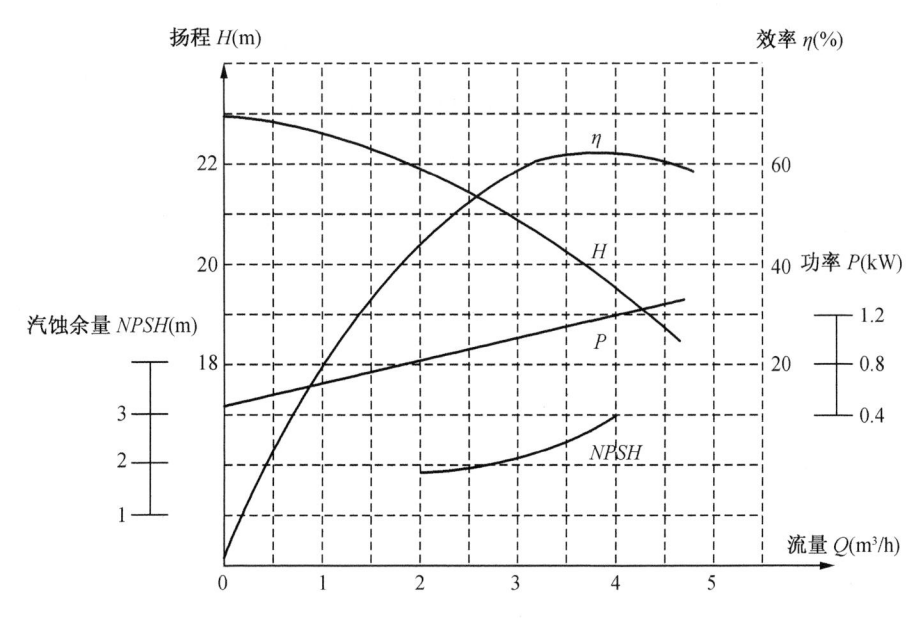

图 6-10 泵的性能曲线

1. 扬程-流量曲线

（1）假定叶片数无穷多，作 $H_{t\infty}$-Q_t 曲线

为简化起见，设 $v_{u1}=0$，由出口速度三角形（图 6-11）得

$$v_{u2} = u_2 - v_{m2}\cot\beta_2 = u_2 - \frac{Q_t}{A_2}\cot\beta_2$$

式中：A_2 为叶轮出口有效过流面积。

又 $A_2=2\pi R_2 b_2 \psi_2$，将其代入泵的基本方程式

$$H_t = \frac{\omega}{g}(v_{u2}R_2 - v_{u1}R_1)$$

得

$$H_{t\infty} = \frac{u_2}{g}\left(u_2 - \frac{Q_t}{A_2}\cot\beta_2\right) = C - DQ_t$$

式中：$C = \frac{u_2^2}{g}$，$D = \frac{u_2}{gA_2}\cot\beta_2$。

对既定的泵，在一定转速 n 下，u_2、A_2、β_2 是固定不变的。所以 $H_{t\infty}$ 和 Q_t 是一次方程的关系。通常 $\beta_2 < 90°$，$\cot\beta_2$ 为正值，故 $H_{t\infty}$ 随 Q_t 的增大而减小。

当 $Q_t=0$ 时，$H_{t\infty} = \frac{u_2^2}{g}$；当 $H_{t\infty}=0$ 时，因 $\frac{u_2}{g} \neq 0$，则 $Q_t = \frac{u_2 A_2}{\cot\beta_2}$。

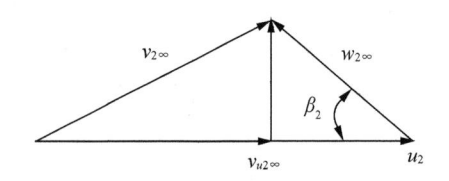

图 6-11　出口速度三角形

(2) 考虑有限叶片数的影响，作 H_t - Q_t 曲线

因 $H_t = \dfrac{u_2}{g}\left(\sigma u_2 - \dfrac{Q_t}{A_2}\cot\beta_2\right)$，$H_t$ - Q_t 的关系曲线是一条直线。

当 $Q_t = 0$ 时，$H_t = \dfrac{\sigma u_2^2}{g}$；当 $H_t = 0$ 时，$Q_t = \dfrac{\sigma u_2 A_2}{\cot\beta_2}$。图 6-12 为泵特性曲线分析。

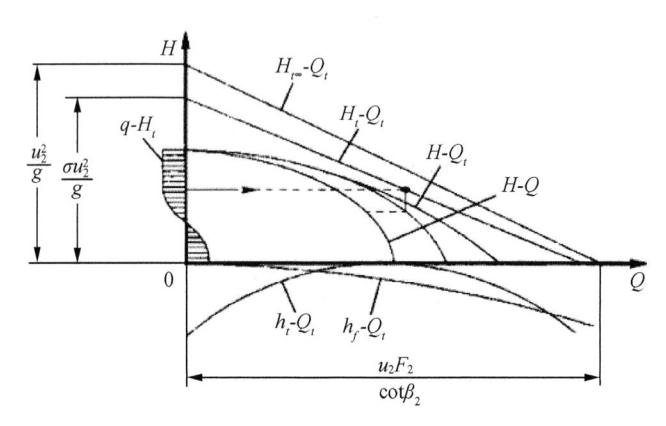

图 6-12　泵特性曲线分析

(3) 考虑泵内的损失，作曲线 H - Q_t

泵的实际扬程等于泵的理论扬程减去泵内的水力损失。泵内的水力损失为从进口到出口间全部过流部件的水力损失，其中主要是叶轮和压水室中的水力损失，可以分为以下三种。

①从进口到出口流道内的水力摩擦损失。

②叶轮、导叶或蜗壳内流动的扩散、收缩和弯曲损失。

③叶轮、导叶或蜗壳内的冲击损失。

其中，①和②两项产生的水力损失与流量的平方成正比；③项水力损失与泵运行流量有关，当泵内液体流动情况与过流部件的几何形状相适应，此时基本不会产生冲击损失，但当泵的流量偏离设计流量时，过流部件的几何形状与液体就不相适应了，此时就会产生冲击损失。偏离设计流量越远，冲击损失越大，冲击损失的大小跟泵流量与设计流量差值的平方成正比。

(4) 考虑容积损失，作曲线 H - Q

叶片泵的曲线与曲线之间只差泵的泄漏量，容积损失在单级泵中主要是叶轮口环处的泄漏，该泄漏量的大小与叶轮理论扬程成正比。曲线可由试验的方法得到。

泵的扬程-流量特性曲线的形状是多样的，大致可分为三类。

①单调下降的曲线。在这种特性曲线中,$Q=0$ 时扬程最大,随着流量的增加,扬程逐渐下降,每一个扬程对应一个流量,这是一种稳定的扬程曲线。

②平坦的特性曲线。这种特性曲线,流量变化较大而扬程变化较小。

③驼峰特性曲线。这种特性曲线不是单调下降的,特性曲线的中部隆起,在某一扬程范围内,一个扬程可对应两个或三个流量,这是一种不稳定的特性曲线。

2. 功率-流量曲线

对应 H_t-Q_t 曲线,可求出输入水力功率 $P_f = \rho g Q_t H$,并画出 P_f-Q_t 曲线。轴功率 $P = P_f - P_m$,机械损失功率 P_m 可认为与理论流量无关,故为一常数值。在 P_f-Q_t 曲线纵坐标上加一 P_m,即可得 P-Q_t 曲线。再根据泄漏量 q-H_t 曲线,在 P-Q_t 曲线的横坐标中减去对应 H_t 下的 q 值,即得 P-Q 曲线,就是轴功率-流量的关系曲线。

泵的功率-流量特性曲线的形状是多样的,大致可分为四类。

(1) 单调上升的特性曲线。随着流量的增大,功率增大。

(2) 平坦的特性曲线。当流量变化时,功率的变化不大。

(3) 单调下降的特性曲线。随着流量的增大,功率减小。

(4) 功率有一最大值曲线。随着流量的增大,功率开始增大,当流量增加至某一值时,功率达到最大值,然后随着流量的增大,功率开始减小。

3. 效率-流量曲线

由 H-Q 曲线和 P-Q 曲线,即可求得各对应流量 Q 下的效率值为

$$\eta = \frac{P_e}{P} = \frac{\rho g Q H}{P}$$

画出各流量下 η-Q 曲线,即得效率-流量曲线。

泵的效率-流量特性曲线大致可分为两类。

(1) 陡峭的特性曲线。效率随流量的变化大,效率曲线陡峭。

(2) 平坦的特性曲线。效率随流量的变化小,效率曲线平坦。

泵特性曲线的差别表征了液体在泵内不同运动状态的外部表现形式不同,而运动状态是由泵的转速和过流部件的几何形状决定的。因此,调整泵的几何参数就能改变泵的特性曲线形状。

不同类型的泵,其特性曲线也会不同。离心泵的特性曲线如图 6-10 所示。

轴流泵的特性曲线的表示方式和离心泵相同,横坐标表示流量 Q,纵坐标表示扬程 H、效率 η、轴功率 P 等,但 H-Q 曲线和 P-Q 曲线的趋势与离心泵截然不同,如图 6-13 所示。从图中可以看出,在扬程曲线上,当流量由较高效率点(较佳工况点)A 开始减小时,其扬程逐渐增大,当流量减小到 Q_2 时,扬程增大到拐点 B,当流量继续减小扬程也随之减小,直至第二个拐点 C,自 C 点开始随流量的减小扬程迅速增加,当流量为零时,扬程可达较佳工况扬程的 2 倍左右。对于流量为零时的工况,通常称为关死点工况,此时泵的扬程较高,功率较大。相应的扬程称为关死点扬程,功率称为关死点功率。

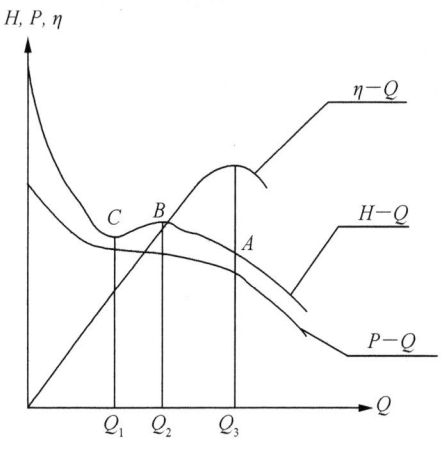

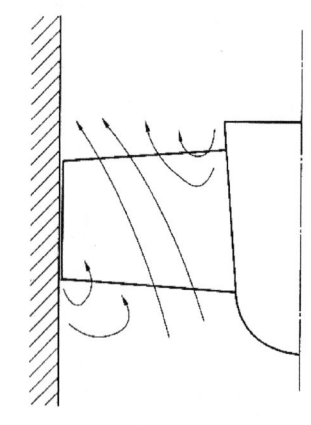

图 6-13　轴流泵特性曲线　　　　图 6-14　轴流泵叶轮内的二次回流示意图

轴流泵的特性曲线具有图 6-13 所示形状,是因为当流量减小时,液流的相对速度与圆周方向间的夹角减小,而叶片安放角不变,致使叶栅翼型的冲角增大。流量越小则冲角越大,当冲角增大到一定程度时,翼型表面将产生脱流。所以当流量从较佳流量减小时,翼型的冲角增大而使升力系数增加,故扬程增大。在流量减小到小于 Q_2 时,因冲角过大翼型产生脱流,升力系数下降,扬程降低。而流量减小到小于 Q_1 时,扬程不是降低而是又升高,这是由于在叶轮中液体产生二次回流。当流量减小到小于 Q_1 时,叶轮各计算流面产生的扬程各不相等,引起液体的二次回流(图 6-14),由叶轮流出的液体,一部分又重新回到叶轮中再次接受能量。二次回流是依靠撞击来传递能量的,因此水力损失很大,在扬程增加的同时也极大消耗了泵的功率,致使效率急剧降低。所以在轴流泵的效率曲线上,当流量减小时效率下降较快,高效率工作区域狭窄。鉴于轴流泵特性曲线的特点,关闭出口阀门启动时,往往使轴流泵难以启动,且电动机有超载的危险,所以在启动轴流泵时,出水管路阀门必须全开,以减小启动功率。

混流泵的效率是随着流量的增加先增加后减小,扬程和功率均是随着流量的增大而逐渐减小,如图 6-15 所示。这主要是因为随着流量的增加,混流泵内流体速度也是线性增加的,因此流体与混流泵叶片相互作用时间变短而导致扬程呈减小趋势。

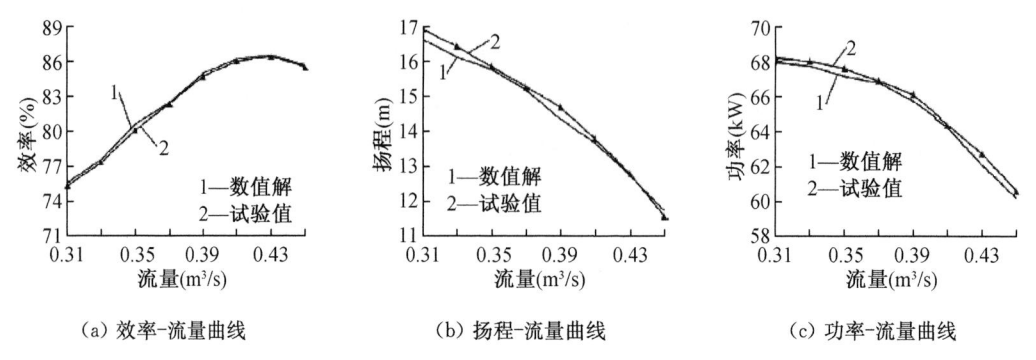

(a) 效率-流量曲线　　(b) 扬程-流量曲线　　(c) 功率-流量曲线

图 6-15　混流泵效率-流量、扬程-流量、功率-流量数值解与试验值对比曲线图

二、泵装置扬程特性曲线

水泵的运行工况点不仅取决于水泵本身所具有的特性,还取决于进、出水池水位与进、出水管路的管路系统特性。因此,工况点是由水泵和管路系统特性共同决定的。

1. 管路特性曲线

水泵的管路系统,包括管路及其附件。由水力学知,由于水的黏性及固体边壁对水流的影响,水流在通过管路时要消耗能量,这一能量损失称为管路水力损失,用水柱高表示时,又叫管路水头损失。管路水头损失包括管路沿程水头损失与局部水头损失。

$$\sum h = \sum h_f + \sum h_j = \sum \lambda \frac{l}{d} \frac{v^2}{2g} + \sum \zeta \frac{v^2}{2g}$$

式中:$\sum h$ 为管路水头损失,m;$\sum h_f$ 为管路沿程水头损失,m;$\sum h_j$ 为管路局部水头损失,m;λ 为沿程阻力损失系数;ζ 为局部阻力损失系数;d 为管路直径,m;l 为长度,m;v 为管路中水流的平均流速,m/s。

对于圆管,$v = \frac{4Q}{\pi d^2}$,则上式可写成

$$\sum h = \left(\sum \frac{\lambda l}{12.1 d^5} + \sum \frac{\zeta}{12.1 d^4}\right) Q^2 = \left(\sum S_f + \sum S_j\right) Q^2 = S Q^2$$

式中:$\sum S_f$ 为管路沿程阻力系数,s^2/m^5,当管材、管长和管径确定后,$\sum S_f$ 值为一常数;$\sum S_j$ 为管路局部阻力系数,s^2/m^5,当管径和局部水头损失类型确定后,$\sum S_j$ 值为一常数;S 为管路沿程和局部阻力系数之和,s^2/m^5。

2. 装置扬程特性曲线

装置扬程 H_Z 与水泵工作的外界条件及装置有关,单位重量的液体通过装置时所需要的能量 H_Z 为

$$H_Z = H_0 + \frac{p_2 - p_1}{\rho g} + \frac{v_2^2 - v_1^2}{2g} + \sum h$$

式中:H_Z 为水泵装置扬程,m;H_0 为水泵运行时位能的增加,即净扬程,m,$H_0 = Z_2 - Z_1$;$\frac{p_2 - p_1}{\rho g}$ 为水泵运行时压头的增加,m;$\frac{v_2^2 - v_1^2}{2g}$ 为进、出水池的流速水头差,m;$\sum h$ 为管路水头损失,m。

上式由动态和静态两部分构成,即

$$H_Z = H_{dy} + H_{st}$$

动态部分与流量的平方成正比,可表示为

$$H_{dy} = \frac{v_2^2 - v_1^2}{2g} + \sum h = f(Q^2)$$

静态部分是常量,独立于流量,即

$$H_{st} = \frac{p_2 - p_1}{\rho g} + H_0$$

若进、出水池的流速水头差忽略不计,以及当进水池和出水池都敞开时,p_2 和 p_1 都等于大气压力,则 $H_{st}=H_0$,装置扬程公式可简化为

$$H_Z = H_0 + \sum h = H_0 + SQ^2$$

3. 泵装置效率

装置效率是指泵站输出功率与输入功率之比的百分数,其计算公式为

$$\eta_{sy} = \frac{P_2}{P_1} \times 100\% = \frac{\rho g Q H}{1\,000 P_1} \times 100\%$$

式中:η_{sy} 为装置效率,%;P_2 为某一时段泵站的输出功率,kW;P_1 为同一时段泵站的输入功率,kW;ρ 为同一时段水的密度,kg/m³;Q 为同一时段泵站的平均提水流量,m³/s;H 为同一时段泵站的平均装置扬程,m。

泵站装置效率应根据水泵的类型、平均装置扬程和水源的含沙量按以下规定取值。

(1)装置扬程在 3 m 以上的大、中型轴流泵站与混流泵站的装置效率不宜低于 65%;装置扬程低于 3 m 的泵站不宜低于 55%。

(2)离心泵站抽清水时,其装置效率不宜低于 60%;抽浑水(含沙水流)时,其装置效率不宜低于 55%。

另外,泵的装置效率也可以按以下公式进行计算得到。

电动机输出功率:$P_T = P_电 \eta_电$

泵的轴功率:$P = P_T \eta_传$

泵输出有效功率:$P_e = P \eta_泵$

泵站有效功率:$P_站 = P_e \eta_装$

泵站效率:$\eta_{泵站} = \frac{P_站}{P_电} = \frac{P_e \eta_装}{P_电} = \frac{P \eta_泵 \eta_装}{P_电} = \frac{P_T \eta_传 \eta_装 \eta_泵}{P_电} = \frac{P_电 \eta_电 \eta_传 \eta_装 \eta_泵}{P_电}$,则

$$\eta_{泵站} = \eta_电 \eta_传 \eta_装 \eta_泵$$

式中:$P_电$ 为电动机输入功率;$\eta_电$ 为电动机效率;$\eta_传$ 为传动系统效率;$\eta_泵$ 为泵的效率;$\eta_装$ 为泵装置的效率。

$$\eta_装 = \frac{H_{st}}{H_{st} + \sum h}$$

三、泵工况点的确定

水泵的曲线与装置扬程特性曲线的交点称为水泵的工作状况点,简称工况点或工作点。将水泵的特性曲线和装置扬程特性曲线绘制在同一个 Q、H 坐标内,两条曲线相交于 A 点,点 A 即为水泵运行的工况点,如图 6-16 所示。

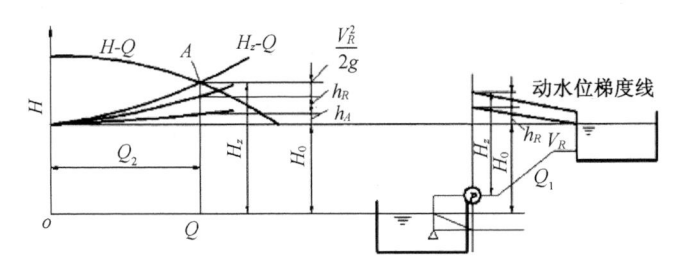

图 6-16 泵的工况点

四、泵运转工况的调节

水泵的流量是由水泵的工况点决定的,而水泵的工况点则由水泵的特性曲线和装置扬程特性曲线的交点决定。如果水泵在运行中工况点不在高效区,或水泵的流量、扬程不能满足需要,可采用改变管路特性曲线,或者改变水泵特性曲线,或同时改变管路和水泵特性曲线进行调节。这些方法称为水泵工况点的调节。

1. 管路特性的调节

（1）节流调节

对于出水管路安装闸阀的水泵装置来说,把闸阀关小时,在管路中增加了局部阻力,则管路特性曲线变陡,其工况点就沿着水泵的曲线向左上方移动。闸阀关得越小,增加的阻力越大,流量就变得越小。这种通过关小闸阀来改变水泵工况点的方法,称为节流调节或变阀调节,如图 6-17 所示。节流调节是一种广为使用的调节方式,其实质是改变管路的阻力,改变管路特性曲线的陡度,实现改变工作点的目的。

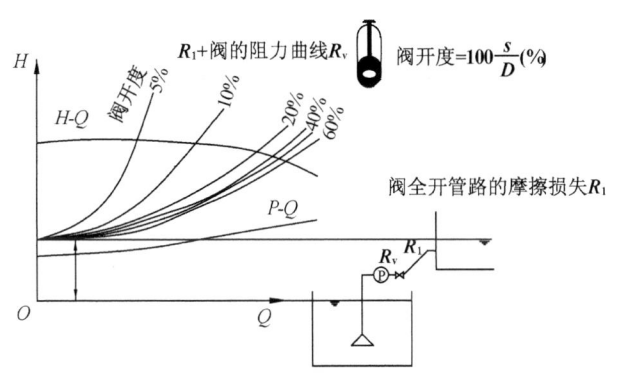

图 6-17 泵的节流调节

（2）旁通阀调节

当离心泵流量调节到小流量范围（泵设计流量的 50% 以下）时,往往出现出水阀的空化、水泵的振动和噪音问题。同时,对轴流泵,因为电机有时会超负荷,故往往采用旁通阀控制。它的优点是即使供水量过小,水泵仍能在正常的流量范围内运行。

2. 泵特性的调节

（1）变速调节

改变水泵的转速,可以使水泵的特性发生变化,从而使水泵的工况点发生变化,这种方法称为变速调节。

①根据用户需求确定转速

如图6-18所示,采用图解法求转速值时,必须在转速的曲线上找出与工况点相似的点。下面采用"相似工况抛物线法"求点。

采用图解法求转速值时,必须在转速 n_1 的 $(H-Q)_1$ 曲线上,找出与 $A_1(Q_1, H_1)$ 点工况相似的 A_2 点。下面采用"相似工况抛物线法"求 A_2 点。在图中,$(H-Q)_1$ 为调速前水泵(定速泵)的特性曲线,管路的特性曲线 $H = kQ^2$ 是一条二次方曲线。离心泵有一定的自平衡能力,它总能稳定在泵的特性曲线和管路特性曲线的交点 A_1 点工作。其流量为 Q_1,扬程为 H_1。$(H-Q)_2$ 为调速后水泵(n_2)的特性曲线,同理,水泵以 n_2 的转速运行时,也有同样的自平衡能力,调速后(n_2)水泵特性曲线与管路特性曲线的交点 A_2 是水泵转速为 n_2 时的工作点,这时的流量为 Q_2,扬程为 H_2。当需水量在 Q_1 和 Q_2 之间变化时,只要使转速做相应的变化,就可以得到一系列的水泵特性曲线,这些特性曲线和管路特性曲线的交点就是水泵在不同转速下的工况点,这些工作点全部落在管路特性曲线上,也就是说不同转速时的水泵特性即可求得。

应用比例定律可得

$$\frac{H_1}{H_2} = \left(\frac{Q_1}{Q_2}\right)^2$$

令 $\dfrac{H_1}{Q_1^2} = \dfrac{H_2}{Q_2^2} = k$,则有

$$H = kQ^2$$

式中:k 为常数。

上式表示通过坐标原点的抛物线簇方程,它由比例定律推求得到,所以在抛物线上各点具有相似工况,此抛物线称为相似工况抛物线。如果水泵变速前后的转速相差不大,则相似工况点对应效率可以认为相等。因此,相似工况抛物线又称为等效率曲线。

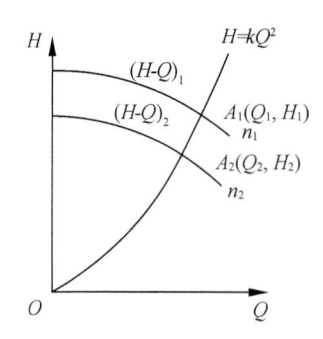

图6-18 根据用户需要确定水泵转速 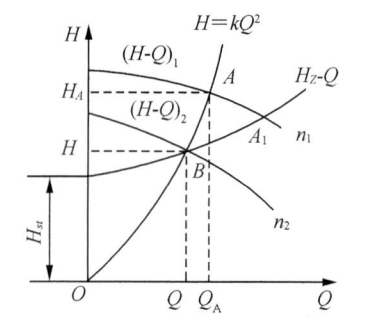   图6-19 最高效率运行时确定转速

将 A_2 点的坐标值(Q_2, H_2)代入 $\dfrac{H_1}{Q_1^2} = \dfrac{H_2}{Q_2^2} = k$,可求得 k 值,再按照抛物线簇方程,写出与 A_2 点工况相似的管路特性曲线 $H = kQ^2$。它和转速为 n_2 的 $(H-Q)_2$ 曲线相交于 A_2 点,此点就是所要求的与 A_1 点工况相似的点。把 A_1 和 A_2 点的坐标值(Q_1, H_1)和

(Q_2,H_2)代入 $H=kQ^2$,可得此时,n_1 和 n_2 都是已知值,再在 A_1 曲线上取几个点,依照比例定律得出转速为 n_2 时的 Q 和 H。然后把这些点用光滑曲线连接起来就可以得到 $(H-Q)_2$ 曲线。

②根据水泵最高效率点确定转速

如图 6-19 所示,水泵工作时的静扬程为 H_{st},水泵运行时的工况点 A_1 不在最高效率点,为了使水泵在最高效率点运行,可通过改变水泵的转速来满足要求。

通过水泵最高效率点 $A(Q_A,H_A)$ 的相似工况抛物线方程为

$$H = \frac{H_A}{Q_A^2}Q^2$$

上式所表示的曲线与装置扬程特性曲线 H_Z-Q 的交点为 $B(Q_B,H_B)$,A 点与 B 点的工况状况相似。因此水泵的转速 n_2 为

$$n_2 = \frac{n_1}{Q_A}Q_B$$

(2) 变径调节

叶轮经过车削以后,水泵的性能将按照一定的规律发生变化,从而使水泵的工况点发生改变。车削叶轮改变水泵工况点的方法,称为变径调节。

①车削定律

在一定车削量范围内,叶轮车削前、后,Q、H、P 与叶轮直径之间的关系为

$$\frac{Q'}{Q} = \frac{D_2'}{D_2}$$

$$\frac{H'}{H} = \left(\frac{D_2'}{D_2}\right)^2$$

$$\frac{P'}{P} = \left(\frac{D_2'}{D_2}\right)^3$$

式中:D_2 为叶轮未车削时的直径;Q'、H'、P' 分别为相应于叶轮车削后,叶轮外径为 D_2' 时的流量、扬程、轴功率。

以上公式称为水泵的车削定律。车削定律是在车削前、后叶轮出口过水断面面积不变、速度三角形相似等假设下推导的。在一定的车削范围内,车削前、后水泵的效率可视为不变。

通过上述公式可以得到

$$\frac{H'}{(Q')^2} = \frac{H}{Q^2} = k$$

则

$$H' = k(Q')^2$$

上式称为车削抛物线方程,它的形式与相似工况抛物线方程相似。

②车削定律的应用

车削定律应用时,一般可能遇到两类问题。一类是用户需要的流量、扬程不在叶轮外径为 D_2 的 H-Q 曲线上,如采用车削叶轮外径的方法进行工况调节,与变速调节的计算方法类似,可以用车削抛物线和车削定律通过图解法或数解法计算出车削后的叶轮直径 D_2'。另一类是用户需要的流量、扬程不在水泵的最高效率点,可根据净扬程和水泵最高效率点,利用车削抛物线和车削定律通过图解法或数解法计算出车削后的叶轮直径 D_2'。

(3) 变角调节

改变叶片的安装角度可以使水泵的性能发生变化,从而达到改变水泵工况点的目的。

①轴流泵叶片变角后的性能曲线

轴流泵在转速不变的情况下,随着叶片安装角度的增大,H-Q、P-Q 曲线向右上方移动,η-Q 曲线以几乎不变的数值向右移动,如图 6-20 所示。为便于用户使用,将 P-Q、η-Q 曲线用数值相等的等功率曲线和等效率曲线加绘在 H-Q 曲线上,称为轴流泵的通用性能曲线,如图 6-21 所示。

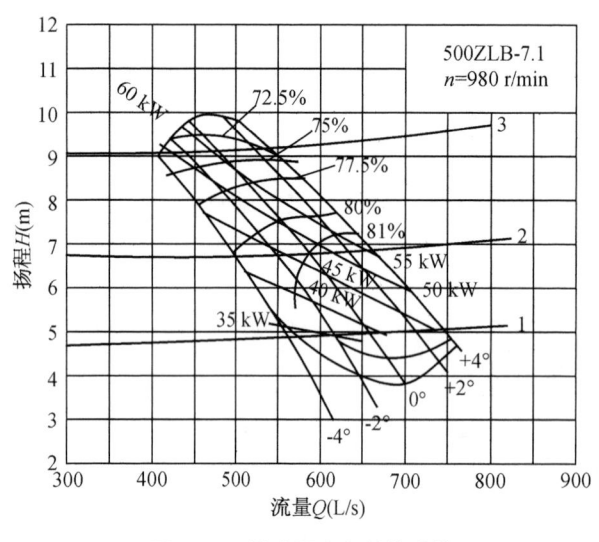

图 6-20 轴流泵变角性能曲线

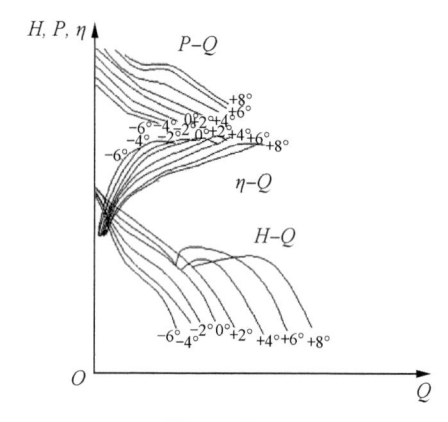

图 6-21 轴流泵的通用性能曲线

②轴流泵的变角运行

中、小型轴流泵绝大多数为半调节式,一般需在停机、拆卸叶轮之后才能改变叶片的安装角度。而泵站运行时的扬程具有一定的随机性,频繁停机改变叶片的安装角度则有许多不便。为了使泵站全年或多年运行效率最高,耗能最少,同时满足排水或灌溉流量的要求,可将叶片安装角调到最优状态,从而达到经济合理的运行。有些泵站在排水和灌溉时的扬程不同,这时可根据扬程的变化情况,采用不同的叶片安装角。如排、灌两用的泵站汛期排水时,进水侧水位较高,往往水泵运行时的扬程较低,这时可根据扬程将叶片的安装角调大,不但使泵站多抽水,而且电动机满负荷运行,提高了电动机的效率和功率因素;在灌溉时进水侧水位较低,往往水泵的扬程较高,这时可将叶片安装角调小,在水泵较高效率的情况下,适当减少出水量,防止电动机过载。

第六节　叶片调节机构

1. 叶片调节机构

(1) 叶片调节原理

如图 6-22 所示，接力器 8 由机械或液压控制上下移动，通过推拉杆带动操纵架 7、连杆 6 和叶片转臂 5，使叶片 1 转动，改变叶片角度。

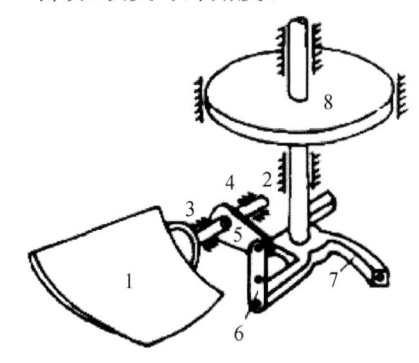

1—叶片；2—叶片转轴；3、4—轴承；5—叶片转臂；6—连杆；7—操纵架；8—接力器。

图 6-22　叶片调节原理图

(2) 叶片调节机构

叶片调节机构主要分液压式和机械式两种（如图 6-23 所示）。

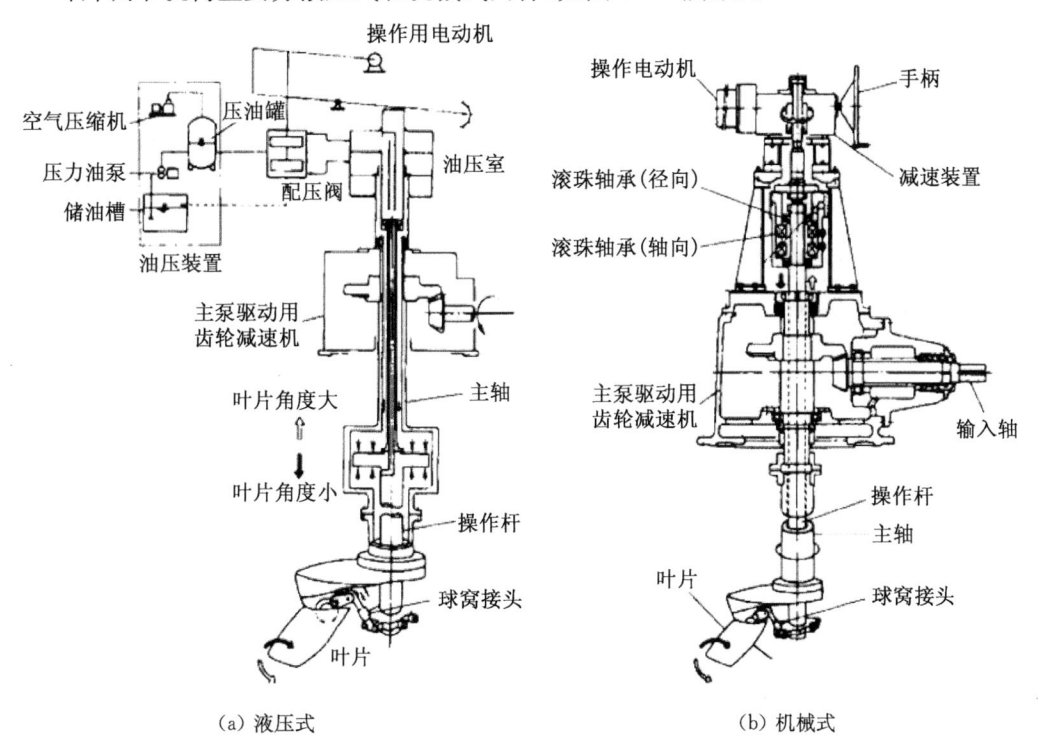

(a) 液压式　　(b) 机械式

图 6-23　叶片调节机构

液压式和机械式两种调节机构的比较,如表 6-7 所示。

表 6-7 液压式和机械式调节机构的比较

方式	液压式	机械式
适应范围①	大型泵,口径 2 800 mm 以上	大中型泵,口径 800~2 800 mm
操作方法	油压	电动机(交流、低压电源)
辅机	压力油罐②、空压机、储油罐、仪表类、压力油泵	操作用电动机和调节器
占地面积	需要有设置辅机的面积	和固定叶片相同
控制特性	能精确控制	能控制
停电时的适应性③	依靠压力油罐,即使停电也可以控制	直至电源恢复为止,停电时的叶片角度保持不变
维护保养	辅机多而复杂	辅机少而简单

注:①调节叶片的操作力,根据叶片的大小和扬程的高低有所不同,故表中表示的只是大致范围。②也有减少辅机,用油泵直接控制叶片角度的方法。③切换手动状态后,也可以手动操作。

2. 前导叶调节机构

前导叶调节主要用于混流泵和轴流泵,它安装在主叶片前可以调节前导叶的角度。改变前导叶角度,改变了叶轮进口液流的旋转分量,从而改变产生的扬程。正预旋(和叶轮旋转方向相同)使最优工况的流量减少;反预旋使最优工况的流量增加。前导叶调节又称预旋调节。

可调前导叶和可调导叶泵的结构简图如图 6-24 所示。

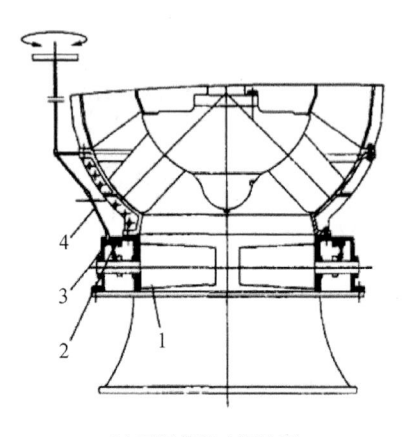

(a)可调前导叶混流泵　　　　　　　(b)可调前导叶

1—前置导叶;2—齿扇;3—齿圈;4—关节调节机构。

图 6-24 前导叶调节机构

第七节　泵轴封

一、概述

泵的轴封是一种泵轴与泵体之间的密封装置,其功能是阻止泄漏。泵常用的密封形式主要有端面密封、干气密封、副叶轮密封＋停车密封、填料密封等。

填料密封,又称压盖填料密封,主要用于过程机械设备运动部分的密封。填料密封按照结构特点可以分为:压缩填料密封、成型填料密封、硬质填料密封等;按采用的密封填料的形式分为软填料密封和硬填料密封。

填料装入填料腔以后,经压盖螺丝对它做轴向压缩,当轴与填料有相对运动时,由于填料的塑性,产生径向力,并与轴紧密接触。与此同时,填料中浸渍的润滑剂被挤出,在接触面之间形成油膜。由于接触状态并不是特别均匀,接触部位便出现"边界润滑"状态,称为"轴承效应";而未接触的凹部形成小油槽,有较厚的油膜,接触部位与非接触部位组成一道不规则的迷宫,起阻止液流泄漏的作用。

水泵的轴封一般采用油浸石棉填料,具有耐热性、柔软性好等优点,但是编结后表面粗糙、摩擦系数大,有渗漏现象,而且使用久了浸入的润滑剂容易流失。

泵轴封中使用填料密封,具有如下缺点。

填料与轴直接接触,且相对转动,造成轴与轴套的磨损,所以必须定期或不定期更换轴套。

为了使盘根与轴或轴套间产生的摩擦热及时散掉,盘根密封必须保持一定量的泄漏,而且不易控制。

填料与轴或轴套间的摩擦,造成电机有效功率降低,消耗电能,有时甚至达到5%～10%的惊人比例。盘根填料密封的缺点从填料密封的原理来看主要在于流体在密封腔内可泄漏的通道有三处,其一是流体穿透纤维材料造成泄漏,其二是从填料与填料箱体之间泄漏,其三是从填料与轴表面之间泄漏。

泵常用密封主要是旋转轴密封和往复杆密封,简称轴封和杆封。旋转轴端面密封常用的是机械密封,机械密封具有以下特点。

(1) 密封可靠,在长期运转中密封状态很稳定,泄漏量很小,其泄漏量约为软填料密封的1%。

(2) 使用寿命长,一般可达1～3年或更长。

(3) 摩擦功率消耗小,其摩擦功率仅为软填料密封的10%～50%。

(4) 轴和轴套基本上不磨损。

(5) 维修周期长,端面磨损后可自动补偿,一般情况下不需经常性维修。

(6) 抗震性好,对旋转轴的振动以及轴对密封腔的偏斜不敏感。

(7) 装置长度短,不需要调整空间。

(8) 适用范围广,机械密封能用于高温、低温、高压、真空、不同旋转频率以及各种腐蚀介质和含磨粒介质的密封中。

(9) 结构较复杂,零件多,精度要求高。

(10) 更换不方便,需要拆开一部分或全部机器。

目前,70%～80%的工业用泵配备的是机械密封,机械密封产品已广泛应用于国民经济各个工业领域,对安全生产、防止环境污染起到了重要作用。但是在复杂的化工生产系统中,机械密封涉及种类繁多的工况条件。因此,正确地选择使用机械密封是提高机械密封安全性的重要前提,同一种机械密封可配以不同的密封系统。近年来机械密封技术发展很快,集装式机械密封的不断完善及新材料的不断应用,使密封寿命大大延长,泄漏量也大大减小。美国石油学会标准《离心泵和回转泵轴封系统》(API682)(Pumps-shaft Seaft Sealing Systems for Centrifugal and Rotary Pumps)要求机械密封的连续运转周期达到 25 000 h(3 年)以上。

二、机械密封基本原件和工作原理

我国泵站装机容量达 7 000 多万 kW,其中,轴流泵及导叶式混流泵占很大比例,特别是南水北调东线工程,全部采用大型轴流泵、混流泵或贯流泵。导轴承是大型水泵最为关键的易磨、易损部件,其故障占泵机组故障的 50%以上,故障率高。因此,水泵导轴承是泵机组运行寿命、大修周期和可靠性的主要控制性影响因素。而水泵导轴承故障很大一部分是由于润滑、密封与磨损引起的,因此,进一步研究水泵导轴承的结构形式、润滑与密封特性,对减小摩擦、磨损,提高导轴承的可靠性,延长寿命有重要意义。现有的清水润滑导轴承主要靠压力水箱上方的平板橡胶密封,其原理是靠水箱中的水压迫使水箱盖上的橡胶平板压住固定于主轴上的转环而形成端面密封,以防止外部带泥沙的河水进入清水箱。

机械密封是解决旋转轴与泵壳之间密封的元器件,由一个或多个垂直于泵轴做相对滑动的端面组成,在流体压力和补偿力(加载弹力)作用下,保持端面贴合并配以辅助密封而达到阻止泄漏的目的。密封元件除起密封作用外,还有减轻震动和冲击的作用,因此在各类叶片泵上得到广泛应用。

基本原件主要有以下十五个。

(1) 密封环:机械密封中端面垂直于旋转轴线并相互贴合、相对滑动的两个环形零件称密封环。

(2) 密封端面:密封环在工作时与另一个密封环相贴合的端面。该端面通常是研磨面。

(3) 旋转环(动环):随轴做旋转运动的密封环。

(4) 静止环(静环):不随轴做旋转运动的密封环。

(5) 补偿环:具有轴向补偿能力的密封环。

(6) 非补偿环:不具有轴向补偿能力的密封环。

(7) 传动座:用于与轴或轴套固定并直接带动旋转环的零件。

(8) 传动螺钉:用于传递扭矩的螺钉。

(9) 紧定螺钉:用于把弹簧座、传动座或其他零件固定于轴或轴套上的螺钉。

(10) 卡环:对补偿环起轴向限位作用的零件。

(11) 防转销:用于防止相邻两个零件相对旋转的销钉。

(12) 密封腔:指安装密封部位旋转轴与静止壳体之间的环状空间。

(13) 密封腔体:包括密封腔的静止壳体。

(14) 弹性元件:弹簧或波纹管之类的具有弹性的零件。

(15) 摩擦副:配对使用的一组密封环。

三、机械密封的类型

1. 按应用的主机分类

以使用的主机区分密封类别,如泵用机械密封、风机用机械密封等。

2. 按作用原理分类

按作用原理区分密封类别,如背面高压式机械密封、背面低压式机械密封、流体动压机械密封、流体静压机械密封等。

3. 按结构形式分类

机械密封按结构形式分为单端面、双端面和串联机械密封。由一对密封端面组成的为单端面机械密封;由两对密封端面组成的为双端面机械密封;由两套或两套以上同向布置的单端面机械密封组成的机械密封为串联机械密封。

4. 按工作参数分类

见表 6-8。

表 6-8　按参数分类的机械密封

分类		参数
按密封腔温度分	高温机械密封	$T>150$ ℃
	中温机械密封	80 ℃$<T\leqslant$150 ℃
	普通机械密封	20 ℃$<T\leqslant$80 ℃
	低温机械密封	$T\leqslant 20$ ℃
按密封压力程度分	超高压机械密封	$p>15$ MPa
	高压机械密封	3 MPa$<p\leqslant$15 MPa
	中压机械密封	1 MPa$<p\leqslant$3 MPa
	低压机械密封	常压 $p\leqslant 1$ MPa
按密封端面线速度分	真空机械密封	负压
	超高速机械密封	$u>100$ m/s
	高速机械密封	25 m/s$\leqslant u\leqslant$100 m/s
	一般速度机械密封	$u<25$ m/s
按密封轴径分	大轴径机械密封	$d>120$ mm
	一般轴径机械密封	$25\leqslant d\leqslant 100$ mm
	小轴径机械密封	$d<25$ mm

续表

分类		参数
按密封介质分	耐颗粒机械密封	用于颗粒介质的机械密封
	耐强腐蚀介质的机械密封	用于强酸、强碱及其他强腐蚀介质的机械密封
	耐弱腐蚀、水、油介质的机械密封	用于水、油、有机溶剂及其他弱腐蚀介质的机械密封
按工作参数分	重型机械密封	满足下列条件之一:$p>3$ MPa,$T\leqslant-20$ ℃或$T>150$ ℃,$d>120$ mm,$u\geqslant250$ m/s
	轻型机械密封	满足下列条件之一:$p<0.5$ MPa,0 ℃$<T\leqslant80$ ℃,$d<40$ mm,$u<25$ m/s
	中型机械密封	不满足重型及轻型条件的机械密封

四、机械密封的典型结构

1. 单端面机械密封

单端面机械密封结构简单,如图 6-25 所示,制造成本低廉,安装、使用方便,一般用于油、水、有机溶剂及腐蚀性介质。

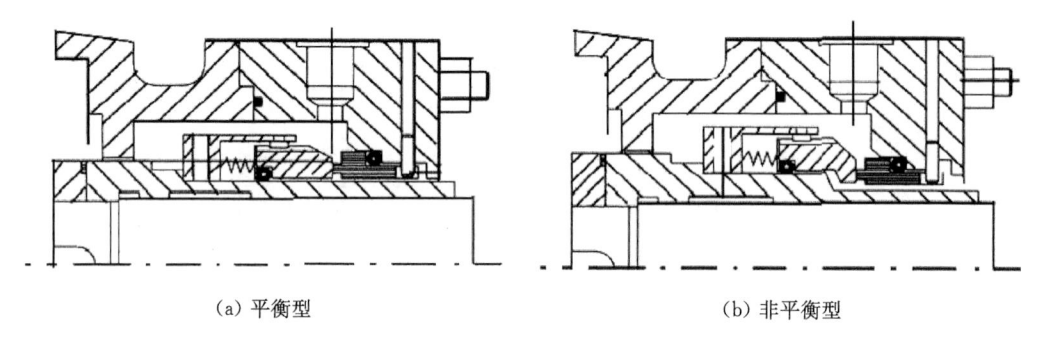

图 6-25 单端面机械密封
(a) 平衡型　　(b) 非平衡型

2. 有压双重机械密封

有压双重机械密封(双端面机械密封)多数用于易燃、易爆、有毒、含颗粒及润滑性差的介质,通常使用时需配备密封辅助系统,即在两端面间的密封腔中通入隔离流体,从而改善机械密封的润滑和冷却条件,如图 6-26 所示。

3. 无压双重机械密封

无压双重机械密封(串联密封)一般应用于高温、高压场合,可以通过多级密封及密封辅助系统对介质减压、降温,达到较好的密封效果,如图 6-27 所示。

4. 平衡型和非平衡型机械密封

能使介质压力在密封端面上卸载(载荷系数<1)的结构形式称为平衡型机械密封,如图 6-25(a)所示;不能使之卸载(载荷系数>1)的结构形式称为非平衡型机械密封,如图 6-25(b)所示。平衡型机械密封可通过结构设计,使密封端面承受较小的压力(端面比压

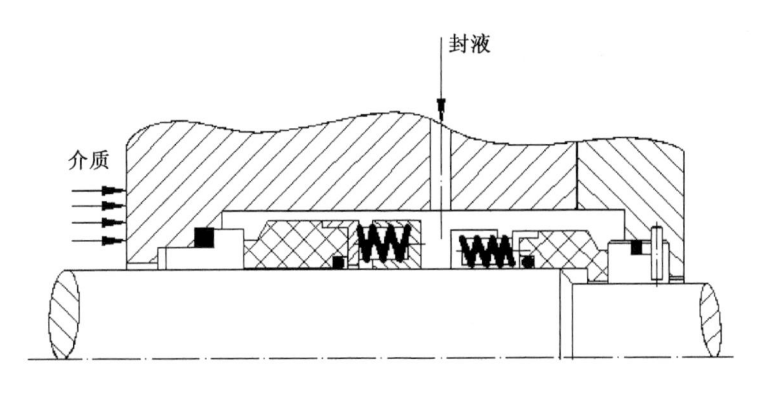

图 6-26　有压双重机械密封

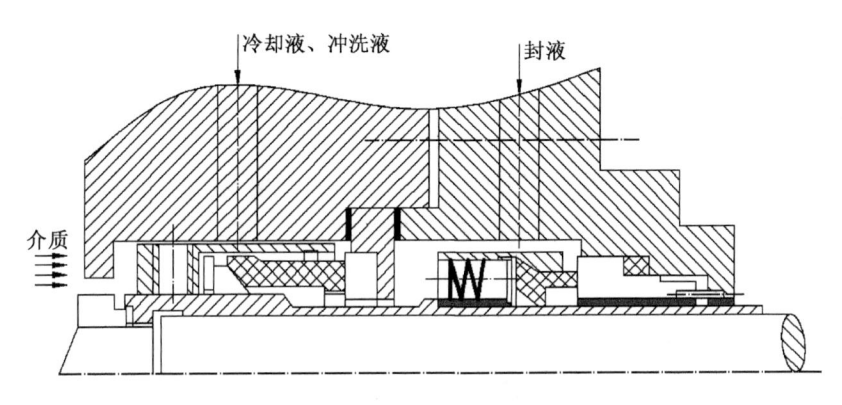

图 6-27　无压双重机械密封

小),能有效地降低端面的摩擦,减小摩擦热,有较高的承载能力,适用于较高条件下的密封。典型结构特点:密封部位的轴或轴套有台阶,但无台阶结构的不一定就不是平衡型机械密封。

非平衡型机械密封,结构简单,一般使用在介质压力较小的场合。

5. 内装式和外装式机械密封

内装式机械密封:静环装于密封端盖内侧的机械密封,内装式机械密封的密封元件均处于介质中,可以利用介质压力为密封端面提供密封力并由介质对密封进行润滑、冷却,是常用的结构形式。

外装式机械密封:静环装于密封端盖外侧的机械密封,如图 6-28 所示,因介质压力与密封弹簧力相反,一般使用在介质压力<5 MPa 的强腐蚀、颗粒介质场合。一般来说,这种密封可以直观地看到端面运转情况,便于安装和维修。

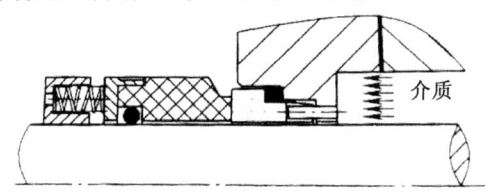

图 6-28　外装式机械密封

6. 内流式和外流式机械密封

密封流体在密封端面间的泄漏方向与离心力相反的称为内流式机械密封,反之称为外流式机械密封。在离心力的作用下,内流式密封可阻止介质泄漏,是常用的结构形式。

7. 旋转式和静止式机械密封

弹性元件随轴一起旋转的称为旋转式机械密封。弹性元件不随轴一起转动的称为静止式机械密封,如图 6-29 所示。

8. 非推压型机械密封(波纹管机械密封)

按使用的波纹管材料不同,可分为橡胶波纹管、聚四氟乙烯波纹管和金属波纹管机械密封。波纹管密封在轴上没有相对滑动,对轴无磨损,浮动补偿范围大,可在多种工况条件下使用。

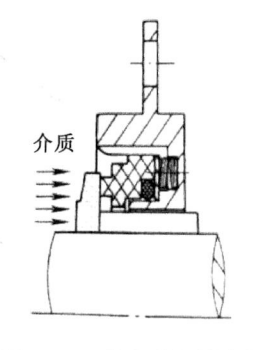

图 6-29 静止式机械密封

金属波纹管密封使用焊接(或成型)金属波纹管作密封的弹性元件,并可取消动环辅助密封圈,减少一个密封点,通常用于高温、低温条件下,如图 6-30 所示。聚四氟乙烯波纹管密封如图 6-31 所示,根据聚四氟乙烯材料的特性,这种密封大多在压力不高的强腐蚀条件下使用。橡胶波纹管密封如图 6-32 所示,这种密封价格便宜,应用广泛,但受材料限制,一般在常温的条件下使用。

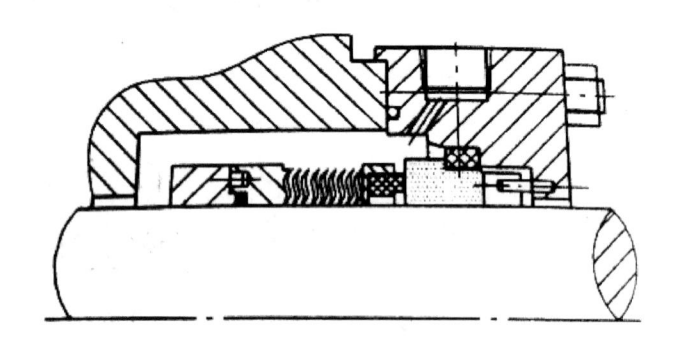

图 6-30 金属波纹管密封

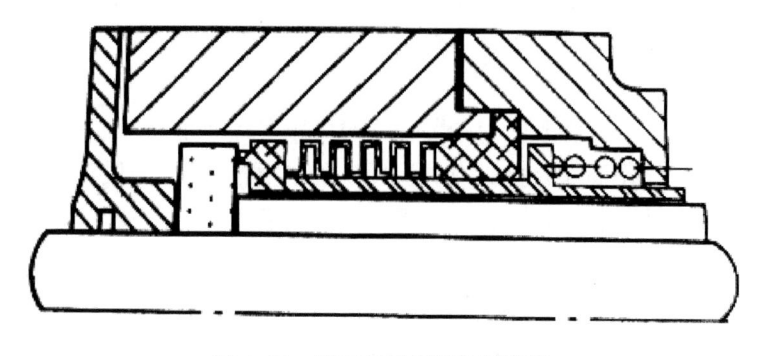

图 6-31 聚四氟乙烯波纹管密封

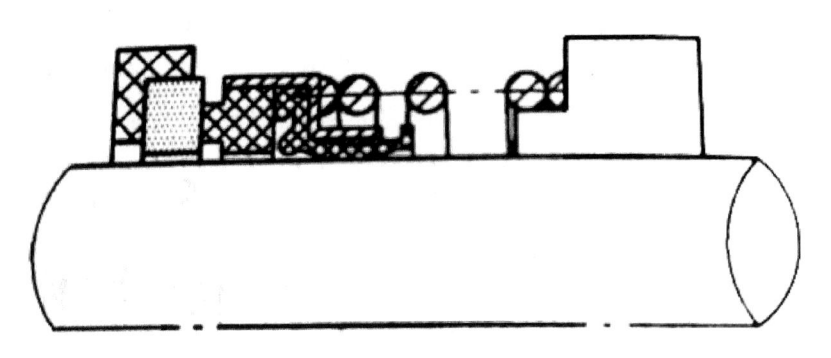

图 6-32 橡胶波纹管密封

9. 接触式和非接触式机械密封

接触式密封是指密封端面动、静环接触的机械密封,非接触式密封是指密封端面动、静环微观不接触的机械密封,包括流体静压密封[图 6-33(a)]、流体动压密封[图 6-33(b)]以及可控模式机械密封。

普通机械密封绝大多数为接触式机械密封,其结构简单、泄漏量小,但磨损和发热量大,不能适用于高压、高速等工况条件。非接触式密封由于密封端面不接触,工作时密封端面无磨损,发热量极小,可适用于高温、高压、高速等苛刻的工况条件,缺点是结构复杂,制造成本高,需庞大的辅助系统。

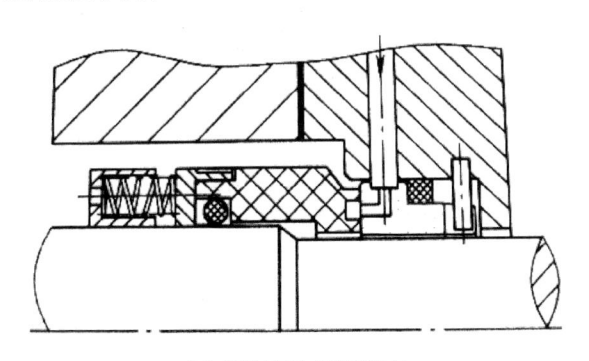

(a) 流体静压式机械密封

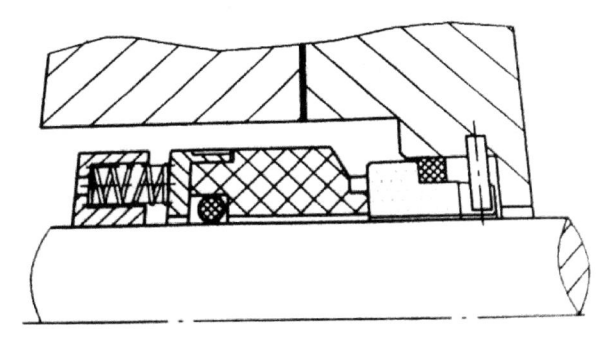

(b) 流体动压式机械密封

图 6-33 非接触式机械密封

五、机械密封的选型

机械密封的结构形式,主要根据摩擦副的数量、弹簧的数量、弹簧是否与介质接触、弹簧运动或静止、介质在密封端面上造成的比压大小、介质的泄漏方向等来加以区别。每种结构形式适用于一定的工作条件,在选择机械密封的结构形式时,要使机械密封的性能达到最佳状态,应根据其不同的使用条件正确选型。机械密封的选型主要参数有:使用压力 $P(\text{MPa})$、使用温度 $T(℃)$、工作线速度 $u(\text{m/s})$、密封轴径 $d(\text{mm})$ 及介质特性,还要考虑制造和拆装方便。

(1) 密封腔介质压力 P:黏度较高时,$P \leqslant 0.8 \text{MPa}$,选用非平衡型;黏度较低时,$P \geqslant 0.5 \text{MPa}$,选用平衡型。

(2) 线速度应结合压力、温度、介质特性等来决定弹簧形式。

(3) 在没有外冷的条件下,机封的最高使用温度一般取决于辅助密封材料的安全使用温度。

(4) 某些介质会对辅助密封有特别要求,如:
①溶剂等介质不能用氟橡胶,矿物油介质不能用三元乙丙橡胶,用户应非常注重;
②低黏度介质易产生干摩擦的宜选用平衡型,高黏度介质宜选用强制传动结构;
③强腐蚀介质宜采用外装式四氟波纹管密封。

(4) 客户也可将相关数据和资料提供给工厂,工厂会为之选取最适合的产品或代为设计、制造。相关数据和资料应包括:设备名称、轴径、转速,介质名称、压力、温度、浓度、黏度、有无颗粒。

选型时可按《机械密封 分类方法》(JB/T 4127.2—1999)选择密封类型,根据美国石油学会标准《离心泵及回转泵轴封系统》(API 682)的规定选用密封的标准冲洗方案和辅助设备。

机械密封的选型见表6-9。表中选型内容仅考虑单一工况条件,实际工作中遇到的情况比较复杂,因此选型时必须逐一研究各项参数并综合考虑,以选出既能满足使用条件又比较经济的密封产品。

表 6-9 使用参数与机械密封选型

选型方式	机械密封形式			
根据密封流体压力 $p(\text{MPa})$	$p \leqslant 1.0$	$1.0 < p \leqslant 5.0$	$p > 5.0$	
	接触式、非平衡型机械密封	接触式、平衡型机械密封	流体动、静压非接触式密封	
根据使用温度 $T(℃)$	$T > 150$	$80 < T \leqslant 150$	$-20 < T \leqslant 80$	$T \leqslant -20$
	接触式、金属波纹管型机械密封必须考虑密封冲洗方案和辅助设备	接触式、弹簧型或金属波纹管型机械密封必须考虑密封冲洗方案和辅助设备	接触式、弹簧型机械密封	接触式、弹簧型或金属波纹管型机械密封必须考虑密封冲洗方案和辅助设备

续表

选型方式	机械密封形式			
根据工作线速度 u(m/s)	$u>100$	$25\leqslant u\leqslant 100$	\multicolumn{2}{c}{$u<25$}
	非接触式静止型机械密封	接触式、非接触式静止型机械密封	\multicolumn{2}{c}{非接触式机械密封}
根据密封轴径 d(mm)	\multicolumn{2}{c}{$d>60$}	\multicolumn{2}{c}{$d\leqslant 60$}
	\multicolumn{2}{c}{多弹簧型机械密封}	\multicolumn{2}{c}{单弹簧型机械密封}
根据密封介质特性	颗粒/易结晶介质	饱和蒸汽压高、黏性低介质	强腐蚀性介质	易燃易爆介质
	密封选用硬对硬摩擦副	平衡型、窄摩擦副的机械密封	外装或弹簧外置型机械密封	双端面机械密封

近年来,我国机械密封行业发展迅猛,自行开发了很多新产品,尤其在高参数密封方面取得很大进展,订货时应尽可能提供完整的参数,以便于正确选型。对于以下几种特殊的使用条件,应事先与密封制造厂进行沟通,以便采取特殊的设计和结构满足使用要求。

(1) 温度 $T>120$ ℃ 或 $T\leqslant -20$ ℃。
(2) 使用压力 $p\leqslant 3.0$ MPa。
(3) 工作线速度 $u>25$ m/s。
(4) 介质易结晶或含有颗粒、纤维等。
(5) 介质易燃、易爆、易汽化、有毒等。

六、常用机械密封的材料

机械密封由摩擦副、加载弹性元件、辅助密封圈及结构件组成,所用材料基本可分为以下四大类。

(1) 摩擦副材料(如 Co 基硬质合金、Ni 基硬质合金、氧化铝陶瓷、反应烧结碳化硅陶瓷、碳石墨、聚四氟乙烯)。
(2) 金属及弹性元件材料[如 304,1Cr18Ni9Ti,1Cr18Ni9;306,0Cr17Ni12Mo2,0Cr17Ni12Mo2Ti;0Cr17Ni18AL,0Cr17Ni17Mo2AL;Ni66Cu3Fe(蒙乃尔);Ni76Cr16Fe8(因科镍)]。
(3) 辅助密封圈材料(如丁腈橡胶、乙丙橡胶、氟橡胶、硅橡胶 L、全氟醚橡胶等)。
(4) 结构件材料(如 2Cr13,Monel,00Ni65Mo28,0Cr30Ni30Mo4Cu2 等)。

密封材料必须根据使用条件进行选择,一般选择的密封材料应具有以下性能。

(1) 摩擦副材料应摩擦因素小、耐磨性好、耐化学腐蚀。
(2) 加载弹性元件材料具有良好的弹性、复原性及耐化学腐蚀性。
(3) 辅助密封圈材料应具有压缩永久变形、扯断永久变形小,较宽的温度适用范围,不产生溶胀、分解和硬化等性能。
(4) 结构材料要有一定的强度,满足结构要求并能耐相应的化学腐蚀。

第七章 主电机

电机是完成机械能与电能相互转换的机械，是电力系统与自动控制系统中非常重要的电器，在现代社会所有行业和部门中占据着越来越重要的地位。对电力工业本身来说，电机是发电厂和变电站的主要设备。首先，火电厂利用汽轮发电机（水电厂利用水轮发电机）将机械能转换为电能，然后电能经各级变电站通过变压器改变电压等级，再传输和分配。此外，发电厂的多种辅助设备，如给水泵、鼓风机、调速器、传送带等，也都需要电动机驱动。在制造工业中，各类工作母机，尤其是数控机床，都需由一台或多台不同容量和形式的电动机来拖动和控制。各种专用机械也都需要电动机来驱动。在工农业生产、国防、文教、科技领域以及人们的日常生活中，电机的应用越来越广泛。电机发展到今天，早已成为提高生产效率和科技水平以及提高生活质量的主要载体之一。

电机的种类很多，分类的方法也很多。如按运动方式分，有直线电机和旋转电机，大多数电机为旋转电机；按其功能分，可分为发电机和电动机。从原理上讲，同一电机既可作为发电机运行，也可作为电动机运行，称为电机的可逆性。电机按照产生或者消耗的是什么形式的电能，可分为直流电机和交流电机；而交流电机按其运行速度和电源频率之间的关系又分为异步电机和同步电机两大类；直流电机按励磁方式的不同分为他励和自励。此外，还有进行信号的传递和转换，在控制系统中作为执行、检测和解算元件的微特电机，这类电机交直流均有，统称为控制电机。电机分类如图 7-1 所示。

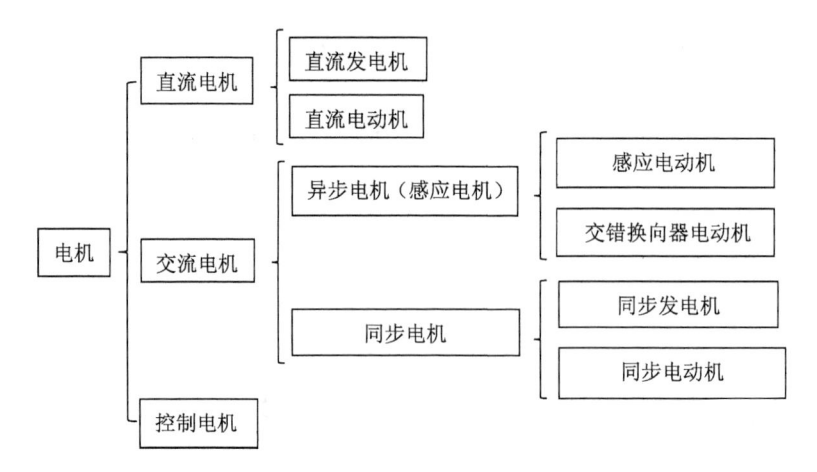

图 7-1 电机分类图

第一节　用途和类型

旋转电机中的交流电动机主要分为两大类:同步电动机和异步电动机。

异步电动机又称感应电动机,与其他各种电动机相比,具有结构简单、价格低廉、运行可靠、维护方便、坚固耐用、效率高等一系列优点,因此在工农业生产和日常生活中获得最广泛的应用。它的缺点是运行中必须从电网中吸收无功功率以建立磁场,使电网的功率因素降低,对电网而言是一个沉重的负担;与直流电动机相比,其启动和调速性能较差。但随着电力电子技术的发展,交流调速系统的不断完善和电网供电质量的提高,异步电动机的应用范围将进一步扩大。

随着工业的迅速发展,一些生产机械的功率越来越大,例如,空气压缩机、大型鼓风机、电动发电机组等,它们的功率达数万到数百千万千瓦。同时,这些生产机械本身也没有调节速度的要求。如果采用同步电动机去拖动上述的生产机械,可能更为合适。这是因为,大功率同步电动机与同容量的异步电动机相比较,同步电动机的功率因素更高。在运行时,它不仅不使电网的功率因素降低,相反地,能够改善电网的功率因素,这点是异步电动机做不到的。其次,对大功率低转速的电动机,同步电动机的体积比异步电动机要小些。

同步电动机一般都做成凸极式的,在结构上和凸极同步发电机类似。为了能够自启动,在转子磁极的极靴上安装有启动绕组。

随着半导体整流技术的发展,同步电动机可以不用直流励磁机励磁,而是用交流电流经可控硅整流后励磁。有些同步电动机还采用旋转半导体整流励磁,这样就把转子上的滑环电刷装置去掉了,对有些要求防爆的用户来说,是很安全的。

同步电动机不带机械负载运行时,可以作为同步补偿机使用,可以改善电网的功率因素,调整电网的电压。

第二节　异步电动机

一、结构

异步电动机主要由固定不动的定子(stator)和旋转的转子(rotor)两部分组成,定、转子之间有一个非常小的空气气隙将转子和定子隔离开,根据电动机的容量不同,气隙一般在 0.4~4 mm 的范围内。为减小电机的激磁电流,提高功率因素,异步电动机的气隙比其他旋转电机都小,一般为 0.2~2 mm。三相异步电动机的基本构造如图 7-2 所示。电动机定子由支撑空心定子铁芯的钢制机座、定子铁芯和定子绕组线圈组成。定子铁芯是电机磁路的一部分,由涂有绝缘漆的 0.5 mm 硅钢片叠压而成。在定子铁芯内圆周上均匀地冲制若干个形状相同的槽,槽内安放定子三相对称绕组。大、中容量的高压电动机的定子绕组常连接成星形,只引出三根线,而中、小容量的低压电动机常把三相绕组的六个出线头都引到接线盒中,可以根据需要连接成星形和三角形。定子绕组是构成电路的一部分,其作用是感应电动势、流过电流、实现机电能量转换。整个定子铁芯装在机座内,机座是用来固定和支撑定子铁芯的。一个三相异步电动机的定子构造见图7-3。

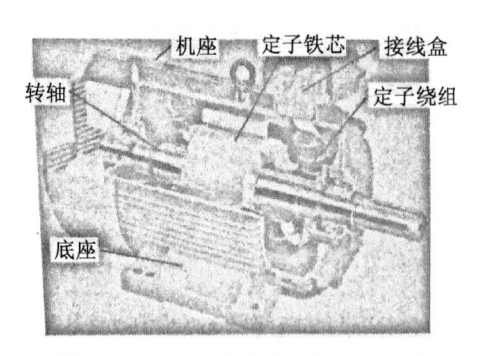

图7-2 三相异步电动机的基本构造 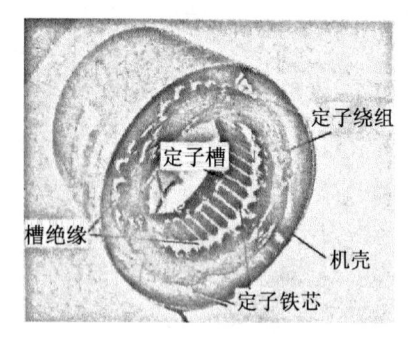　　图7-3 三相异步电动机的定子构造

电动机转子由转子铁芯、转子绕组和转轴组成。转子铁芯也是磁路的一部分,由0.5 mm厚表面冲槽的硅钢片叠成一圆柱形,铁芯与转轴必须可靠地固定,以便传递机械功率。转子铁芯的外表面有槽,用于安放转子绕组。按转子绕组的不同形式,转子可分成笼型和绕线型两种,如图7-4、图7-5所示。转子、气隙和定子铁芯构成了一个电动机的完整磁路。

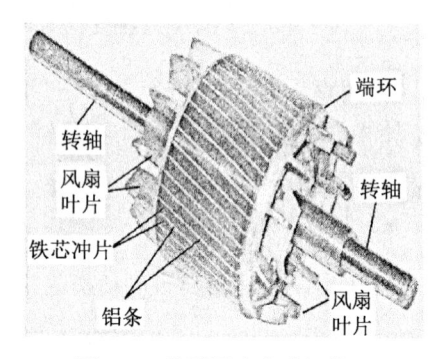

图7-4 笼型异步电动机转子 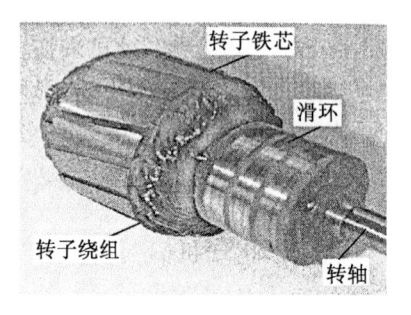　　图7-5 绕线型异步电动机转子

(1) 定子

定子由铁芯、绕组、机座和端盖组成。

定子铁芯是电动机磁路一部分,由0.5 mm厚的硅钢片叠成,以减小涡流和磁带损耗。定子铁芯叠片冲有嵌放绕组的槽,故也称为冲片。

定子绕组是电动机的主要电路部分。定子铁芯圆周槽中对称地嵌放着三相对称绕组。大中型异步电动机采用双层叠绕组,绕组用截面较大的扁铜线绕成,绕组绕好后再包上绝缘。中小型异步电动机定子绕组大多用漆包线绕制线圈。小型异步电动机采用单层绕组。

机座用于固定和支撑定子、端盖,有较好的机械强度。中小型异步电动机的机座由铸铁铸成,大型电动机的机座由钢板焊接而成。

（2）转子

转子由铁芯、绕组和转轴组成。

转子铁芯也是电机磁路的一部分。铁芯由 0.5 mm 厚的硅钢片叠压而成。转子铁芯叠片上冲有嵌放转子绕组的槽。

转子绕组有鼠笼型和绕线型两类。

鼠笼型绕组由转子槽内导条和端环构成多相对称闭合绕组，形似"鼠笼"。导条和端环的材料可以用铜或铝。用铜时，每根铜条两端与端环焊接起来。中小型鼠笼电动机一般采用铸铝转子，转子的导条、端环及风叶可以一起铸成。

绕线型转子绕组与定子绕组相似，用绝缘的导线绕制成三相对称绕组，星形连接，三相绕组的端头接到转子轴上的三个彼此绝缘的滑环上，再通过电刷经附加电阻短接。

绕线型转子的特点是可以通过滑环、电刷在转子回路中接入静止不动的附加电阻，用以改善启动性能或调节电动机的转速。

为了减少电刷磨损和转子损耗，绕线型电动机一般装有提刷短路装置，当电动机启动完毕而不需要调速时，将电刷提起，同时短接三个滑环。

二、基本参数

表 7-1 是一台三相异步电动机的铭牌实例，在铭牌上标记着电动机正常运行时的条件和有关技术数据。它是正确选择、使用和检修电动机的依据。

表 7-1 三相异步电动机的铭牌

三相异步电动机					
型号	Y90L－4	电压	380 V	接法	Y
容量	1.5 kW	电流	3.7 A	工作方式	连续
转速	1 400 r/min	功率因素	0.79	温升	75 ℃
频率	50 Hz	绝缘等级	B	出厂	× 年 × 月

（1）型号

型号由四部分组成。以 Y90L-4 为例，Y 表示异步电动机（YR 表示绕组异步电动机）；90 表示机座中心高为 90 mm；L 表示长机座（S 表示短机座，M 表示中机座）；横线后面的数字 4 表示极数。

（2）额定值

①额定功率：指额定运行状态下，由轴端输出的机械功率，单位为 kW。

②额定电流：指额定运行状态下，电动机输入的线电流，单位为 A。

③额定电压：指额定运行状态下，加在定子绕组上的线电压，单位为 V。

④额定转速：指额定运行状态下的转速，单位为 r/min。

⑤额定频率：我国电网频率为 50 Hz，故国内使用的异步电动机额定频率为 50 Hz。

三相异步电动机的额定功率为

$$P_N = \sqrt{3}U_N I_N \eta_N \cos\varphi_N$$

式中：$\cos\varphi_N$、η_N 分别为额定运行时的功率因素和效率。

此外，铭牌上标出三相定子绕组的接法（Y 或 △）、绝缘等级、工作方式、防护等级等。绕组电动机铭牌上还标明转子绕组的接法、转子电压和额定运行时转子线电流等数据。

异步电动机按转子结构主要分为笼型和绕线型两大类。两类异步电动机的定子结构相同，而转子结构有差别。笼型转子是在转子铁芯槽里插入铜条，再将全部铜条两端焊在两个铜端环上，以构成闭合回路。除去转子铁芯，剩下的铜条和两边的端环，其形状像个笼，故称之为笼型电动机。为了节省铜材，中小容量的笼型电动机是在转子铁芯的槽中浇注铝液铸成笼形导体，以代替铜制笼体。如图 7-6 所示，铸铝转子把导条、端环和风扇一起铸出，结构简单、制造方便。

绕线型转子同电动机的定子一样，都是在铁芯的槽中嵌入三相绕组，三相绕组一般接成星形，将三个出线端分别接到转轴上三个滑环上（如图 7-7），再通过电刷引出电流。绕线型转子的特点是在启动和调速时，可以通过滑环电刷在转子回路中接入附加电阻（如图 7-8），以改善电动机的启动性能，调节其转速。通常人们就是根据具有三个滑环的结构特点来辨认绕线型异步电动机。

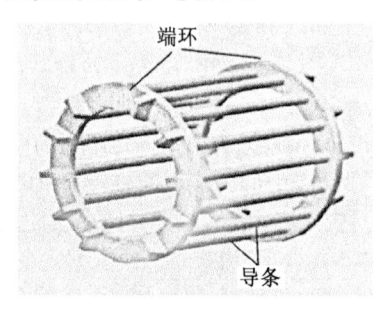

图 7-6 笼型异步电动机转子绕组 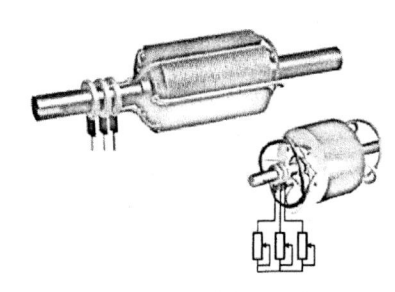　　图 7-7 绕线型异步电动机转子结构

虽然笼型异步电动机同绕线型异步电动机在转子构造上有所不同，但它们的工作原理是一样的。笼型异步电动机由于转子结构简单，价格低廉，工作可靠，在实际应用中，如果对电动机的启动和调速没有特殊的要求，一般采用笼型异步电动机。只在要求启动电流小，启动转矩大，或需平滑调速的场合使用绕线型异步电动机。

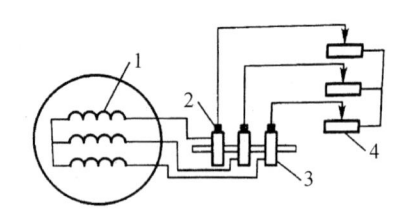

1—转子绕组；2—电刷；3—滑环；4—变阻器。

图 7-8 绕线型异步电动机转子示意图

三、异步电动机的启动

1. 启动的特点

异步电动机由静止状态过渡到稳定运行状态的过程称为异步电动机的启动。启动是异步电动机应用中重要的物理过程之一。

当异步电动机直接投入电网启动时,其特点是启动电流大(4~7倍额定电流),而启动转矩并不大。原因是当异步电动机启动时,由于电动机转子处于静止状态,旋转磁场与转子绕组之间的相对速度最快,转子绕组的感应电动势是最高的,因而产生的感应电流也是最大的,电动机定子绕组的电流也非常大。同时启动时的磁通较正常工作时小,故启动转矩不大。

对异步电动机启动性能的要求,主要有以下两点。

①启动电流要小,以减小对电网的冲击

在额定电压下异步电动机直接启动时,普通异步电动机的启动电流较大,一般异步电动机启动过程时间很短,短时间过大的电流,从发热角度来看,电动机本身是可以承受的。但是,对于启动频繁的异步电动机,过大的启动电流会使电动机内部过热,导致电动机的温升过高,降低绝缘寿命。另外,直接启动的异步电动机需供电变压器提供较大的启动电流,这样会使供电变压器输出电压下降,对供电电网产生影响。如果变压器额定容量相对不够大时,电动机较大的启动电流会使变压器输出电压短时间下降幅度较大,超过了正常规定值,会影响到由同一台变压器供电的其他负载,使运行的其他异步电动机过载甚至堵转。所以,当供电变压器额定容量相对电动机额定功率不是足够大时,三相异步电动机不允许在额定电压下直接启动,需要采取措施,减小启动电流。

②启动转矩足够大,以加速启动过程,缩短启动时间

电动机采用直接启动时,一方面较大的启动电流引起电压下降,另一方面电动机启动转矩也不大,对于轻载或空载情况下启动,一般没什么影响,当负载较重时,电动机可能启动不了。一般要求 $T_{st}>(1.1\sim1.2)T_2$,T_{st} 越大于 T_2,启动过程所需要的时间越短。因此,直接启动一般只在小容量的笼型电动机中使用。如果电网容量很大,也可允许容量较大的笼型电动机直接启动。

异步电动机在启动时,电网对异步电动机的要求与负载对它的要求往往是矛盾的。电网从减少它所承受的冲击电流出发,要求异步电动机启动电流尽可能小,但太小的启动电流所产生的启动转矩又不足以启动负载;而负载要求启动转矩尽可能大,以缩短启动时间,但大的启动转矩伴随着大的启动电流,又会对电网的电压有影响。下面讨论适用于不同电机容量、负载性质而采用的启动方法。

(1) 直接启动

直接启动适用于小容量电动机带轻载的情况,启动时,用闸刀开关和交流接触器将电机直接接到具有额定电压的电源上。直接启动法的优点是操作简单,无需很多的附属设备;主要缺点是启动电流较大。笼型异步电动机必须满足以下的条件才能直接启动。

①若是照明和动力共用同一电网时,电动机启动时引起的电网压降不应超过额定电压的5%。

②动力线路若是用专用变压器供电,对于频繁启动的电动机,其容量不应超过变压器容量的20%;不经常启动的电动机,其容量不应大于变压器容量的30%。如不满足上述规定,则必须采用降压启动等措施以减小启动电流。通常在一般情况下,20 kW以下的异步电动机允许直接启动。随着电网容量的不断增加,直接启动方法的应用日益扩大,因

为电网容量越大,电动机启动电流占电网额定电流的百分比就越小。

(2) 降压启动

降压启动的目的是限制启动电流。启动时,通过启动设备使加到电动机上的电压小于额定电压,待电动机转速上升到一定数值时,再使电动机承受额定电压,保证电动机在额定电压下稳定工作。

降压启动适用于容量大于或等于 20 kW 并带轻载的情况。这种方法是用降低异步电动机端电压的方法来减小启动电流。由于异步电动机的启动转矩与端电压的平方成正比,所以采用此方法时,启动转矩同时减小。该方法只适用于对启动转矩要求不高的场合,即空载或轻载的场合。

常见的降压启动方式有三种:定子串联电阻或电抗启动、星形-三角形换接启动和自耦降压启动。

①定子串联电阻或电抗启动

在定子绕组中串联电抗或电阻都能降低启动电流,但串联电阻启动能耗较大,只适用于小容量电机中(图 7-9)。一般都采用定子串联电抗降压启动。在采用电抗降压启动时,如图 7-10 所示,由于电机的启动转矩与绕组端电压的平方成正比,所以启动转矩比启动电流降得更多。因此在选择电抗使启动电流满足要求时,还必须校核启动转矩是否满足要求。

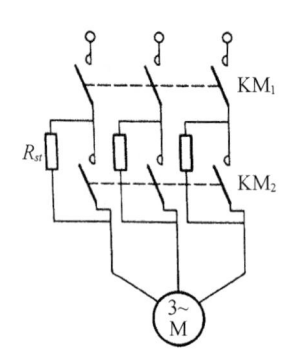

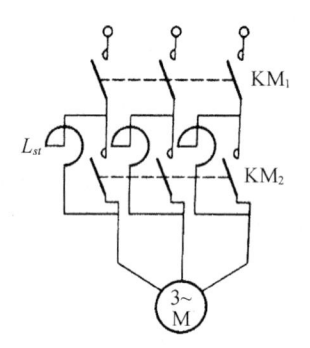

图 7-9 定子串联电阻的降压启动　　图 7-10 定子串联电抗的降压启动

②星形-三角形换接启动

星形-三角形启动法适用于正常运行时定子绕组三角形连接且三相绕组首尾六个端子全部引出来的电动机。启动时,将正常运行时三角形连接的定子绕组改接为星形连接,启动结束后再换为三角形连接。这种方法只适用于中小型笼型异步电动机。

设电机启动时每相绕组的等效阻抗为 Z。

当定子绕组为星形连接(图 7-11)时,即降压启动时,

$$I_{lY} = \frac{U_l}{|Z|\sqrt{3}}$$

当定子绕组为三角形连接时,即直接启动时,

$$I_{l\Delta} = \sqrt{3}\frac{U_l}{|Z|}$$

所以有

$$\frac{I_{lY}}{I_{l\triangle}} = \frac{1}{3}$$

即定子绕组星形连接时,由电源提供的启动电流仅为定子绕组三角形连接时的1/3。

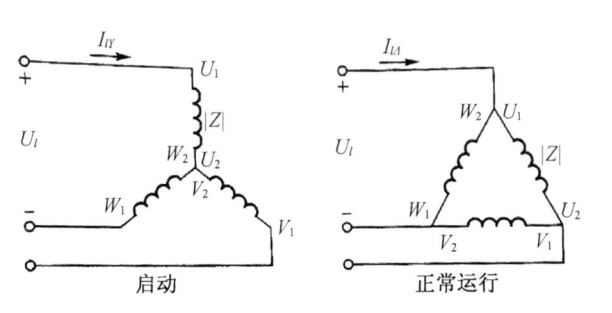

图 7-11 星形连接和三角形连接的启动电流

Y-换接启动的启动电流小、启动设备简单、价格便宜、操作方便,缺点是启动转矩小。它仅适用于小功率电动机空载或轻载启动。为了便于采用 Y-启动,国产 Y 系列 4 kW 以上电动机定子绕组都采用三角形连接。

③自耦降压启动

对于容量较大的或正常运行时连成星形而不能采用 Y-换接启动的笼型异步电动机可采用自耦降压启动,如图 7-12。

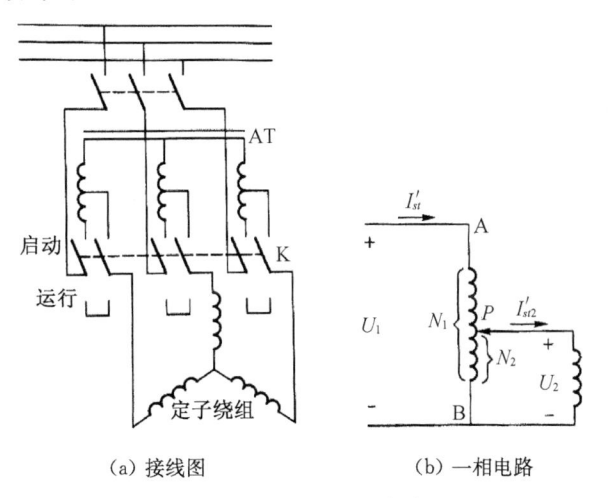

(a) 接线图　　(b) 一相电路

图 7-12 自耦降压启动

启动操作过程如下。

首先合上电源刀闸开关,再将自耦变压器的控制手柄 K 拉到"启动"位置进行降压启动,最后待电动机接近额定转速时把手柄推向"运行"位置,使自耦变压器脱离电源,而电动机直接接入电源,继续启动,但此时冲击电流已较小。

设电源的相电压为 U_1,自耦变压器的变比为 K,经过自耦变压器降压后,加在电动

机上的电压 U_2 为 $\dfrac{U_1}{K}$。此时电动机的启动电流 I'_{st2} 便与电压呈相同比例减小,是原来在额定电压下直接启动电流 I_{stN} 的 $\dfrac{1}{K}$,即 $I'_{st2} = \dfrac{I_{stN}}{K}$。又由于电动机接在自耦变压器的二次绕组,自耦变压器的一次绕组接在三相电源侧,故电源所供给的启动电流为

$$I'_{st} = I'_{st2} \dfrac{1}{K} = \dfrac{1}{K^2} I_{stN}$$

由此可见,上述笼型异步电动机降压启动时,电网电流是直接启动电流的 $\dfrac{1}{K^2}$,由于加到电动机上的电压减小到原电压的 $\dfrac{1}{K}$,同直接启动相比,启动转矩也同样减小到 $\dfrac{1}{K^2}$。

因此利用自耦降压启动的笼型异步电动机,在减小启动电流的同时也降低了启动转矩,所以一般只适用于空载或轻载启动。对于如起重机、锻压机等重载启动的生产机械就不适用了。这时需要使用绕线型异步电动机等能重载启动的电动机。

通常把自耦变压器、接触器、保护设备等装在一起,组成一个自耦降压启动控制柜,为了便于调节启动电流和启动转矩,自耦变压器备有抽头来选择对应的启动电压,通常自耦变压器的抽头有 73%、64%、55% 或 80%、60%、40% 等规格。

以上介绍了几种笼型异步电动机的降压启动方式。在确定启动方法时,应根据电网允许的最大启动电流、负载对启动转矩的要求以及启动设备的复杂程度、价格等条件综合考虑。

(3) 采用启动性能改善的笼型异步电动机

笼型异步电动机降压启动虽能减小启动电流,但同时也使启动转矩减小,所以其启动性能不够理想。有些生产机械要求电动机具有较大的启动转矩和较小的启动电流,普通笼型异步电动机不能满足要求。为进一步改善启动性能,适应高启动转矩和低启动电流的要求,可以采用特殊的笼型异步电动机,即高转差率电动机、起重冶金笼型异步电动机、深槽及双笼电动机等。

(4) 绕线型异步电动机转子串联电阻启动

对于大中型电动机带重载启动的工作情况,可采用绕线型异步电动机。由于大型电动机容量大,启动电流对电网的冲击较大;又因带重载,负载要求电动机提供较大的启动转矩。

绕线型异步电动机的特点是可以在转子绕组电路中串入附加电阻。如果在绕线型异步电动机转子电路中串入适当的启动电阻 R_{st},如图 7-13 所示,则 I_2 减小,所以定子电流 I_1 也随着减小。同时,由图 7-13 可见,当转子回路的阻值增大时,电动机的启动转矩变大,从而改变了电动机的启动性能。启动后,随着转速的上升逐渐减小启动电阻,最后将启动电阻全部短路,启动过程结束。因此在异步电动机转子回路接入适当的电阻,不仅可以使启动电流减小,而且可以使启动转矩增大,使电动机具有良好的启动性能。绕线型异步电动机适用于大功率重载启动的情况,也适用于功率不大,但要求频繁启动、制动和反转的负载。

我们从图 7-13 也可以看出,虽然在转子回路串入电阻后获得了比较大的启动转矩,

但电动机的机械特性也变"软"了,所以当电机启动到接近额定转速后,就把串在转子绕组中的电阻短路掉,使电动机恢复到原来的机械特性上。

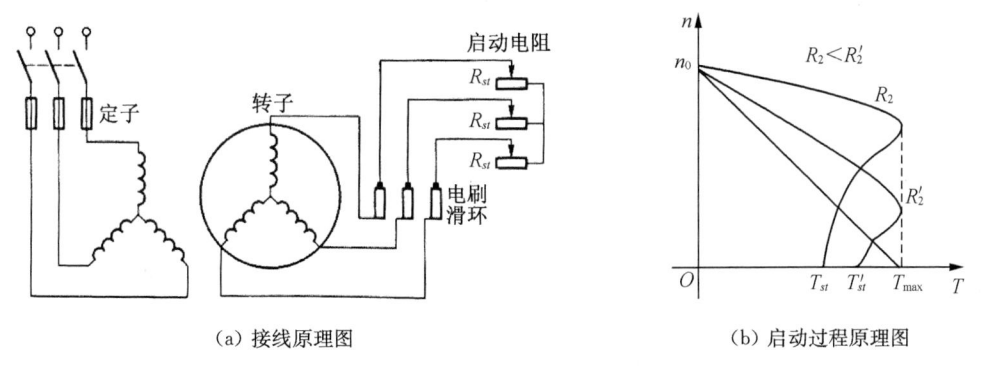

(a) 接线原理图

(b) 启动过程原理图

图 7-13　绕线型转子的串联电阻启动

对于转子回路串联电阻启动,若启动时串联电阻的级数少,在逐级切除电阻时也会产生较大的冲击电流和转矩,电机启动不平稳;若启动级数多,线路复杂,变阻器的体积较大,占地面积大,同时增加了设备投资和维修工作量。

应当指出的是,随着电力电子技术和控制技术的发展,各种针对笼型异步电动机发展起来的电子型降压启动器、变频调速器等装置得到推广和使用,使得结构复杂、价格昂贵、维护困难的绕线型异步电动机的使用变得越来越少。

第三节　同步电动机

同步电动机也是由定子和转子组成的,其定子和异步电动机的定子结构基本相同,都是由定子铁芯、三相对称的绕组以及固定铁芯用的机座和端盖等部件组成。空间上三相对称绕组通入时间上对称的三相电流就会产生一个空间旋转磁场,旋转磁场的同步转速 n_0 为

$$n_0 = \frac{60f}{p_m} \text{ (r/min)}$$

式中:f 为定子电源频率;p_m 为电动机极对数。

同步电动机的转子按其磁极形状可分为隐极式和凸极式两种。凸极式转子有明显的磁极,气隙不均匀,造成直轴磁阻小,与之垂直的交轴磁阻大,因此两轴的电感不等。

同步电动机的转子由磁极铁芯和励磁绕组等组成。磁极铁芯由钢板冲片叠压而成,磁极上套有励磁绕组。励磁绕组两出线端接到两个集电环上,再通过与集电环相接触的静止电刷向外引出。励磁绕组由直流励磁电源供电,其正确连接应使相邻磁极的极性呈 N 和 S 交替排列。另外,励磁绕组也可由交流励磁机经过随转子一起旋转的整流器供电,组成无刷励磁系统,这些都是针对一般大、中型同步电动机而言。小容量同步电动机转子常用永久磁铁励磁,其磁场可视为恒定。

凸极转子的磁极极靴上一般装有阻尼绕组。同步电动机在恒频下运行时,阻尼绕组

主要用作启动和抑制重载时容易发生的振荡。当同步电动机在转速闭环下变频调速运行时,由变频器供电的同步电动机无须用阻尼绕组进行启动,此时,阻尼绕组主要用于抑制变频器引起的谐波和负序分量。此外,阻尼绕组还能减小同步电动机的暂态电抗,加速换相过程和加快动态响应。

一、同步电动机的基本结构

1. 按结构形式分类

同步电机按结构形式不同可以分为旋转电枢式和旋转磁极式两类。前者的电枢装设在转子上,主磁极装设在定子上,这种结构在小容量同步电机中得到一定的应用。对于高电压、大容量的同步电机,多半采用旋转磁极式结构。因为励磁部分的容量和电压常较电枢小得多,把电枢装设在定子上,主磁极装设在转子上,电刷和集电环的负载就大为减轻,工作条件得以改善。所以旋转磁极式结构已成为中、大型同步电机的基本结构形式。

2. 按转子主极的形状分类

同步电机按转子主极的形状不同又分成隐极式和凸极式两种基本形式,如图 7-14 所示。隐极式转子做成圆柱形状,气隙均匀;凸极式转子有明显凸出的磁极,气隙不均匀。对于高速的同步电机(3 000 r/min 以上),从转子机械强度和妥善地固定励磁绕组考虑,采用励磁绕组分布于转子表面槽内的隐极式结构较为合理。对于低速同步电机(1 000 r/min 及以下),由于转子的圆周速度较低、离心力较小,故采用制造简单、励磁绕组集中安放的凸极式结构较为合理。

3. 按原动机的类别分类

大型同步发电机通常用汽轮机或水轮机作为原动机来拖动,前者称为汽轮发电机,后者称为水轮发电机。由于汽轮发电机是一种高速原动机,所以一般采用隐极式结构;水轮发电机则是一种低速原动机,所以一般都采用凸极式结构。同步电动机、由内燃机拖动的同步发电机以及同步补偿机,大多做成凸极式,少数二极的高速同步电动机也有做成隐极式的。

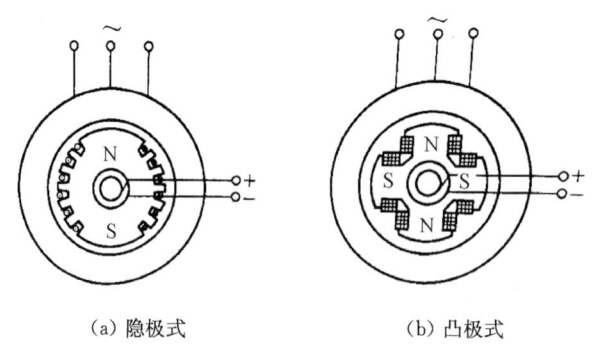

(a) 隐极式 (b) 凸极式

图 7-14 旋转磁极式同步电机的基本类型

4. 按运行方式和功率转换方向分类

同步电机按运行方式和功率转换方向不同可分为同步发电机(机械能转换成电能)、同步电动机(电能转换成机械能)和同步补偿机(不进行有功功率的转换,专门用来调节电网的无功功率,作为改善电网的功率因数的无功发电机)三类。

5. 按冷却介质和冷却方式分类

同步电机按冷却介质和冷却方式不同可分为空气冷却、氢气冷却和水冷却等。容量为 50 MW 以下的同步发电机多采用空气冷却，大容量发电机常采用氢气冷却或水冷却，如定子绕组采用水冷却，转子绕组和铁芯采用氢冷却或双水内冷等。

二、同步电动机的启动

同步电动机通电刚刚启动时，由于机械惯性，转子尚未旋转，而转子绕组加入直流励磁以后，在气隙中产生静止的转子主极磁场。当在定子绕组中通入三相交流电以后，在气隙中产生一以速度 n_1 旋转的旋转磁场。由于启动时，定、转子磁场之间存在相对运动，由于转子的机械惯性，使得转子上的平均转矩为零，所以同步电动机启动时并不产生同步启动转矩。下面来说明这个现象。在图 7-15(a)所表示的这一瞬间，定、转子磁场之间的相互作用，倾向于使转子逆时针方向旋转，但由于惯性的影响，转子受到作用力以后并没有马上转动，在转子还来不及转动以前，定子磁场已转过 180°，而得到图 7-15(b)，此时定、转子磁场之间的相互作用，倾向于使转子顺时针方向旋转。因此，转子上所受到的平均转矩为零，所以无启动绕组的同步电动机是不能自行启动的。

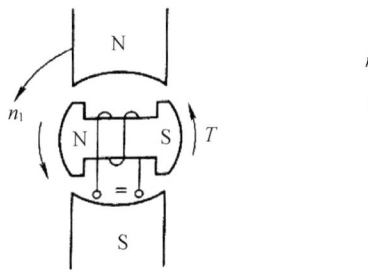

(a) 转子倾向于逆时针方向旋转　　(b) 转子倾向于顺时针方向旋转

图 7-15　启动时同步电动机的电磁转矩

同步电动机的异步启动方法是目前采用得最为广泛的一种启动方法。在磁极表面上装设有类似异步电动机笼型导条的短路绕组(阻尼绕组)，称为启动绕组。在启动时，电压施加于定子绕组，在气隙中产生旋转磁场，同异步电动机工作原理一样，这个旋转磁场将在转子上的启动绕组中感应出电流，经电流和旋转磁场相互作用而产生异步电磁转矩，所以同步电动机按照异步电动机工作原理转动起来。待速度上升到接近同步转速时，再给予直流励磁，产生转子磁场，此时转子磁场和定子磁场间的转速已非常接近，依靠这两个磁场间的相互吸引力，自动将转子拉入同步。所以同步电动机的启动过程可以分为两个阶段。

(1) 首先按异步电动机工作方式启动，使转子转速接近同步转速。

(2) 加直流励磁，使转子拉入同步。由于磁阻转矩的影响，凸极式同步电动机很容易拉入同步。甚至在未加励磁的情况下，有时转子也能被拉入同步。因此，为了改善启动性能，同步电动机绝大多数采用凸极式结构。当同步电动机按异步电动机工作方式启动时，励磁绕组绝对不能开路。因为励磁绕组的匝数一般较多，旋转磁场切割励磁绕组可能会在其中感应一危险的高电压，从而有使励磁绕组绝缘击穿或引起人身安全事故等危险。

启动时,励磁绕组需要短路,为避免励磁绕组中短路电流过大并产生单轴转矩而影响启动,启动时在励磁绕组回路必须串入其本身电阻 5~10 倍的外加电阻再短路。

三、同步电动机的应用

同步电动机具有良好的恒速特性,并且功率因数可以调节,所以在工业上得到广泛的应用。交流电网上主要的负载是异步电动机和变压器,这些负载都要从电网中吸收感性无功功率,这样一来,加重了对电网供给感性无功功率的需求,如果使运行在电网上的同步电动机工作在过励状态,由于同步电动机需要从电网上吸收容性无功功率,因此缓解了上述负载对电网供给感性无功功率的要求,换句话说,可把这些过励的同步电动机看成除了拖动生产机械外,还担负着发出感性无功功率的发电机。这样一来,电网的功率因数得以改善。

第四节 励磁系统

一、励磁系统基本构成及其工作原理

励磁控制系统是由励磁功率单元、励磁控制器和同步发电机共同组成的反馈系统。励磁功率单元和励磁控制器组成的系统就是人们通常所说的励磁系统。励磁功率单元负责向同步发电机转子提供直流励磁电流或交流励磁电流;励磁控制器负责根据检测到的发电机的电压、电流或其他状态量的输入信号,按照给定的励磁控制准则自动调节励磁功率单元的输出。从图 7-16 可以看出,基本控制部分是励磁控制器的核心,它主要实现同

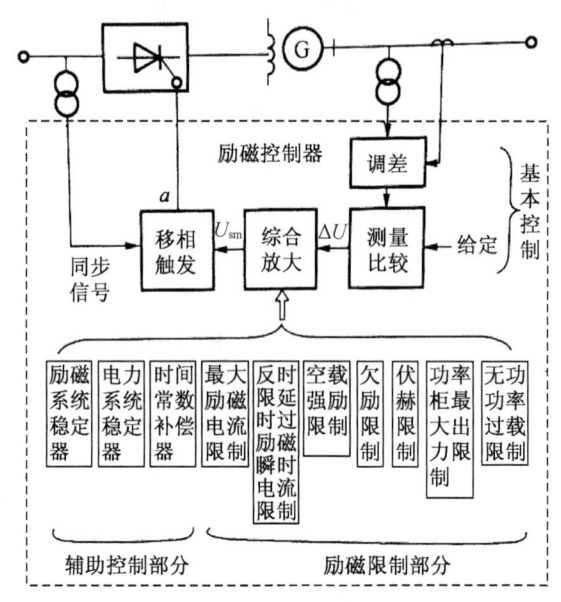

图 7-16 励磁控制器的基本组成单元

步发电机的电压调节和无功分配等最为基本的控制功能。它通常包括了以下几个单元：测量比较单元、调差单元、综合放大单元和移相触发单元。

辅助控制部分主要是根据运行的需要，在基本控制部分之外，附加的一些稳定控制部分和补偿环节，用来改善励磁控制系统、同步发电机和与之连接的电力系统的稳定性。它包括电力系统稳定器(PSS)、系统稳定器(Excitation System Stabilizer，简称 ESS)和时间常数补偿器等三个部分。

励磁限制部分主要是在各种异常运行情况下，提供必要的励磁限制信号，并封锁基本控制信号(来自基本控制部分)和辅助控制信号(来自辅助控制部分)以保证机组的稳定和安全运行。它主要包括：最大励磁电流限制、欠励限制、反时限延时过励磁瞬时电流限制、功率柜最大出力限制、空载强励限制、伏赫限制和无功功率过载限制等。

1. 测量比较单元

测量比较单元是励磁控制器的信息输入单元。它的主要作用是将从同步发电机机端电压互感器来的三相交流电压，经过电压测量变压器降压，再经过整流器整流为所需要的直流信号电压，与给定的直流参考电压比较后，得出电压偏差信号，输出至综合放大单元。改变给定的参考电压时，就改变了被调电压。对测量比较单元的基本要求如下。

(1) 测量电路要具有足够高的灵敏度，直流参考电压应稳定。
(2) 电压给定电路的调整范围应使发电机电压和无功功率的调节满足运行要求。
(3) 测量电路应具有优良的动态性能，即电路的时间常数要小，反应要迅速。
(4) 输出的直流偏差信号必须平稳，其纹波系数要小。
(5) 具有一定的调差系数整定范围，满足并列运行机组间无功功率稳定分配的要求。
(6) 具有较好的线性度。
(7) 对于微机励磁而言，A/D采样部分应具有较高的分辨率。

测量比较单元通常由调差、测量变压器、整流电路、滤波电路和电压比较、整定电路等环节组成，如图 7-17 所示。

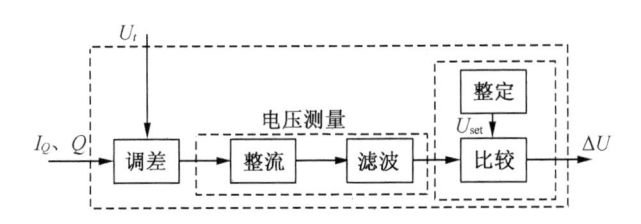

图 7-17 测量比较单元的组成

2. 调差单元

为了使并列运行的各发电机组按其容量向系统提供无功功率，实现无功功率在各机组间稳定合理的分配，在励磁控制器中，一般都设有改变发电机电压调节特性斜率的环节，即调差电路。模拟式励磁控制器中，调差单元的输出叠加在测量回路中。在微机励磁中，调差单元也可以直接作用于电压给定环节。

调差系数 δ 用来表征发电机调差外特性[$U_t = f(I_Q)$，I_Q 为无功电流]曲线的变化趋势。调差系数的物理意义为同步发电机在功率因数等于零的情况下，无功功率从零变化

到额定值时,发电机端电压变化的标幺值。它的表达式如下:

$$\delta = -\frac{\Delta U_t^*}{\Delta I_Q^*}$$

式中之所以有负号,是因为习惯上规定,向下倾斜的特性曲线(即电压随无功负荷增加而下降)的调差系数为正,称为正调差,可以理解为当无功电流增大时,自动励磁控制器感受到的电压为上升(虚假上升),于是控制器降低励磁电流,驱使发电机电压下降。反之,向上倾斜的特性曲线的调差系数为负,称为负调差,可以理解为当无功电流增大时,自动励磁控制器感受到的电压为下降(虚假下降),于是控制器增大励磁电流,驱使发电机电压上升。调差特性曲线如图 7-18。

实际应用中,一般直接用无功功率代替无功电流。

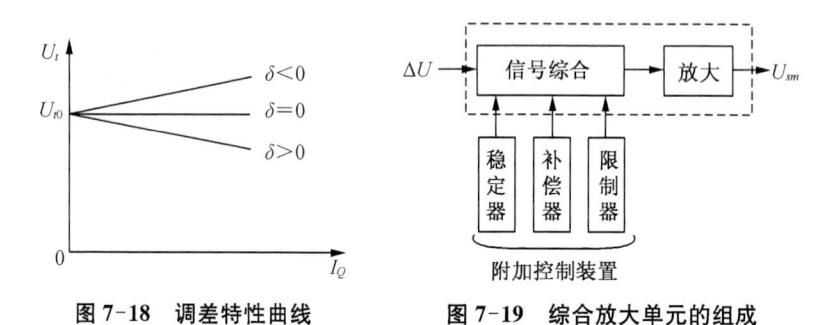

图 7-18 调差特性曲线　　图 7-19 综合放大单元的组成

3. 综合放大单元

在综合放大单元的输入信号中,除了基本控制部分的电压偏差信号外,还有多种辅助控制信号(如励磁系统稳定器信号和电力系统稳定器信号)、限制信号(如最大、最小励磁限制信号)和补偿信号(图 7-19)。因此,该单元要对多种直流信号进行综合,即线性叠加,再进行放大。由于电压测量单元输出的反映发电机机端电压变化的直流信号比较微弱,不足以直接去控制功率放大单元(如晶闸管整流桥的触发电路),所以要经过中间放大单元进行放大。该单元的输出信号输入到移相触发单元。

综合放大单元的任务及要求如下。

综合放大单元的任务就是,根据励磁控制装置应实现的功能,线性地综合测量偏差、辅助控制以及限制等信号,并加以放大,进而获得满足移相触发单元需要的控制信号。综合放大单元引入比例—积分(PI)调节,可以提高励磁控制系统调压的静态准确度,引入比例—积分—微分(PID)调节可以改善系统的频率特性,提高系统的稳定裕度和响应的快速性。

对综合放大单元的要求如下。

(1) 具有线性地且无互相影响地综合多个输入控制信号的能力。

(2) 反应速度快,时间常数小。

(3) 输入阻抗高,输出阻抗低,带负载能力强。

(4) 放大倍数连续可调或分段可调。

(5) 可自动切换主控信号和限制信号。

(6) 引入 PID 调节时,各环节系数可调,并有防止积分饱和的措施。

(7) 保证前后环节的极性匹配。

在模拟式励磁控制装置中,综合放大单元通常采用三种线路形式。

(1) 磁放大器线路。

(2) 分立元件的晶体管直流运算放大器线路。

(3) 集成运算放大器(也被称为固体组件的直流运算放大器)线路。

磁性元件构成的磁放大器是励磁调节系统中采用较早的一种直流放大器件,控制绕组中直流电流的微小变化,也可控制输出负载上直流平均值的较大变化。多个控制绕组可用来综合多种控制信号。由于磁元件本身体积较大,时间常数较大,制作和调试都比较复杂,所以目前已经被淘汰。

20 世纪 70 年代以来,随着半导体技术的发展,励磁控制器中综合放大单元多采用晶体管(分立元件)或集成电路(固定组件)形式的直流运算放大器,在一些小容量发电机组的励磁控制器中,也有采用由一级放大器、一级射极跟随器构成的简单晶体管直流放大电路。随着集成电路技术的迅速发展,作为一种通用性很强的功能部件,在励磁控制器的综合放大单元及其他单元中,集成电路运算放大器得到了越来越广泛的应用。它具有运算精度高、快速灵敏、工作稳定、综合信号容易和调整方便等一系列优点。因此,在现代励磁控制器中,综合放大单元基本上都是采用集成电路运算放大器。

4. 移相触发单元

在现代大中型同步发电机励磁系统中,功率单元基本上都是采用晶闸管整流桥来控制磁吃电流的大小。晶闸管导通的条件有如下两点。

(1) 承受正向电压。

(2) 接收到有效触发脉冲。

什么时候晶闸管上承受正向电压,由加在其上的三相交流电压决定,而什么时候加触发脉冲,则可根据具体要求设定。

在励磁控制器中,综合放大单元输出的控制电压不能直接加在晶闸管上,而需要将这个控制量转换为晶闸管对应控制角的触发脉冲序列,这就是移相触发单元的基本任务。

移相触发单元的作用是产生触发脉冲,用来触发整流桥中的晶闸管,并控制触发脉冲的相位随综合放大单元输出的控制电压的大小而改变,从而达到调节励磁的目的。其基本原理是利用主回路电源电压信号产生一个与主回路电压同步的幅值随时间单调变化的信号(称为同步信号),将其与来自综合放大单元的控制信号比较,在两者相等的时刻形成触发脉冲。

移相触发单元一般包括同步、移相脉冲形成和脉冲放大等几个基本环节。有时还需要附加整形、放大、反馈等辅助环节,以改善触发脉冲的质量,其组成如图 7-20 所示。该单元的输出信号直接控制可控整流桥。微机励磁中,通常采用数字移相的触发技术。

根据晶闸管的导通条件和励磁控制系统的特点,对移相触发单元通常提出以下要求。

(1) 各相触发脉冲必须与受控主电路电源同步,具有相同的频率并保持一定的相位关系。

(2) 触发脉冲的数目及移相范围满足实际要求,移相范围一般为 10°至 160°。

(3) 在整个移相范围内,各相触发脉冲的控制角应保证一致,以尽量减小整流桥输出电压的谐波分量。一般各相脉冲的相位偏差不应大于 10°,全控桥中不应大于 5°。

(4) 触发脉冲须具有足够的功率输出,使晶闸管元件可靠导通。由于晶闸管控制极参数的分散性,所需的触发电压、电流随温度而变化,为了保证所有晶闸管均能可靠导通,触发电路输出的电压、电流要有一定的裕量,但不应超过其允许值。为了避免晶闸管反向击穿,在控制极不应出现反向电压。

(5) 触发脉冲的前沿陡度应小于 10 μs,并具有足够的幅值和宽度。在励磁控制器中,由于晶闸管整流电路具有较大的电感负载,触发脉冲更应保证足够宽度。因为在大电感负载下,晶闸管的导通电流由零逐渐上升,如果电流未上升到擎住电流触发脉冲就消失,晶闸管将会重新关断。一般脉冲宽度不小于 100 μs,通常为 1 ms(50 Hz 正弦波的 18°)。对三相全控桥整流电路,要求触发脉冲宽度大于 60°,或者用双脉冲,以保证整流桥可靠工作。

(6) 触发单元应与高电位的主电路互相隔离,以保证安全。

(7) 应采取抗干扰措施,提高抗干扰能力。应能适应在允许的电网电压波动和波形畸变的条件下正常工作。

(8) 具有角限制功能,包括最小角限制和最大角限制。

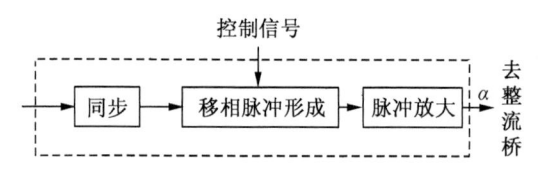

图 7-20 移相触发单元的组成

5. 励磁限制单元

励磁限制单元是励磁控制器的励磁限制环节。这些励磁限制环节在正常情况下是不参与自动励磁控制的,而当发生非正常运行工况,需要励磁控制器投入某些特殊的限制功能时,将通过综合放大单元的处理使相应的限制器起控制作用。

励磁控制器中引入励磁限制环节对提高励磁系统的响应速度,提高电力系统稳定性及保护发电机、变压器、励磁机等设备的安全运行有重要作用。

励磁控制器中的励磁限制单元主要包括对励磁输出进行限制和对励磁给定进行限制两部分,它们主要实现以下一些限制功能。

(1) 最大励磁电流瞬时限制(也称瞬时过励限制)。

(2) 欠励限制(也称最小励磁限制)。

(3) 反时限延时过励磁电流限制。

(4) 功率柜最大出力限制。

(5) 空载强励限制。

(6) 伏赫限制。

(7) 无功功率过载限制。

6. 辅助控制单元

励磁控制器的辅助控制部分是为了改善系统的稳定性和运行性能而附加的一些环节，它们主要提供一些稳定控制信号和补偿信号。

7. 励磁系统主回路

励磁系统主回路主要包括：励磁功率单元、磁场断路器、灭磁保护部分和过电压保护部分。

(1) 励磁功率单元

励磁功率单元是励磁控制器的直接控制对象，随着励磁功率单元的不同，励磁控制器的具体构成也有所区别。对励磁功率单元的基本要求是：一方面，要具有足够的调节容量，以适应各种不同运行工况的要求；另一方面，要具有足够的励磁顶值电压和电压上升速度。

虽然现代同步发电机的励磁系统都可以称作半导体励磁系统，但具体的构成却各有不同，应用比较多的励磁系统主要有两种：他励半导体励磁系统和自励半导体励磁系统。

他励半导体励磁系统其功率单元可以看成是由主励磁机和与之相连的整流装置组成。在自励半导体励磁系统中，同步发电机的励磁功率单元由励磁变压器和三相整流桥组成。励磁变压器接在同步发电机的机端或厂用电母线上，电压经过整流桥整流后供给发电机转子励磁绕组。

综上所述，现代励磁系统中，励磁功率单元都要采用整流器。

(2) 灭磁保护

灭磁保护是同步发电机励磁控制系统的主要保护之一。当发电机发生内部故障，如定子接地、匝间短路、定子相间短路等，以及发电机-变压器组中发生变压器短路时，都必须进行快速灭磁，以防止事故扩大。

由于同步发电机励磁绕组具有很大的电感，所以在切断励磁电源进行灭磁的过程中，转子励磁绕组两端会产生很高的灭磁过电压，灭磁速度越快，即励磁绕组中电流衰减越快，灭磁过电压就越高。因而出现了灭磁速度与灭磁过电压的矛盾。

在理论上，有一种理想灭磁过程，它是指在保证灭磁过电压不超过转子励磁绕组容许值的前提下，转子电流保持以最大的衰减速度衰减，直到灭磁结束。尽管实际的灭磁装置都无法获得理想灭磁过程，但灭磁技术却始终是朝向接近理想灭磁这一方向发展的。

目前，在电力系统中常用的灭磁方式主要有五种：线性电阻灭磁、灭弧栅灭磁、逆变灭磁、非线性电阻灭磁、交流灭磁。

(3) 过电压保护

在同步发电机的运行过程中，由于种种原因，可能会使励磁装置的主要部件和发电机的转子励磁绕组中呈现过电压。这些过电压往往会对励磁装置和同步发电机本身构成很大的危害，因此，必须设置过电压保护环节，抑制或消除过电压。

过电压产生的原因：交流电源侧过电压；切断空载励磁变压器引起过电压；换相过电压。

对于不同来源的过电压，应采取合适的过电压保护措施进行抑制或消除。对各种过电压保护装置的总体要求是：过电压时吸收暂态能量的能力要大，限制过电压能力强；装置简单可靠；动作后能自动恢复并能重复动作；对正常运行的影响较小。

目前比较常用的过电压保护装置有以下几种。

①避雷器

装设在励磁变压器的上方，用于限制大气过电压和操作过电压。如果机端已有防护措施限制大气过电压和操作过电压到安全水平，则在励磁变压器上方可以不再另外装设。

②非线性电阻

采用非线性电阻进行过电压保护主要用在两个地方：一是并联在转子励磁绕组两端，用于吸收诸如快速灭磁过程中在直流侧产生的过电压；二是接在励磁变压器的二次侧，用于抑制交流侧入侵的过电压。由于非线性电阻的压敏特性，正常运行时，非线性电阻呈现高阻态，只有很小的漏电流流过非线性电阻。一旦出现过电压，非线性电阻阻值急剧下降到很低的数值，从而将过电压限制在安全水平。

③阻容吸收

它是利用电容两端电压不能突变，但能储存能量的基本特性，吸收瞬间的浪涌能量，抑制过电压。串联电阻主要是防止电容与回路电感产生谐振。阻容吸收回路经常并联在整流桥的直流输出部分，用于吸收整流桥本身产生的过电压。也可用于交流侧，抑制交流侧产生的过电压。

二、励磁系统的使用

不同微机励磁控制器产品可能有不同使用操作方法，但原则上大同小异。

1. 投运前的准备

（1）检查励磁系统各柜接线端子、航空插头座、接插件是否已连接妥当。

（2）检查励磁控制器操作面板的开关、按钮位置。

（3）依次合上各电源开关。包括励磁控制器各供电电源开关，继电操作回路工作电源开关，冷却风机各电源开关，初始励磁（助磁）电源开关等。

（4）合上发电机灭磁开关 FMK，功率柜交、直流侧开关。

（5）检查面板指示灯：状态指示正确，无异常信号。

（6）显示器：显示各运行参量、控制参数是否正常。

2. 正常开机建压

按常规操作步骤，开机升速建压。当转速超过 95% 时，励磁控制器将控制同步发电机自动起励建压，起励后的电压稳定值与母线电压一致，起励建压时的超调小于 $10\%U_{tN}$，起励后的电压仍可根据需要做增减调整。

3. 并网增减无功负荷

按准同期准则及常规操作步骤操作并网。机组并网后，操作增减磁手柄（或按钮）即可增减无功功率。微机励磁控制器通常均具有增减磁触点粘连闭锁调整功能，所以调整时应以间断接触的方式进行，每次连续调整的时间超过 3 s 则无效，无功调整的上限是额定无功，无功调整的下限由低励限制线决定。

4. 解列灭磁停机

按常规操作步骤,操作增减磁手柄/按钮减无功功率到零,当有功和无功都为零时,即可操作跳闸手柄跳开同步发电机出口开关进行解列。如果同时伴有停机令,则发电机逆变灭磁,否则发电机维持机端电压与母线电压相等。当机组转速下降到80%至90%额定转速以下时,微机励磁控制器将自动执行低频灭磁功能。同步发电机事故停机时,在出口断路器跳开的同时,微机励磁控制器自动执行逆变灭磁,同时伴有发电机灭磁开关FMK跳开。

同步发电机并网运行时,逆变灭磁被自动闭锁;同步发电机单机运行时,外部逆变灭磁指令有停机令、转速令、保护出口继电器KOM动作、FMK跳开、逆变"灭磁"按钮、同步发电机定子过电压等。

5. 单机零升试验

开机升速前切换为恒压方式,然后再启动机组。当转速超过95%后,发电机起励建压,起励后的电压稳定值大约是15%至25%U_{tN},起励后的电压仍可根据需要做增减调整。

6. 运行方式的转换

微机励磁控制器在机组并网前有两种运行方式可供选择:恒U_t方式和恒I_f方式。在机组并网后有四种运行方式可供选择:恒U_t方式、恒I_f方式、恒Q方式和恒$\cos\varphi$方式。

7. 机组临时停运

调峰机组一天可能启停数次。当同步发电机组停运但仍处在热备用状态时,微机励磁控制器仍然应该保持正常供电状态。

8. 维护

微机励磁控制器在机组的检修间隔中一般无需维护。在机组检修时,可停电做些清洁除尘工作。恢复热备用时,用微机励磁控制器自备的离线自检程序进行一次全面检查即可,无需按各电路进行特性测试。

第五节　高压变频和软启动

一、高压变频器

高压变频器是利用电力半导体器件的通断作用将工频电源变换为另一频率电能的控制装置。

三相高压电进入高压开关柜,经输入降压和移相等处理后为功率柜中功率单元供电;主控制柜中包含的控制单元经过光纤时,对功率柜中功率单元进行整流、逆变控制、检测等处理,使得频率可以根据需要通过操作界面给出;控制柜中控制单元将控制信息发送至功率单元中进行整流、逆变等调整,输出所需等级的电压。

随着现代电力电子技术和微电子技术的迅猛发展,高压大功率变频调速装置不断地成熟起来。高压变频器是指输入电源电压在 3 kV 以上的大功率变频器。主要电压等级有 3 000 V、3 300 V、6 000 V、6 600 V、10 000 V 等。

变频器的变频过程有交流—交流的形式和交流—直流—交流形式两大类。现在以交流—直流—交流的形式居多。

随着市场经济的发展和自动化、智能化程度的提高,采用高压变频器对泵类负载进行速度控制,不但对改进工艺、提高产品质量有好处,又符合节能和设备经济运行的要求,是可持续发展的必然趋势。对泵类负载进行调速控制的好处甚多。从应用实例看,大多已取得了较好的效果(有的节能高达 30%～40%),大幅度降低了自来水厂的制水成本,提高了自动化程度,且有利于泵机和管网的降压运行,减少了渗漏、爆管,可延长设备使用寿命。

由于高压变频器容量一般较大,占整个电网比重较为显著,所以高压变频器对电网的谐波污染问题不容忽视。

高压变频器输出谐波会在电机中引起谐波发热(铁芯)和转矩脉动,在共模电压、噪声等方面也会对电机有负面影响。电流源型变频器由于输出谐波和共模电压较大,电机需降额使用和加强绝缘,且存在转矩脉动问题,使其应用受到限制。三电平电压源型变频器存在输出谐波问题,一般要设置输出滤波器,否则必须使用专用电机。对风机和水泵等一般不要求四象限运行的设备,单元串联多电平 PWM 电压源型变频器在输出谐波方面有明显的优势,对电机没有特殊的要求,具有较大的应用前景。

解决谐波问题的措施一是采用谐波滤波器,对高压变频器产生的谐波进行治理,以达到供电部门的要求;二是采用谐波电流较小的变频器,变频器本身基本上不对电网造成谐波污染,即采用所谓的"绿色"电力电子产品,从本质上解决谐波污染问题。国际上对电网谐波污染进行控制的标准中,应用较为普遍的是 IEEE519-1992,我国也有相应的谐波控制标准,应用较为广泛的是《电能质量 公用电网谐波》(GB/T 14549—1993)。

一般电流源型变频器,常用的 6 脉波晶闸管电流源型整流电路总的谐波电流失真约为 30%,远高于 IEEE519-1992 标准所规定的电流失真小于 5% 的要求,所以必须设置输入谐波滤波器;12 脉波晶闸管整流电路总谐波电流失真约为 10%,仍需安装谐波滤波装置。大多数 PWM 电压源型变频器都采用二极管整流电路,如果整流电路也采用 PWM 控制,则可以做到输入电流基本为正弦波,谐波电流很低。当然系统的复杂性和成本也大大增加了。

单元串联多电平变频器采用多重化结构,输入脉波数很高。总的谐波电流失真可低于 10%,不加任何滤波器就可以满足电网对谐波失真的要求。

高压变频器另一项综合性能指标是输入功率因数,普通电流源型变频器的输入功率因数较低,且会随着转速的下降而跟着线性下降,为了解决此问题,往往需要设置功率因数补偿装置。二极管整流电路在整个运行范围内都有较高的功率因数,一般不必设置功率因数补偿装置。采用全控型电力电子器件构成的 PWM 型整流电路,其功率因数可调,可以做到接近于 1。单元串联多电平 PWM 变频器功率因数较高,实际功率因数在整个调速范围内可达到 0.95 以上。

从以上两项指标来看,全控型电力电子器件的 PWM 型整流电路和单元串联多电平

PWM(高-低结构)变频器均属"绿色"电力电子产品,具有较广泛的应用前景。

二、软启动

电机软启动由硬启动而来。硬启动就是直接启动了,硬启动(直接启动)的启动电流是电机额定电流的6～7倍,硬启动时,这种启动电流超过了电机额定电流的情况,给电机本身的制作工艺、结构都带来了许多制约问题。

电机的轴很粗,似乎不可理解。其实就是因为过去没有软启动,而硬启动突如其来的过载6～7倍的启动电流所带给电机的启动冲击转矩,会把电机轴扭断。这就是电机轴为何设计得很粗的原因之一。

对于小功率的电机,直接启动尽管电流很大,启动时的冲击转矩对电机而言很大,但还是小于机械的抗冲击性强度。对于大功率的电机就有问题了,启动时所造成的过载冲击,造成机、电的强度与容量设计都很棘手,而且会增加很大的附加成本。

电机软启动器是采用电力电子技术、微处理技术及现代控制理论而设计生产的具有当今国际先进水平的新型启动设备。

该产品能有效地限制交流异步电动机启动时的启动电流,可广泛应用于风机、水泵、输送类及压缩机等负载,是传统的星/三角转换、自耦降压、磁控降压等降压启动设备的理想换代产品。

使用软启动器启动电动机时,晶闸管的输出电压逐渐增加,电动机逐渐加速,直到晶闸管全导通,电动机工作在额定电压的机械特性上,实现平滑启动,降低启动电流,避免启动过流跳闸。

待电机达到额定转速时,启动过程结束,软启动器自动用旁路接触器取代已完成任务的晶闸管,为电动机正常运转提供额定电压,以降低晶闸管的热损耗,延长软启动器的使用寿命,提高其工作效率,又使电网避免了谐波污染。

软启动器同时还提供软停车功能,软停车与软启动过程相反,电压逐渐降低,转速逐渐下降到零,避免自由停车引起的转矩冲击。

软启动器的保护功能如下。

(1) 过载保护功能:软启动器引进了电流控制环,因而随时可跟踪检测电机电流的变化状况。通过增加过载电流的设定和反时限控制模式,实现了过载保护功能,当电机过载时,晶闸管关断并发出报警信号。

(2) 缺相保护功能:工作时,软启动器随时检测三相线电流的变化,一旦发生断流,即可做出缺相保护反应。

(3) 过热保护功能:通过软启动器内部热继电器检测晶闸管散热器的温度,一旦散热器温度超过允许值后自动关断晶闸管,并发出报警信号。

第八章 新技术的发展和应用

第一节 优化调度系统研究

跨流域远距离调水是解决水资源短缺、实现水资源优化配置的有效措施。通过长远规划、宏观决策建设调水工程，可以缓解缺水地区的供需矛盾，有效促进工农业生产的发展和人民生活水平的提高，给当地的经济发展和社会进步注入新的生机与活力。跨流域调水一般输水距离长，调水范围广，影响因素多，是一项典型而复杂的系统工程，对于此类工程的建设、优化运行和科学调度，在能源、水资源日益紧缺的今天，具有重大的经济价值和现实意义，由此加强跨流域调水泵站优化调度理论研究，已成为水资源学科领域日益受关注的研究热点。由于不少跨流域调水梯级泵站工程系统扬程高、流量大，年工程运行能耗巨大，因此，采用现代决策理论的最新成果，结合工程管理决策的实际情况，对跨流域调水工程开展优化运行研究，提出先进、实用的优化运行方法与理论，对提高复杂环境下工程优化运行决策质量，包括决策成果的精度、有效性和成本等因素，具有重要意义。同时，开展跨流域调水泵站优化运行理论研究，建立跨流域调水泵站工程的站内、站间、站内站间级间联合运行复杂系统优化模型，对一般跨流域梯级泵站工程优化调度决策支持系统的开发具有重要意义。另外，对西气东输等此类复杂系统优化调度的非线性模型建立与求解也具有参考价值。

跨流域调水是一项结构复杂、形式多样的多流域、多地区、多目标、多用途的高维复杂系统工程，涉及诸多学科领域，在自然科学方面主要包括地形、水文、水质、水资源、生态、环境等，在社会科学方面主要涉及政治、行政、经济、法律等各个方面，只有对这些学科进行综合研究，才能确定最优的调水决策方案。目前，国内外关于跨流域调水工程的研究主要集中在水权、运行管理模式、工程对自然生态环境的影响和调水经济效益评价等方面。

在国内，随着跨流域调水工程的兴建与运行，跨流域调水工程及其涉及的各个领域相关问题也成为国内许多学者密切关注的热点，并开展了大量理论研究与实践探索，特别是采用现代系统工程理论对跨流域调水泵站优化运行的研究得到了长足发展。根据研究对象的空间分布，分为站内优化、站间优化与级间优化，其中站内优化与站间优化又可统称为单级泵站优化，此时级间优化相应称为梯级泵站优化。优化目标主要是泵站系统总能耗最小、总功率最小、总费用最小或泵站装置效率最高。优化算法主要有动态规划、非线性规划、大系统分解协调、模拟技术、遗传算法等微增率法及其组合方法。决策变量主要有组合扬程、开机台数、机组分配流量或水量、叶片角度及转速等。

在国外,已有众多学者提出了跨流域调水工程优化调度决策模型与方法,如运用随机动态规划法和类似于逐次逼近的搜索式法相结合,对美国加利福尼亚州中央河谷工程中的两个并联水库进行了最优泄水规划研究;运用线性规划与动态规划组合算法对中央河谷工程中单一水库的实时运行问题进行研究;运用改进 POA 法对中央河谷工程的 9 库优化运行问题进行了研究;采用模拟技术研究了中央河谷工程和美国加利福尼亚州北水南调水利工程;采用非线性规划模型的拉格朗日对偶方法对中央河谷工程的 9 库、9 座水电站、3 条渠道和 4 座泵站进行了实时调度研究;采用动态规划方法对梯级泵站系统进行实时决策研究等。总之,国外学者提出的跨流域调水工程优化模型求解方法归纳为两类:一是直接运用单一数学优化模型或模拟模型对复杂系统进行简化而进行调度决策研究;二是引入大系统优化决策模型、混合模型、计算机模拟技术进行复杂系统优化调度决策研究。

目前国内外对跨流域调水泵站优化模型与方法开展了大量研究,在跨流域调水工程水资源配置方案已定情况下,对梯级泵站系统内部的机组优化运行也进行了深入探讨,但仍存在一些不足或问题。大部分模型在优化决策时,站内优化、站间优化和级间优化相互分离,优化模型主要集中在站内机组、站间泵站、级间泵站的流量分配研究。有的模型也涉及了级间扬程的最优分配、对系统能耗的影响。建立站内、站间、级间模型时,往往设定调水总流量为已知,但在实际运行管理中,常常是要求在规定时间内完成一定调水总量,因此,将调水总量设为常量,而调水流量可以是变量,这对考虑峰谷电价实行分时调水具有重要意义。级间优化模型中没有考虑输水渠道的水位、流量变化规律,常常将长距离输水渠道概化为蓄水水库;考虑建立站内站间级间联合运行数学模型时,没有统筹考虑站内站间一级间的水量分配、叶片角度、机组转速、提水扬程变化对系统运行成本的影响;在构建站间、级间优化运行模型时,在数学模型中考虑供电系统的峰谷电价和典型潮位对跨流域调水工程运行成本影响的文献尚不多见。近年来,随着国外大型变频设备的不断引进,大型泵站变频运行应用增加较快,但理论上的系统研究相对滞后。同时,目前泵站联合调度优化模型均做了大量简化,其成果不能充分利用泵机组的工况调节功能,以进一步节省能耗、降低运行成本,尚未形成站内、站间、级间一整套泵站优化运行理论体系。

一、我国泵站优化运行背景

据水利部 2010 年统计,我国现有大型灌排泵站 450 多处,由 5 200 多座泵站组成,其中单座为大中型的泵站约为 3 000 座,这些泵站单机容量大,地理位置重要,主要分布在以下地区。

(1) 长江中下游以及珠江三角洲地区

这些地区主要是以低扬程排涝泵站为主,主要是指长江中下游地区的两湖、江浙以及安徽等 7 省。这些地区的大型泵站的数量约占全国的 73%(装机动力占 53%)。

(2) 黄河中上游地区

这些地区主要是以高扬程的多级提灌泵站为主,主要是指黄河中上游的陕甘宁地区以及山西和内蒙古五个省(区)。这一带大型泵站的数量约占全国的 11%(装机动力占 33%)。

(3) 主要以中低扬程排涝和灌溉并重的泵站为主的松辽流域以及海河流域

这部分地区主要是指东北地区的黑龙江、吉林、辽宁与海河流域的天津、河北等省(市)。黄河下游、长江上游、珠闽江及新疆塔里木河流域等也是以中低扬程提灌泵站为主的地区,这些地区主要是指山东、河南、四川、重庆、福建、广西、新疆等省(区、市)。这些以中低扬程泵站为主的地区的大型泵站的数量约占全国的16%(装机总动力占14%)。在一些河网密集或干旱缺水地区,基本上形成了以大型泵站为骨干、中型泵站为主体、小型泵站为补充的排灌网络和体系。这些提水设施,在防洪、除涝和抗旱,减少灾害损失,保证粮食安全、保障人民生命财产安全和保护城乡建设,以及解决一些地区工业生产、城乡生活用水问题等方面,发挥着越来越重要的作用。我国水泵无论是生产能力还是使用规模都已进入世界前列,目前生产和使用的轴流泵最大口径是 4.5 m,混流泵是 6 m(流量近 100 m^3/s),离心泵是 1.4 m。一台大型泵可以代替多台中小型泵,装置效率高,能源消耗少,在大规模调水、排灌中提排水效率高,且占地面积小,工程造价低,有利于实现自动化,减少了维护管理人员和费用,因此在水源条件或来水条件满足的情况下,采用大型泵可大大提高泵站的综合性能和经济技术指标,是工农业生产发展的必然要求。但必须说明的是,泵并非越大越好,它涉及厂家制造能力、道路运输和机组安装检修条件、动力供应及电网供电情况等,总体与国家的国情及综合实力有关。目前,我国南水北调东线泵站采用的水泵,口径大都在 3 m 左右。

我国泵站数目大、范围广、类型多、发展速度快,在工农业生产和人民生活中肩负着重要责任。至 2008 年年底,就农村水利而言,我国灌排机械保有量近 8 700 万 kW,其中固定灌排泵站 44 万多处,灌排面积 2.38 亿亩[*],占全国机电灌排总面积 5.81 亿亩的 41.0%,保障了国内的水利灌溉工作。我国有关部门对全国部分泵站的运行状态进行的调查和研究表明:由于各种客观以及主观的因素,我国的大多数泵站都是低效运行的,其中全国一半以上的泵站的装置效率还不到一半,不少泵站的装置效率只有三分之一。这也就是说,目前为止我国的泵站所消耗的能源有一半以上是被浪费的,泵站的运行付出了高额的成本。因此提高泵站效率,降低能耗及运行费用,对泵站的经济运行及国民经济的发展具有不可忽略的意义。随着泵站工程复杂性的提高以及规模的扩张,泵站的运行调度管理机制也越来越突显出了它的重要性。多年以来,泵站的实际运行多是根据主观经验进行,导致许多泵站的机组没有在最优工况下运行,造成了大量的电能损失;或者是因为泵站运行调度机制的不合理,造成弃水量过多等。因此为了提高泵站运行的社会效益以及经济效益,泵站的优化运行已然成了一个重要的问题。泵站的优化运行调度主要是研究泵站的科学管理调度决策以及优化技术,即在一定的时间范围内,按照一定的最优化准则,在满足各项约束条件的前提下,使泵站的运行目标函数达到最小或者最大。由于在泵站的优化调度过程中,要考虑到政策、经济、社会、环境和资源等多方面的因素,因此泵站尤其是梯级泵站是一个庞大和繁杂的系统。导致泵站效率低、能耗大的原因是多方面的,要改善此状况,必须从泵站工程的规划设计、设备制造、安全检修和运行管理等方面着手。

---

[*] 1 亩≈666.67 m^2。

但对于已建成的泵站，尤其是对于大型叶片可调泵站，深入研究和普遍推广其经济运行的科学技术，意义重大。因此泵站的优化调度是一个复杂的综合性问题。本章将针对这一普遍存在却又具有挑战性的问题展开深入研究。

二、泵站优化运行应用现状

目前为止在泵站优化调度运行理论的研究以及运行系统的开发方面，国内外都有着优化模式比较单一、针对性太强的缺点，导致这些研究的成果只能使用于单座泵站或者某一个泵站群，这样的系统不具有普遍适用性以及再开发性，所以很少有泵站采用泵站优化运行模型。

泵站的优化运行主要是指对泵站运行方式的优化调节以及对泵站的机组运行工况的调节，关于这两个方面的研究在国内外都已经有了一定的理论基础。对于泵站的优化运行调度研究最初是从单级泵站开始的。因为在同一水位的并联泵站可以当作是同一泵站的不同机组的组合，因此并联泵站也可看作单级泵站。在泵站系统的优化方面，国外起步较早。其以提升水泵、动力机、供电系统以及管理机构的综合效率为目的，在其工作环境改变的状况下实时地对运行做出决策，即主要确定在未来一定时期内各个泵站最优的开机台数。总体上来说，泵站的优化运行调度理论研究以及系统的开发方面仍存在较大的发展空间，我国对泵站优化系统的使用尚不是很多，具体的进展速度还是比较缓慢的，但是伴随着我国经济的飞速发展以及经济体制的不断完善，泵站优化调度系统的使用将被大大推动。

第二节 故障在线查巡及诊断系统研究（以泵站为例）

泵站在抗洪、排灌、灌溉、调水以及城乡供水、工业供水、航运和改善生态环境等方面发挥着极为重要的作用。随着我国国民经济的发展，南水北调工程的开展，一大批大中型泵站投入运行，对泵站的可靠性、安全性、经济性的要求也越来越高。而泵站机组是泵站的关键设备，运行状态的好坏直接影响泵站的安全运行。同时，随着机组单机容量不断增大，机组的检修维护、运行、管理面临更高的要求，实施泵站机组运行状况的状态监测和故障诊断，对机组故障进行及时预测预报、分析原因，对于大中型泵站机组的安全运行具有重要的意义。自二十世纪六十年代以来，国内已陆续建立了一系列的泵站。

对于如此多的泵站，如何实现优化调度和高效经济运行、降低机组事故率是大中型泵站管理中的关键问题，泵站特性测试和诊断开发与研究正是为了解决此问题而开展的。泵站的故障在线查巡与诊断系统的重要作用主要是全面掌握泵站特性，优化泵站运行，提高泵站整体效率，降低运行成本。由于目前还没有现场测流有效方法，因此一直沿用模型换算这一方法，对泵站机组原型特性极少测试，而因此产生的误差是显而易见的。即使个别站做过这样的测试，由于工艺复杂、精度差、费用高、结果可信度低，都未能得到真正推广使用。如果有了本系统，既可测定整个泵站的能量特性，又可测定单台机组的能量特性，且测试变得简单方便，费用降低，精度大大提高，结果具有可比性，将为制定泵站优化经济运行方案提供最直接的科学依据,帮助发现潜伏性故障,实现泵站机组的状态检修,避免发生严重事故。以往的机组检修一般是按照周期性计划检修和事故抢修进行,具有很大的被动性;同时很不经济。借助故障诊断系统,可以对机组进行测试预评估,分析机组状况,实现对机组的预知性状态机修,对影响机组正常运行的隐患做到早发现、早排除,进一步提高设备正常运行保证率,确保机组在排涝、灌溉、调水时正常运行,为新建泵站设计和老泵站的更新改造提供重要参数。新建泵站的各项效率、振动、摆度及噪音等设计指标是否达到标准,必须通过现场测试才能真实判断,因此本系统可作为水泵机组质量检验的手段之一。同样越来越多的老泵站需要更新改造,如果能在改造前后进行特性测试,可为泵站的优化设计、科学运行管理提供有价值的现场参数,为南水北调东线工程等梯级调水泵站服务。南水北调东线工程新老泵站机组台数多、数据多、运行时间长,且为多级联合调度,若能采用优化调度,最大限度地提高各泵站机组的运行效率和设备完好率,对于保证水资源的有效供给、节约能源、降低成本均具有重要意义。

  泵站机组属于大型低速旋转机械,其振动故障是由水力、机械、电磁三种振源或其耦合作用而引起,过流部件内的动水压力、发电机电磁干扰和机组固有动力学响应均对机组振动有影响。同时机组各个振源之间的相互影响显著,各个部件间干涉作用明显,因此难以采用精确的数学模型对机组故障特性进行分析和揭示。然而机组在运行过程中受故障影响时,其动态输出响应会发生改变,因此精确地测量泵站机组能够充分表征状态变量的输出信号,可以直观地感受到机组运行状态的变化。然而,输出信号中蕴含的故障信息往往难以用肉眼感知,而信号处理和特征提取技术则为解决此类问题提供了一种有效途径。为快速识别出泵站机组的故障成因,对机组失效部件进行快速定位和最优维护,需要充分利用振动信号表征的故障信息对泵站机组故障类型进行识别。由于机组在故障状态下运行时其部件振动信号的频率能量分布会发生变化,因此故障特征提取是保证故障推理结论可信与否的关键步骤。而泵站机组本身是一个慢时变系统,其故障的发生、发展及演化较慢,因此通过构建自适应的泵站机组状态评估方法,可以准确描述机组故障发生、性能退化到失效的演化路径,是保障机组安全稳定运行的关键。

  通过先进的信号处理方法获取泵站机组非平稳故障信号中局部时频特征信息,引入非线性信号辨识和微弱突变的检测方法,提取充分表征相应故障的典型征兆,同时构建最优故障特征进化选择策略,获取对故障类型具有最大相关性和最小冗余度的特征子集,提高故障诊断的精度和效率。迫切需要揭示泵站机组故障失效的典型征兆,阐明系统故障演化发展的原因、程度和影响范围,实现对机组故障蔓延、恶化的有效抑制。因此,在充分获取泵站机组运行状态数据的基础上,建立在线水电状态评估策略,揭示泵站机组性能退化的路径、程度和影响范围,可以有效地对机组运行检修提供指导。同时构建具有强泛化能力和小样本学习能力的泵站机组混合智能故障诊断方法,对机组故障类型、部位及失效程度进行精确识别,以实现泵站机组的最优状态检修和充分延长机组服役时间的目的。以泵站机组状态评估与智能诊断策略为依托,构建具有跨平台、跨地域的分层分布式故障诊断系统,建立快速有效的运行维修决策体系,可以进一步实现机组安全稳定运行及水电站最优资源配置,保障水电能源与电网安全,促进社会经济和谐发展,具有较高的理论创新和实际工程价值。

而泵站机组的故障机理较为复杂,获取的故障样本多为高维非线性,由于故障样本难以获取,给泵站机组故障分类带来了极大的困难。如何在小样本的环境下,提高故障诊断分类器的泛化能力,迫切需要在构建高度故障信息表征能力的特征提取算法基础上,深入挖掘信号的有用信息,建立具有高泛化能力和自学习功能的进化智能诊断算法,保证准确、高效地识别泵站机组的异常状态,从而能够实现有针对性的检修策略和应急响应机制,进一步推动泵站机组的状态检修和预防维护的实施与发展。

由于泵站长期处于高效能的工作环境下,因此难免会出现运行故障,而且故障也是各式各样,不尽相同。常见的故障主要有三种。一是元件在运行的时候失常。元件是维持整套设备正常运行的基础,设备在正常运行过程中,元件会出现逐渐老化的情况,一旦老化,一些结构元件就会松动、脱落,在相互嵌合时就不稳定,泵站设备的稳定性也会大大降低。二是管线有时会出现老化现象。泵站设备是由多个管线连接而成,管线如果在工作过程中出现老化、变质现象,会存在安全隐患,更严重时会使整个泵站系统发生崩溃。三是设备出现失调。设备失调对泵站正常工作也会有很大影响。在复杂的运行环境下,对机电设备要求很高,因此需要协调好各个设备之间的关系。

还有一些故障,在特定的环境下才会产生。一是湿度。泵站工作的环境中,如果通风条件比较差,空气湿度很大,就可能出现短路现象,一旦短路,会给设备带来不可估量的危害。二是粉尘。机电设施在运行中,转子之间会有一定的间隙,由于粉尘颗粒直径特别小,就会进到缝隙中,长时间积累,可能导致设备无法正常运转。机电设备在运行过程中,每一个元件都会受到不同程度的磨损,这种情况首先会使零件结构发生改变,长此以往,随着磨损程度的加深,各部分元件的运行会失常。但是,这种情况的潜伏时间一般都比较长,短时间内不会发生故障。但是运行时间较长的机电设备就容易发生故障。此外,还有一些不确定性因素,毕竟机电设备的元件种类繁多,在运行过程中,每种元件参数的变化也不相同。因此,必须加大监测力度,争取在问题发生后就能及时解决。

目前,基于规则的诊断方法、基于模糊理论的诊断方法、基于神经网络的诊断方法是机组故障诊断技术研究的常用方法。国外关于水电机组诊断的研究较多,已经研发初步智能故障诊断系统,具有故障库平台、征兆输入接口、规则编辑工具和诊断结果解释等功能模块。但是,真正投入实际应用的系统很少,一般仅具有一定的分析和局部推理功能,不能做到故障的准确定位,输出的诊断结果还是需要技术人员或专家最终分析判断,因此,仍然需要进一步研究和开发。具有代表性的有美国 GE Bently 公司的 System 1 系统平台、瑞士 Vibro-Meter 公司的 VM600 系统等。国内在故障诊断技术方面的研究起步较晚,20 世纪 70 年代末开始研究和尝试应用诊断技术,90 年代开始进行智能化故障诊断的研究工作,但针对水电机组的故障诊断技术研究基本上处于理论研究阶段,还没有成功应用的工程系统。已经配备的诊断系统应用效果不理想,一般仅具有可靠的数据采集、存储和分析功能,绝大多数没有达到在线自动诊断的功能目标,不能向运行人员和生产管理人员提供有效的诊断结果,还远不能满足水电厂状态检修的实际需要。

随着现代旋转机械技术的迅猛发展,泵站机组出现了如下特点:机组趋大型化、复杂化,自动化程度日益提高;机组参数的提高和容量的增加,使得由于轴系振动缺陷造成的机组非计划停机带来的经济损失也随之成倍地增加。目前国内在大型旋转机械振动状态检测、分析、故障诊断与处理等方面虽然取得了一定的科研成果,但是却不能满足泵站机组的实际需要,主要存在以下几方面的问题。

目前,国内泵站自动化水平还不高,很多操作依靠人工手动完成,从而值班人员很多,这种情况所需工作量大,工作效率低,安全系数低。

近年来兴建的大型泵站中,虽然大部分设置了微机保护系统,但一般情况下还不能实现对运行过程的计算机控制,而且在保护动作时,保护动作之前相关的特征数据未能记录。由于许多故障发展过程数据没有记录,故障诊断难,只能依靠人员素质和经验。

人工巡视方式对运行人员的经验、责任心要求高,属于间隙性检查,无法实现连续监测。

目前对泵站机组的维修一般采取事后维修或者定期维修,前者可能引起设备的二次损坏,甚至灾难性事故,意外停机也会引起泵站机组的损坏,而且库存备件也会使得投资增多;后者会导致过剩维修,过剩维修则会导致维修费用增加,引起人为维修故障,而且意外停机也会引起泵站机组的损坏。

随着科学技术水平的日益提高,尤其是信号处理、知识工程和计算智能等理论技术的发展,模糊推理技术、融合诊断推理技术、神经网络技术、专家知识库技术等先进技术与故障诊断融合渗透,使得泵站机组状态监测与故障诊断系统已经具有了比较完备的理论与技术体系。故障诊断也正由人工诊断到自动诊断、由离线诊断到在线诊断、由现场诊断到远程诊断逐渐发展,同时,厂网分开、竞价上网的现代化企业管理的发展趋势也使得以在线状态监测与故障自动诊断为基础的状态检修方式代替传统计划检修方式成为必然,建立适合我国大中型泵站机组的实时在线监测及故障诊断系统正成为现代泵站行业新的趋势和方向。这一切的实现均需要水轮发电机组在线状态监测与故障自动诊断技术达到较高水平。

旋转机械设备故障诊断技术在国内外都有广泛的研究,许多较成熟的故障诊断技术也得以发展,特别是机组的振动信号提供了丰富的故障诊断信息,现场领域专家也积累了丰富的故障诊断经验,但单独针对水轮发电机组故障进行研究的还比较少。水轮发电机组是旋转机械的一种,它与一般旋转机械有许多共性,有关旋转机械故障诊断的技术与经验许多都可以借鉴。

第三节 互联网+智慧水利

我国水利信息化建设在过去三十余年得到了长足发展,2011年中央一号文件更是明确提出,推进实施"金水工程",以水利信息化带动水利现代化,同时,伴随近年来传统水利向现代水利、民生水利的发展,可持续发展治水思路和民生水利的理念不断丰富完善,越来越多的现代水利工程正在被打造,水利管理理念需要调整与转型。近年来,各地区基于技术发展开始大力推动智慧城市建设,智慧水利作为重要支撑,是水利未来发展的重要趋势。在以云计算与物联网技术为前驱的信息技术第三次浪潮中,高效的云服务技术、物联网技术等直接推动了各传统产业的升级,2015年我国提出"互联网+"行动计划,将物联网、云计算、大数据等相关技术更好更快地融入政务管理工作提上日程,"水利大数据""水利云"等新兴理念得到创新与发展。

我国水利信息化在经过三十余年的发展后,呈现出新的建设模式与发展需求,同时过往建设过程中存在的一些不足逐渐显现,拥有其转型发展的必要性和紧迫性。我国水利信息化自20世纪80年代水利信息化工作启动伊始,其发展基本划分为三个阶段。

第一个阶段:20世纪80年代到21世纪初,水利信息化工作开始发展,主要围绕水情信息汇总、处理展开。

第二个阶段:21世纪初前15年左右,水利信息化工作全面展开,主要围绕基础设施和环境保障建设展开。

第三个阶段:至今,水利信息化工作主要围绕智慧化管理展开。

从管理、技术、发展等角度分析,我国水利信息化发展主要存在着5点现状问题。

(1)缺乏统一标准体系作为指导,导致系统开发及数据服务不便捷、不安全,可靠性相对不足。

(2)水利数据资源分散,信息的分析处理、共享及应用服务实现困难,不利于部门间、业务间数据的共享,提供的专业支撑能力有限。

(3)水利业务应用建设零散,水利管理各部门各自为政,形成以专业、部门等为边界的信息孤岛,导致重复性建设和维护困难。

(4)各地信息化认知、规划、建设程度不一,建设起点不同,导致各级管理单位、各职能部门之间存在较大的差距,信息化建设水平与水利管理需求不匹配。

(5)水利系统各应用软件功能相对基本、信息资源开发利用层次较低、操作平台比较单一,决策支撑能力发挥有限,缺乏统一的水利业务监管平台,管理效能一般。

"互联网+智慧水利"中智慧化的根本目标是管理能力的提升,水利管理在"互联网+"思维的指导下,利用信息通信技术以及互联网平台,主动运用新技术提升自身建设水平,让互联网与水利管理进行深度融合,创造新的发展生态,逐步在感知、数据、互通、应用、运维等方面进行技术升级与模式转变。"互联网+智慧水利"体系结构,深度融合"互联网+"思维与互联网技术,在水利管理的场景下,整合应用各类新技术提升效能。具体体系结构如下。

(1)物联感知层:基于物联网技术,实现水雨情、流量、视频监控、闸泵工情、水质等数据汇集,实现高效感知,物联网数据资源传输与监控。

(2)数据服务层:建立云数据中心,有序汇集基础数据;建设云指挥调度中心,作为"智慧水利"主要展示与会商场所;在信息采集、汇集、交换、存储、处理和服务等环节采用或制定相关技术标准;构建智慧水利数据服务支撑模式,作为连接数据与应用的中间层,构建水利大数据结构,定制水利行业专业大数据专业高效服务。

(3)业务应用层:以水利管理需求为导向,按照水利业务、事务的界定划分,在水利云基础设施之上,部署提供各类水利管理类软件应用,满足不同管理需要。

(4)智慧平台层:建设统一的应用服务平台,通过多层次、多方面水利信息的深度汇聚、挖掘,构建水利行业信息枢纽,形成一体化智慧水利云平台。

经过近几年的建设,"互联网+智慧水利"在各地取得了一定的建设成果,推动了水利管理能力的提升,对建设过程中的经验总结与分析如下。

(1) 加强智慧水利顶层设计,结合需求,注重规划,有步骤、分阶段地实现智慧水利。

(2) 重视智慧水利标准体系建设,构建全流程的标准,保障数据与应用的有效整合。

(3) 构建水利大数据应用服务中心,实现数据服务平台化管理,全面提升水利应用专业水平。

(4) 全面加强水利信息化运行维护能力,为水利信息化业务应用提供更为可靠的保证。

随着互联网时代的到来,全世界范围内的交流日益密切,我国对互联网技术的有效运用予以了极大的重视,国家领导在两会上提出的"互联网+"行动计划中有较为明确的指示。必须利用互联网技术促进传统水务行业的升级发展,进而促进我国经济的可持续发展。

目前,以互联网技术、智能技术等新一代信息技术为主的第三次科技革命真正到来,同时信息技术正在和城市的相关建设、城市人们的生产生活融为一体,从而不断创造出崭新的城市形态以及生活状态。智慧医疗、智慧住房、智慧交通、智慧水务等智慧新形态正向我们走来,智慧城市逐步成形,发达国家的智慧城市之路已经形成,验证了其发展的正确趋势。智慧水务作为智慧城市的重要组成部分,是关乎国计民生的重要部分。智慧水务将会以新的技术推动智慧水务产业的信息化建设,进而提高其整体信息化技术水平,对整个产业采用信息化的管理模式,建立健全智慧水务产业,从而为整个城市的智慧化发展提供精细化管理模式。水务现代化已经成为水务行业发展的大势所趋,同时也是我国当前产业优化升级以及进入现代化的重要环节之一。在对水务实现信息化进而促进水务现代化的过程中,虽然已取得了非常优异的成绩,但在实际操作中,仍然出现信息壁垒过多、智能化的业务水平过低等问题。由此可见我国急切地需要具有信息化水平的新兴发展态势来引导整个水务产业的发展。到时,智慧水务顺应时代的潮流以及响应发展的号召,其信息数字化的管理、资源的共享、信息的流畅等使其理所当然地成为促进水务现代化发展的有效武器。水是生命之源,对于整个生命具有重要意义,同时能够被人类所利用的水又是非常有限的,这种需求和供应的矛盾,一直是困扰人们的一大难题。而智慧水务能够对水资源的利用进行全方位实时监控,并且能够利用先进的技术对水资源进行循环利用,尽量减少水资源的浪费,增加其利用次数以及提高利用效率。

随着互联网技术的到来以及技术的不断深入发展,其对人们的生活方式、意识形态等都会产生极大的改变,同时对于各个行业领域也会造成不同程度的影响,使传统的商业经营模式产生剧烈的震动,从而逐步引入现代化的商业经营模式。同时,水务行业作为服务广大人民群众而得以延续生命、健康发展的公益性行业,其具体的发展关乎国计民生。因此,水务行业也需要紧跟时代的步伐,利用"互联网+"特点,调整自身发展思路,迎来新一轮的转型升级。

(1) 构建完善的信息管理系统

加强水资源统一管理,提高水的利用效率,建设节水型社会是水务现代化的核心任务。以现代水资源管理手段和技术、管理体制和运行机制为支撑,在对水资源开发、利用、治理的同时,强调对水资源的配置、节约和保护,注重流域生态建设。通过数字水务信息管理系统,能有效地促进传统水务向现代水务、可持续发展水务转变,有力地推进水务现代化进程。根据不同的应用层面,分别开发水质监测、水土保持与生态环境监测、防汛抗旱减灾管理、水价仿真分析、节水农业管理、节水政务、节水工程建设与管理信息、节水型社会建设公众服务、决策会商等信息管理系统、水资源管理及辅助决策系统。

(2) 建立健全管网监测系统

利用先进的技术设备,将原有的陈旧设备换掉,不断改造旧管网,使用远程水表,同时充分利用GPS定位系统等,对整个水务系统进行全方位的监测与控制,为实现给水管网监测、抢险决策、管网工况管理提供强有力的科学决策依据与支持,实现分析决策的自动化操作过程。具体实现:收集给水数据、查询和统计各种给水管网信息;快速提供准确的抢修、施工方案决策支持;根据给水管网点压力检测数据,实时提供管网压力分布数据及给水管网工况分析。

(3) 不断提高供水服务水平

通过"互联网+"的便捷优势,可以有效改善目前服务水平不高的现象。首先,建立健全水务系统的门户网站,方便用户的日常用水缴费,并及时将水务企业的相关服务情况及时提供给水务部门,促进其进行有针对性的改进,进而提升整个企业的形象;其次,各水务企业还需加强与银行等第三方支付机构的合作,鼓励用户预存水费,并通过采用网上缴费形式,在改善欠费等现象的同时还能够增强水务企业的资金流动性,增强其活力。

新时代"互联网+智慧水利"产业发展新模式,要求充分利用互联网的积极作用,将互联网信息技术和智能化全面运用到具体的水务业务工作中,从而不断改善水务产业服务现状,进而利用现代化的水务产业模式全面提高水务企业的竞争力,实现水务行业的转型升级和创新发展,促进我国经济的可持续发展。总而言之,"互联网+智慧水利"的时代才刚刚到来,随着技术的发展,信息智能采集与控制技术将日趋完善,大数据、云计算、移动互联等应用技术将重新定义水利发展,而PPP、云服务、云租赁等全新商务模式也将逐步改变行业市场化格局,使水利信息化建设长效持久,推动水利管理事业迈向更高层级的"智慧化"阶段。

参考文献

［1］李端明.泵站运行工[M].郑州:黄河水利出版社,2014.
［2］吕伟文,王育仁,林远艳.机械设计基础[M].长春:东北师范大学出版社,2012.
［3］杨家军,张卫国.机械设计基础[M].武汉:华中科技大学出版社,2014.
［4］郑兰霞,连萌.机械设计基础[M].北京:中国水利水电出版社,2013.
［5］唐保宁,高学满.机械设计与制造简明手册[M].上海:同济大学出版社,1993.
［6］李柱国.机械设计与理论[M].北京:科学出版社,2003.
［7］张策.机械原理与机械设计[M].北京:机械工业出版社,2011.
［8］卜炎.实用轴承技术手册[M].北京:机械工业出版社,2004.
［9］刘泽九.滚动轴承应用手册[M].北京:机械工业出版社,2014.
［10］李洪,曲中谦.实用轴承手册[M].沈阳:辽宁科学技术出版社,2001.
［11］张景河.现代润滑油与燃料添加剂[M].北京:中国石化出版社,1991.
［12］黄文轩,韩长宁.润滑油与燃料添加剂手册[M].北京:中国石化出版社,1994.
［13］董浚修.润滑原理及润滑油[M].2版.北京:中国石化出版社,1998.
［14］谢泉,顾军慧.润滑油品研究与应用指南[M].2版.北京:中国石化出版社,2007.
［15］刘森.机械加工常用测量技术手册[M].北京:金盾出版社,2013.
［16］罗晓晔,王慧珍,朱红建.机械检测技术[M].杭州:浙江大学出版社,2012.
［17］杨文瑜.机械零件测绘[M].北京:中国电力出版社,2008.
［18］徐英南.机械检验工手册[M].北京:中国劳动出版社,1992.
［19］赵贤民,刘美华,孙秀梅,等.机械测量技术[M].北京:机械工业出版社,2011.
［20］顾蓓.测量技术典型案例实训教程[M].合肥:合肥工业大学出版社,2016.
［21］张玉华.电工基础[M].北京:化学工业出版社,2004.
［22］周绍敏.电工基础[M].3版.北京:高等教育出版社,2000.
［23］金贵仁,李蛇根,严辉,等.电工基础[M].北京:北京大学出版社,2005.
［24］赖旭芝,张亚鸣,李飞,等.电工基础实用教程(机电类)[M].长沙:中南大学出版社,2003.
［25］常玲,郭莉莉,马丽娜,等.电工技术基础[M].北京:清华大学出版社,2014.
［26］周德仁,孔晓华.电工技术基础与技能(电力专业通用)[M].北京:电子工业出版社,2010.
［27］吴薛红,濮天伟,廖德利,等.防雷与接地技术[M].北京:化学工业出版社,2008.
［28］何金良,曾嵘,高延庆.电力系统接地技术研究进展[J].电力建设,2004,25(6):1-3+7.
［29］尚克粉.防雷与接地[J].电气时代,2010(6):104+106.
［30］张小青.建筑防雷与接地技术[M].北京:中国电力出版社,2003.
［31］任嘉卉.公差与配合手册[M].3版.北京:机械工业出版社,2013.
［32］刘庚寅.公差测量基础与应用[M].北京:机械工业出版社,1996.
［33］陈宏杰.公差与测量技术基础[M].北京:科学技术文献出版社,1991.
［34］俞汉清.公差与配合 过盈配合计算和选用指南[M].北京:中国标准出版社,1990.

[35] 机械工业部标准化研究所.形状和位置公差原理及应用[M].北京:机械工业出版社,1983.
[36] 丘传忻.泵站[M].北京:中国水利水电出版社,2004.
[37] 丘传忻.泵站节能技术[M].北京:水利电力出版社,1985.
[38] 刘家春.泵站管理技术[M].北京:化学工业出版社,2014.
[39] 日本农林水产省构造改善局.泵站工程设计规范[M].黄临泉,丘传忻,刘光临,译.北京:水利电力出版社,1990.
[40] 姜乃昌.泵与泵站[M].5版.北京:中国建筑工业出版社,2007.
[41] 李亚峰,尹士君,蒋白懿.水泵及泵站设计计算[M].北京:化学工业出版社,2007.
[42] 刘家春.水泵运行原理与泵站管理[M].北京:中国水利水电出版社,2009.
[43] 陈汇龙,闻建龙,沙毅.水泵原理、运行维护与泵站管理[M].北京:化学工业出版社,2004.
[44] 张德利.泵站运行与管理[M].南京:河海大学出版社,2006.
[45] 刘竹溪,刘景植.水泵及水泵站[M].4版.北京:中国水利水电出版社,2009.
[46] 赵振起.机械制图手册[M].北京:国防工业出版社,1986.
[47] 梁德本,叶玉驹.机械制图手册[M].北京:机械工业出版社,2002.
[48] 国家技术监督局.技术制图与机械制图[M].北京:中国标准出版社,1996.
[49] 王辑祥,王庆华,梁志坚.电气接线原理及运行[M].2版.北京:中国电力出版社,2012.
[50] 王辑祥,梁志坚.电气接线原理及运行[M].北京:中国电力出版社,2005.
[51] 周佩德.现代计算机基础[M].南京:东南大学出版社,1998.
[52] 孙军,曹芝兰.大学计算机基础简明教程[M].北京:科学出版社,2009.
[53] 冯博琴,顾刚.大学计算机基础:WindowsXP+Office2003[M].北京:人民邮电出版社,2009.
[54] 叶丽珠,马焕坚.大学计算机基础项目式教程:Windows7+Office2010[M].北京:北京邮电大学出版社,2013.
[55] 朱家义.计算机基础案例教程[M].北京:清华大学出版社,2011.
[56] 曹芝兰,卫春芳.现代计算机基础应用与提高[M].北京:科学出版社,2002.
[57] 贾宗福.新编大学计算机基础教程[M].2版.北京:中国铁道出版社,2009.
[58] 沈军.大学计算机基础:基本概念及应用思维解析[M].北京:高等教育出版社,2005.
[59] 吴晓志,杨振.实用计算机基础[M].北京:石油工业出版社,2014.
[60] 王会燃,薛纪文.大学计算机基础教程[M].2版.北京:科学出版社,2010.
[61] 黄旭明.计算机基础应用[M].北京:高等教育出版社,2003.
[62] 刁树民.大学计算机基础[M].4版.北京:清华大学出版社,2012.
[63] 天津市计算机应用能力培训考核办公室.微型计算机基础应用教程[M].天津:南开大学出版社,1999.
[64] 黄强,金莹,张莉.大学计算机基础应用教程[M].北京:清华大学出版社,2011.
[65] 云正富,于兰,陈俊红.计算机基础应用[M].北京:科学出版社,2011.
[66] 王丹.计算机基础教程[M].北京:清华大学出版社,2016.
[67] 邢长明.计算机基础[M].北京:经济科学出版社,2016.
[68] 龚沛曾,杨志强.大学计算机基础[M].北京:高等教育出版社,2009.
[69] 顾沈明.计算机基础[M].北京:清华大学出版社,2014.
[70] 周祥.中国国情与水利现代化构想[J].华夏地理,2015(4):167-168.
[71] 王忠静,王光谦,王建华,等.基于水联网及智慧水利提高水资源效能[J].水利水电技术,2013,44(1):1-6.

[72] 邵东国,刘武艺. 我国水利信息化建设的难点与对策[J]. 水利水电科技进展,2005,25(1):67-70.

[73] 后向东."互联网＋政务":内涵、形势与任务[J]. 中国行政管理,2016(6):9-11.

[74] 冯亮. 探索新时代"互联网＋水务"产业发展新模型[J]. 商,2015(14):269.

[75] 张小娟,唐锚,刘梅,等. 北京市智慧水务建设构想[J]. 水利信息化,2014(1):64-68.

[76] 杨明祥,蒋云钟,田雨,等. 智慧水务建设需求探析[J]. 清华大学学报(自然科学版),2014,54(1):133-136+144.

[77] 樊世. 大中型水力发电机组的安全稳定运行分析[J]. 中国电机工程学报,2012,32(9):140-148.

[78] LAIRDT. An economic strategy for turbine generator condition based maintenance[C]. Conference Record of the 2004 IEEE International Symposium on Electrical Insulation,2004.

[79] 唐培甲. 岩滩水电站水轮机振动问题的研究[J]. 红水河,2000,19(3):59-62.

[80] 张孝远. 融合支持向量机的水电机组混合智能故障诊断研究[D]. 武汉:华中科技大学,2012.

[81] SUSAN-RESIGA R,CIOCAN G D,ANTON I,et al. Analysis of the swirling flow downstream a Francis turbine runner[J]. Journal of Fluids Engineering,2006,128(1),177-189.

[82] RUPRECHT A,HEITELE M,HELMRICH T,et al. Numerical simulation of a complete Francis turbine including unsteady rotor/stator interactions[C]. Proceedings of the 20th IAHR Symposium on Hydraulic Machineiy and Systems,2000.

[83] XIAO R,WANG Z,LUO Y. Dynamic stresses in a Francis turbine runner based on fluid-structure interaction analysis[J]. Tsinghua Science & Technology,2008,13(5):587-592.

[84] 梁武科,张彦宁,罗兴锜. 水电机组故障诊断系统信号特征的提取[J]. 大电机技术,2003(4):53-56.

[85] 李平诗. 浅谈水电厂的状态检修[J]. 水力发电,2002(6):1-3.

[86] 李启章. 水轮发电机组的振动监测和故障诊断系统[J]. 贵州水力发电,2000:50-53.

[87] 胡滨. 从葛洲坝水电厂检修实践谈未来的状态检修[J]. 中国三峡建设,2000,24(4):56-58.

[88] 张雪源. 水电厂状态检修研究[J]. 东北电力技术,2004(11):11-15.

[89] 胡滨. 从葛洲坝水电厂检修实践谈未来的状态检修[D]. 武汉:华中科技大学,2001.

[90] 刘晓亭. 机组运行设备诊断维护高效管理模式实施研究[J]. 湖北电力,1999,23(1):20-24.

[91] 马振波,杨兴斌. 实施"无人值班"(少人值班)提高电厂管理水平[J]. 水力发电,1999(9):48-49.

[92] 马剑泽,隆元林. 水电厂的状态检修和故障诊断技术[J]. 四川电力技术,1999(3):1-5.

[93] 沈磊. 中国水力水电工程 运行管理卷[M]. 北京:中国电力出版社,2000.

[94] 吴今培,肖健华. 智能故障诊断与专家系统[M]. 北京:科学出版社,1997.

[95] 李炜. 基于神经网络与模糊专家系统故障诊断方法的研究与应用[C]//中国控制会议论文集,2001:734-737.

[96] 王德宽,李建辉,王桂平. 锐意创新,为水电自动化事业的发展而努力[J]. 水电站机电技术,2004,27(3):1-2.

[97] 陈森林. 水电站水库运行与调度[M]. 北京:中国电力出版社,2008.

[98] 黄小峰. 梯级水电站群联合优化调度及其自动化系统建设[D]. 北京:华北电力大学,2010.

[99] 胡强. 梯级水电站优化调度模型与算法研究[D]. 北京:华北电力大学,2007.

[100] 李任心. 水资源系统运行调度[M]. 北京:中国水利水电出版社,1996.

[101] 李英海. 梯级水电站群联合优化调度及其决策方法[D]. 武汉:华中科技大学,2009.

[102] 李钮心,孙美斋. 水电站水库调度[M]. 北京:水利电力出版社,1984.

[103] 葛晓琳. 水火风发电系统多周期联合优化调度模型及方法[D]. 北京:华北电力大学,2013.

[105] 张森.泵站优化调度系统的设计与实现[D].西安:西安电子科技大学,2014.
[106] 仇锦先.南水北调东线水源泵站优化运行理论及其应用研究[D].武汉:武汉大学,2010.
[107] 王以知.二泵站优化调度研究[D].重庆:重庆大学,2015.
[108] 索丽生,刘宁.水工设计手册:水工安全监测[M].北京:中国水利水电出版社,2011.
[109] 姜宇,王祖强,李玉起,等.混凝土重力坝扬压力监测资料分析方法[J].人民珠江,2011(2):47-50.